Formelsammlung Wirtschaftsstatistik

Franz W. Peren

Formelsammlung Wirtschaftsstatistik

Wissen kompakt für Studierende und Praktiker

6. Auflage

Franz W. Peren
Hochschule Bonn-Rhein-Sieg
Sankt Augustin, Deutschland

ISBN 978-3-658-48254-1   ISBN 978-3-658-48255-8 (eBook)
https://doi.org/10.1007/978-3-658-48255-8

Die Deutsche Nationalbibliothek verzeichnet diese Publikation in der Deutschen Nationalbibliografie; detaillierte bibliografische Daten sind im Internet über https://portal.dnb.de abrufbar.

© Der/die Herausgeber bzw. der/die Autor(en), exklusiv lizenziert an Springer Fachmedien Wiesbaden GmbH, ein Teil von Springer Nature 2013, 2015, 2020, 2021, 2022, 2025

Das Werk einschließlich aller seiner Teile ist urheberrechtlich geschützt. Jede Verwertung, die nicht ausdrücklich vom Urheberrechtsgesetz zugelassen ist, bedarf der vorherigen Zustimmung des Verlags. Das gilt insbesondere für Vervielfältigungen, Bearbeitungen, Übersetzungen, Mikroverfilmungen und die Einspeicherung und Verarbeitung in elektronischen Systemen.
Die Wiedergabe von allgemein beschreibenden Bezeichnungen, Marken, Unternehmensnamen etc. in diesem Werk bedeutet nicht, dass diese frei durch jede Person benutzt werden dürfen. Die Berechtigung zur Benutzung unterliegt, auch ohne gesonderten Hinweis hierzu, den Regeln des Markenrechts. Die Rechte des/der jeweiligen Zeicheninhaber*in sind zu beachten.
Der Verlag, die Autor*innen und die Herausgeber*innen gehen davon aus, dass die Angaben und Informationen in diesem Werk zum Zeitpunkt der Veröffentlichung vollständig und korrekt sind. Weder der Verlag noch die Autor*innen oder die Herausgeber*innen übernehmen, ausdrücklich oder implizit, Gewähr für den Inhalt des Werkes, etwaige Fehler oder Äußerungen. Der Verlag bleibt im Hinblick auf geografische Zuordnungen und Gebietsbezeichnungen in veröffentlichten Karten und Institutionsadressen neutral.

Planung/Lektorat: Isabella Hanser
Springer Gabler ist ein Imprint der eingetragenen Gesellschaft Springer Fachmedien Wiesbaden GmbH und ist ein Teil von Springer Nature.
Die Anschrift der Gesellschaft ist: Abraham-Lincoln-Str. 46, 65189 Wiesbaden, Germany

Wenn Sie dieses Produkt entsorgen, geben Sie das Papier bitte zum Recycling.

Gewidmet Prof. Dr. Félix Sekula †,

meinem Freund und geschätzten Kollegen von der Technischen Universität Košice, Slowakische Republik.

Vorwort

Vorwort zur 6., überarbeiteten Auflage

Die 6. Auflage dieser Formelsammlung zur Wirtschaftsstatistik wurde überarbeitet. An der aktuellen Auflage hat mitgewirkt mein geschätzter Kollege, Thomas Neifer, M.Sc. Für einen wertvollen sachlichen Hinweis zu stetigen Verteilungen danke ich Dr.rer.nat. Markus Gäbler vom Institut für Mathematik der Brandenburgischen Technischen Universität Cottbus-Senftenberg. Sollte dennoch etwas fehlerhaft sein, so geht solches ausschließlich zu Lasten des Verfassers. Für entsprechende Hinweise sowie für konstruktive Verbesserungen danke ich im voraus.

Bonn, im April 2025   Franz W. Peren

Vorwort zur 5., überarbeiteten Auflage

Die 5. Auflage dieser Formelsammlung zur Wirtschaftsstatistik wurde vor allem in den Kapitlen 3 und 4 um zahlreiche praktische Beispiele ergänzt. An der aktuellen Auflage haben mitgewirkt meine geschätzten studentischen und wissenschaftlichen Mitarbeiter/innen Steven Dyla, Nawid Schahab und Paula Schmidt. Ihnen gebührt mein Dank. Sollte dennoch etwas fehlerhaft sein, so geht solches ausschließlich zu Lasten des Verfassers. Für entsprechende Hinweise sowie für konstruktive Verbesserungen danke ich im voraus.

Bonn, im Juni 2022   Franz W. Peren

Vorwort zur 4., überarbeiteten Auflage

Die 4. Auflage dieser Formelsammlung zur Wirtschaftsstatistik wurde zu Teilen überarbeitet. An der aktuellen Auflage haben mitgewirkt meine geschätzten studentischen Mitarbeiterinnen Camilla Demuth, Linh Hoang, Michelle Jarsen und Paula Schmidt. Ihnen gebührt mein Dank. Sollte dennoch etwas fehlerhaft sein, so geht solches ausschließlich zu

Lasten des Verfassers. Für entsprechende Hinweise sowie für konstruktive Verbesserungswünsche bin ich allen Nutzern bereits heute sehr verbunden.

Bonn, im Juni 2021   Franz W. Peren

Vorwort zur 3., überarbeiteten Auflage

Die 3. Auflage dieser Formelsammlung zur Wirtschaftsstatistik wurde vollständig überarbeitet. Um Fehler, die sich in Zahlenwerken dieser Art gerne einschleichen, möglichst gänzlich zu vermeiden, wurde das vorliegende Buch mit Hilfe der Software „LaTeX" verfasst. Auch die Inhalte wurden erweitert. Bei der Erstellung der dritten Auflage haben mich kritisch und konstruktiv unterstützt meine geschätzten studentischen Mitarbeiter(innen) Linh Hoang, Nawid Schahab und Eva Siebertz. Ihnen gebührt mein Dank. Sollte dennoch etwas fehlerhaft sein, so geht solches ausschließlich zu Lasten des Verfassers. Für entsprechende Hinweise sowie für konstruktive Verbesserungswünsche bin ich allen Nutzern bereits heute sehr verbunden.

Bonn, im Oktober 2019   Franz W. Peren

Vorwort zur 1. und 2. Auflage

Diese Formelsammlung dient vornehmlich allen Studierenden und wirtschaftswissenschaftlich Wertschöpfenden, gleichwohl denen der Betriebswirtschaftslehre und der Volkswirtschaftslehre, den Wirtschaftsingenieuren oder den Wirtschaftspädagogen.

Das vorliegende Buch gestaltet sich nach den Erfahrungen des Verfassers, der seine wirtschaftswissenschaftlichen Studien in 1981 an der Westfälischen Wilhelms-Universität zu Münster in Deutschland begann und als Professor der Betriebswirtschaftslehre die quantitativen Methoden bis dato lehrt und diese forschend in vielfältiger Art und Weise weiterentwickeln durfte, vorwiegend in Deutschland an der Fachhochschule Bielefeld und der Hochschule Bonn-Rhein-Sieg, aber auch an der University of Victoria in Victoria, BC, Kanada, der Universitas Udayana in Denpasar, Bali, Indonesien, der Technická Univerzita v Košiciach in Košice, Slowakische Republik und der Columbia University in New York City, New York, USA. Die Formelsammlung soll nach bestem Wissen und Gewissen des Verfassers die mathematischen Inhalte formelhaft wiedergeben, wie sie in den Wirtschaftswissenschaften global sowohl an den Universitäten und Hochschulen als auch in der wirtschaftswissenschaftlichen Praxis sinnvoll und notwendig sind.

Dank schuldet der Verfasser vielen seiner wissenschaftlichen Mitarbeiter(innen), die an dieser Arbeit und an vielen anderen Projekten mit Kreativität, Wissen und Fleiß für ihn in den vergangenen mehr als 20 Jahren tätig waren. Allen voran danke ich Herrn Christian Stollfuß, der federführend diese Formelsammlung mit gestaltet hat. Besonderer Dank gebührt auch Shanti Alena Dewi, Verena Leisen, Markus Shakoor, Christina Pakusch und Sandra Bensberg.

Für die vielen wertvollen Anregungen im Bereich der Wirtschaftsmathematik und Wirtschaftsstatistik danke ich besonders meinen geschätzten Kolleg(inn)en Friedrich Aumann und Dr. Andreas Grisar von der Westfälischen Wilhelms-Universität Münster, Prof. Dr. Rüdiger Bücker von der Fachhochschule Bielefeld, Prof. Dr. Félix Sekula von der Technická Univerzita v Košiciach sowie Prof. Dr. Reiner Clement, Prof. Dr. Oded Löwenbein und Prof. Dr. Wiltrud Terlau von der Hochschule Bonn-Rhein-Sieg.

Bonn, im Oktober 2015					Franz W. Peren

Competing Interests

Der/die Autor*in hat keine für den Inhalt dieses Manuskripts relevanten Interessenkonflikte.

Inhaltsverzeichnis

Abkürzungsverzeichnis XVII

1 Statistische Zeichen und Symbole 1

2 Deskriptive Statistik 3

    2.1 Empirische Verteilungen 3
        2.1.1 Häufigkeiten 3
        2.1.2 Summenhäufigkeiten 4

    2.2 Mittelwerte und Streuungsmaße 6
        2.2.1 Mittelwerte 6
        2.2.2 Streuungsmaße 12

    2.3 Verhältnis- und Indexzahlen 22
        2.3.1 Verhältniszahlen 22
        2.3.2 Indexzahlen 25
        2.3.3 Peren-Clement-Index (PCI) 38

    2.4 Korrelationsanalyse 50

    2.5 Regressionsanalyse 51
        2.5.1 Lineare Einfachregression 51
            2.5.1.1 Konfidenzintervalle für die Regressionskoeffizienten bei einer einfachen linearen Regressionsfunktion 55
            2.5.1.2 Student's t-Tests für die Regressionskoeffizienten bei einer einfachen linearen Regressionsfunktion 57
        2.5.2 Lineare Mehrfachregression 62
            2.5.2.1 Konfidenzintervalle für die Regressionskoeffizienten bei einer linearen multiplen Regressionsfunktion .. 64
            2.5.2.2 Student's t-Tests für die Regressionskoeffizienten bei einer linearen multiplen Regressionsfunktion .. 66
        2.5.3 Lineare Zweifachregression 66

　　　　　　2.5.3.1　Konfidenzintervalle für die
　　　　　　　　　　　Regressionskoeffizienten bei einer
　　　　　　　　　　　linearen Zweifachregressionsfunktion ... 69
　　　　　　2.5.3.2　Student's t-Tests für die
　　　　　　　　　　　Regressionskoeffizienten bei einer
　　　　　　　　　　　linearen Zweifachregressionsfunktion ... 71

3　Induktive Statistik ... 77

　　3.1　Wahrscheinlichkeitsrechnung ... 77
　　　　3.1.1　Grundbegriffe/ Definitionen ... 77
　　　　3.1.2　Sätze der Wahrscheinlichkeitsrechnung ... 81

　　3.2　Wahrscheinlichkeitsverteilungen ... 88
　　　　3.2.1　Begriff der Zufallsvariablen ... 88
　　　　3.2.2　Wahrscheinlichkeits-, Verteilungs- und
　　　　　　　　Dichtefunktion ... 88
　　　　　　3.2.2.1　Diskrete Zufallsvariablen ... 88
　　　　　　3.2.2.2　Stetige Zufallsvariablen ... 91
　　　　3.2.3　Parameter für Wahrscheinlichkeitsverteilungen ... 93

　　3.3　Theoretische Verteilungen ... 95
　　　　3.3.1　Diskrete Verteilungen ... 95
　　　　3.3.2　Stetige Verteilungen ... 106

　　3.4　Statistische Schätzverfahren (Konfidenzintervalle) ... 127
　　　　3.4.1　Konfidenzintervall für das arithmetische Mittel μ .. 127
　　　　3.4.2　Konfidenzintervall für die Varianz der
　　　　　　　　Grundgesamtheit σ^2 ... 131
　　　　3.4.3　Konfidenzintervall für den Anteilswert in der
　　　　　　　　Grundgesamtheit θ ... 133
　　　　3.4.4　Konfidenzintervall für die Differenz der
　　　　　　　　Mittelwerte von zwei Grundgesamtheiten μ_1 und
　　　　　　　　μ_2 ... 136
　　　　3.4.5　Konfidenzintervall für die Differenz der
　　　　　　　　Anteilswerte von zwei Grundgesamtheiten θ_1
　　　　　　　　und θ_2 ... 141

　　3.5　Bestimmung des notwendigen Stichprobenumfangs ... 144

3.5.1 Bestimmung des notwendigen Stichprobenumfangs bei einer Schätzung des arithmetischen Mittels μ 144
3.5.2 Bestimmung des notwendigen Stichprobenumfangs bei einer Schätzung des Anteilswertes θ 146

3.6 Statistische Testverfahren 148
    3.6.1 Parametertests 148
        3.6.1.1 Einstichprobentest für das arithmetische Mittel bei bekannter Varianz der Grundgesamtheit 149
        3.6.1.2 Einstichprobentest für das arithmetische Mittel bei unbekannter Varianz der Grundgesamtheit 152
        3.6.1.3 Einstichprobentest für den Anteilswert ... 155
        3.6.1.4 Einstichprobentest für die Varianz 158
        3.6.1.5 Zweistichprobentest für die Differenz zweier arithmetischer Mittel bei bekannten Varianzen der Grundgesamtheiten 161
        3.6.1.6 Zweistichprobentest für die Differenz zweier arithmetischer Mittel bei unbekannten Varianzen der Grundgesamtheiten unter der Annahme, dass deren Varianzen ungleich sind 164
        3.6.1.7 Zweistichprobentest für die Differenz zweier arithmetischer Mittel bei unbekannten Varianzen der Grundgesamtheiten unter der Annahme, dass deren Varianzen gleich sind 168
        3.6.1.8 Zweistichprobentest für die Differenz zweier Anteilswerte 172
        3.6.1.9 Zweistichprobentest für den Quotienten zweier Varianzen 176
    3.6.2 Verteilungstests (Chi-Quadrat-Tests) 180
        3.6.2.1 Chi-Quadrat-Anpassungstest 180

                3.6.2.1.1 Chi-Quadrat-Anpassungstest
                          für eine diskrete Verteilung
                          der Grundgesamtheit 180
                3.6.2.1.2 Chi-Quadrat-Anpassungstest
                          für eine stetige Verteilung der
                          Grundgesamtheit 188
          3.6.2.2 Chi-Quadrat-Unabhängigkeitstest 195
          3.6.2.3 Chi-Quadrat-Homogenitätstest 204
    3.6.3 Yates-Korrektur 211

4 **Wahrscheinlichkeitsrechnung** 215

   4.1 Begriffe und Definitionen 215

   4.2 Wahrscheinlichkeitsbegriffe 216
       4.2.1 Der klassische Wahrscheinlichkeitsbegriff 216
       4.2.2 Der statistische Wahrscheinlichkeitsbegriff 217
       4.2.3 Der subjektive Wahrscheinlichkeitsbegriff 218
       4.2.4 Axiome der Wahrscheinlichkeitsrechnung 218

   4.3 Sätze der Wahrscheinlichkeitsrechnung 220
       4.3.1 Der Satz der komplementären Ereignisse 220
       4.3.2 Der Multiplikationssatz bei Unabhängigkeit der
             Ereignisse 221
       4.3.3 Der Additionssatz 222
       4.3.4 Die bedingte Wahrscheinlichkeit 224
       4.3.5 Die stochastische Unabhängigkeit 225
       4.3.6 Der Multiplikationssatz in allgemeiner Form 226
       4.3.7 Das Theorem der totalen Wahrscheinlichkeit 227
       4.3.8 Das Theorem von Bayes (Bayes'sche Regel) 229
       4.3.9 Übersicht der Wahrscheinlichkeitsberechnung
             von sich ausschließenden und sich nicht
             ausschließenden Ereignissen 231

   4.4 Zufallsvariable 232
       4.4.1 Der Begriff der Zufallsvariablen 232
       4.4.2 Die Wahrscheinlichkeitsfunktion diskreter
             Zufallsvariablen 232
       4.4.3 Die Verteilungsfunktion diskreter Zufallsvariablen 234
       4.4.4 Wahrscheinlichkeitsdichte und
             Verteilungsfunktion stetiger Zufallsvariablen 236

4.4.5 Erwartungswert und Varianz von Zufallsvariablen 241

A Statistische Tabellen 245

B Literaturverzeichnis 325

Abkürzungsverzeichnis

Abb.	Abbildung
BIP	Bruttoinlandsprodukt
bzw.	beziehungsweise
ca.	circa
cm	Zentimeter
d. h.	das heißt
km	Kilometer
km/h	Kilometer pro Stunde
korr	Korrelationskoeffizient
kWh	Kilowattstunde(n)
o. a.	oben angegeben
PCI	Peren-Clement-Index
sgn	Signum
Tab.	Tabelle
vgl.	vergleiche
z. B.	zum Beispiel
Z.m.Z.	Ziehen mit Zurücklegen
Z.o.Z.	Ziehen ohne Zurücklegen

Kapitel 1

Statistische Zeichen und Symbole

Allgemein

Zeichen/Symbole	Bedeutung
$\mathbb{N}$	Menge der natürlichen Zahlen $\{0, 1, 2, ...\}$ (zuvor $\mathbb{N}_0$)
$\mathbb{Z}$	Menge der ganzen Zahlen
$\mathbb{Q}$	Menge der rationalen Zahlen
$\mathbb{R}$	Menge der reellen Zahlen
$\mathbb{C}$	Menge der komplexen Zahlen
$a \geq b$	a ist größer oder gleich b
$a \approx b$	a ist ungefähr gleich b
$\sum_{i=1}^{n} a_i$	$a_1 + a_2 + ... + a_n$
$\prod_{i=1}^{n} a_i$	$a_1 \cdot a_2 \cdot ... \cdot a_n$
$\frac{dy}{dx} = y'(x)$	1. Ableitung der Funktion $y = y(x)$ nach der Variablen x
$\frac{\partial y}{\partial x}$	1. partielle Ableitung der Funktion y nach der Variablen x
$\int$	Integral
$|a|$	Absolutbetrag von a
$\lim_{x \to a} f(x)$	Grenzwert der Funktion $f(x)$, wenn x gegen a konvergiert

© Der/die Autor(en), exklusiv lizenziert an
Springer Fachmedien Wiesbaden GmbH, ein Teil von Springer Nature 2025
F. W. Peren, *Formelsammlung Wirtschaftsstatistik*,
https://doi.org/10.1007/978-3-658-48255-8_1

Mengenlehre

Symbole	Bedeutung
A'	Transponierte der Matrix A
$sgn(x)$	Vorzeichen von x
$\{a_1, a_2, ..., a_n\}$	Menge der Elemente $a_1, a_2, ..., a_n$
$\{x \mid B(x)\}$	Menge aller x, für die $B(x)$ gilt
$\varnothing$, auch $\{\}$	leere Menge (enthält kein Element)
$a \in A$	a ist Element von A
$a \notin A$	a ist nicht Element von A
$A = B$	A gleich B
$A \subseteq B$, auch $A \subset B$	A ist Teilmenge von B
$A \subsetneq B$	A ist echte Teilmenge von B
$A \supseteq B$, auch $A \supset B$	A ist Obermenge von B
$A \cap B$	Schnittmenge von A und B
$A \cup B$	Vereinigungsmenge von A und B
$A \setminus B$	Differenzmenge von A und B
$\bar{A}$	Komplementärmenge von A
$A \times B$	Produktmenge von A und B
$\phi(A)$	Potenzmenge von A

Kapitel 2
Deskriptive Statistik

2.1 Empirische Verteilungen

2.1.1 Häufigkeiten

Die Häufigkeitsverteilung ist eine übersichtliche und sinnvolle Zusammenfassung, geordnet nach Häufigkeiten von Ergebnissen in Form von Tabellen, Grafiken und statistischen Messzahlen (z. B. Mittelwerte, Streuungsmaße).

Existiert ein statistisches Merkmal in k verschiedenen Merkmals- ausprägungen, $x_1, x_2, ..., x_k$, für die bei einer Grundgesamtheit von N Elementen bzw. einer Stichprobe von n Beobachtungen die

absoluten Häufigkeiten, h_i $h_1, h_2, ..., h_k$ mit $0 \leq h_i \leq N$

$$\text{und} \quad \sum_{i=1}^{k} h_i = N$$

$$\text{bzw.} \quad \sum_{i=1}^{k} h_i = n$$

gegeben sind, so ergeben sich hieraus die entsprechenden

relativen Häufigkeiten, f_i $f_1, f_2, ..., f_k$ mit $0 \leq f_i \leq 1$

$$\text{und} \quad \sum_{i=1}^{k} f_i = 1$$

$$f_i = \frac{h_i}{N} \qquad \text{bzw.} \quad f_i = \frac{h_i}{n}$$

© Der/die Autor(en), exklusiv lizenziert an
Springer Fachmedien Wiesbaden GmbH, ein Teil von Springer Nature 2025
F. W. Peren, *Formelsammlung Wirtschaftsstatistik*,
https://doi.org/10.1007/978-3-658-48255-8_2

Beispiel: Körpergröße von 100 Studenten

i	Körpergröße [cm]	h_i	f_i
1	unter 160	9	$0,09 = \frac{9}{100}$
2	[160 – 170[	28	0,28
3	[170 – 180[	35	0,35
4	[180 – 190[	24	0,24
5	$190 \leq$	4	0,04
Σ	-	100	1,0

2.1.2 Summenhäufigkeiten

Durch fortlaufende Summierung (Kumulierung) der absoluten Häufigkeiten, h_j, erhält man die *absoluten* Summenhäufigkeiten H_i.

$$H_i = h_1 + h_2 + ... + h_i$$
$$= \sum_{j=1}^{i} h_j \quad \text{mit } j = 1, ..., i$$

Durch fortlaufende Summierung der relativen Häufigkeiten, f_j, erhält man die *relativen* Summenhäufigkeiten F_i.

$$F_i = f_1 + f_2 + ... + f_i$$
$$= \sum_{j=1}^{i} f_j \quad \text{mit } j = 1, ..., i$$
$$= \frac{H_i}{N} \quad \Rightarrow \text{ für die Grundgesamtheit}$$
$$= \frac{H_i}{n} \quad \Rightarrow \text{ für die Stichprobe}$$

2.1 Empirische Verteilungen

Summenhäufigkeitsfunktion bei nicht-klassifizierten Daten

$$F(x) = \begin{cases} 0 & \text{für} \quad x < x_1 \\ F_i & \text{für} \quad x_i \leq x \leq x_{i+1} \\ 1 & \text{für} \quad x \geq x_k \end{cases} \quad \text{mit} \quad i = 1, \ldots, k-1$$

<u>Beispiel</u>: Anzahl der regelmäßig von Studenten gelesenen Zeitungen

i	x_i	h_i	f_i	H_i	F_i
1	0	200	0,160	200	0,160
2	1	510	0,407	710	0,567
3	2	253	0,202	963	0,769
4	3	163	0,130	1.126	0,899
5	4	127	0,101	1.253	1,0
Σ	-	1.253	1,0	-	-

Summenhäufigkeitsfunktion bei klassifizierten Daten

Die kumulierten (absoluten oder relativen) Summenhäufigkeiten werden jeweils den Klassenenden zugeordnet.

<u>Beispiel</u>: Körpergröße von 100 Studenten

i	Größe [cm]	h_i	f_i	H_i	F_i
1	unter 160	9	0,09	9	0,09
2	[160 – 170[	28	0,28	37	0,37
3	[170 – 180[	35	0,35	72	0,72
4	[180 – 190[	24	0,24	96	0,96
5	$190 \leq$	4	0,04	100	1,0
Σ	-	100	1,0	-	-

2.2 Mittelwerte und Streuungsmaße

2.2.1 Mittelwerte

Arithmetisches Mittel (μ bzw. $\bar{x}$)

Definition für die Grundgesamtheit, N mit $x_1, x_2, ..., x_N$

$$\mu = \frac{1}{N}(x_1 + ... + x_N) = \frac{1}{N}\sum_{i=1}^{N} x_i$$

Definition für eine Stichprobe im Umfang von n mit $x_1, x_2, ..., x_n$

$$\bar{x} = \frac{1}{n}(x_1 + ... + x_n) = \frac{1}{n}\sum_{i=1}^{n} x_i$$

Häufigkeitsverteilungen

- absolute Häufigkeitsverteilungen

$$\mu = \frac{1}{N}\sum_{i=1}^{k} x_i h_i = \frac{1}{N}(x_1 h_1 + x_2 h_2 + ... + x_k h_k)$$

$$\bar{x} = \frac{1}{n}\sum_{i=1}^{k} x_i h_i = \frac{1}{n}(x_1 h_1 + x_2 h_2 + ... + x_k h_k)$$

- relative Häufigkeitsverteilungen

$$\mu = \sum_{i=1}^{k} x_i f_i \qquad \text{mit} \quad f_i = \frac{h_i}{N}$$

$$\bar{x} = \sum_{i=1}^{k} x_i f_i \qquad \text{mit} \quad f_i = \frac{h_i}{n}$$

2.2 Mittelwerte und Streuungsmaße

- bei einer Häufigkeitsverteilung *klassifizierter Daten* gilt:

    für die Grundgesamtheit:

    $$\mu = \frac{1}{N} \sum_{i=1}^{k} x'_i h_i = \sum x'_i f_i$$ In der Regel wählt man die Klassenmitten.

    für die Stichprobe:

    $$\bar{x} = \frac{1}{n} \sum_{i=1}^{k} x'_i h_i = \sum x'_i f_i$$ In der Regel wählt man die Klassenmitten.

Beispiel:

i	x_i Schlaf pro Nacht	h_i Personen	f_i	F_i	H_i
1	8	3	0,176	0,176	3
2	6	1	0,059	0,235	4
3	7	7	0,412	0,647	11
4	10	4	0,235	0,882	15
5	4	2	0,118	1	17
Σ	-	17	-	-	-

arithmetisches Mittel

$$\mu = \frac{1}{17} (8 \cdot 3 + 6 \cdot 1 + 7 \cdot 7 + 10 \cdot 4 + 4 \cdot 2)$$

$$= 7{,}471 \text{ Stunden}$$

Durchschnittlich haben die untersuchten Personen 7,471 Stunden pro Nacht geschlafen.

Median (Me)

Die Einzelwerte $x_1, x_2, ..., x_N$ werden so geordnet, dass gilt:

$x_{[1]} \leq x_{[2]} \leq ... \leq x_{[N]}$ mit $x_{[j]}$ = das Element x an der j-ten Stelle; $j = 1, ..., N$

Median bei **ungeradem** N: $\qquad Me = x_{[\frac{N+1}{2}]}$

Beispiel:

Körpergröße von fünf Kindern in cm: 120, 150, 110, 124, 132

Werte sortieren: 110, 120, 124, 132, 150

Median berechnen: $\dfrac{N+1}{2}$

$\Rightarrow \dfrac{5+1}{2} = 3.$ Beobachtung

$\Rightarrow x_3 = 124$

Der Median beträgt 124 cm.

Median bei **geradem** N: $\qquad Me = \dfrac{1}{2}\left(x_{[\frac{N}{2}]} + x_{[\frac{N}{2}+1]} \right)$

Beispiel:

Körpergröße von sechs Kindern in cm: 131, 124, 135, 115, 119, 126

Werte sortieren: 115, 119, 124, 126, 131, 135

Median berechnen: $\dfrac{1}{2}\left(\dfrac{6}{2} + \dfrac{6}{2} + 1 \right)$

$= \dfrac{1}{2}(x_3 + x_4)$

$= \dfrac{1}{2}(124 + 126)$

2.2 Mittelwerte und Streuungsmaße

$$= \frac{1}{2} \cdot 250$$

$$= 125$$

Der Median beträgt 125 cm.

Häufigkeitsverteilungen

Bei *nicht-klassifizierten Daten* ist der Median gleich der Merkmalsausprägung x_i, bei der die Summenhäufigkeitsfunktion, $F(x)$, den Wert $0,5$ überschreitet.

Bei *klassifizierten Daten* berechnet sich der Median aus der Klassenuntergrenze x_i^u und der Klassenobergrenze x_i^o derjenigen Klasse, in der die Summenhäufigkeitsfunktion, $F(x)$, den Wert $0,5$ überschreitet.

$$Me = x_i^u + \alpha$$

$$\Rightarrow \quad \frac{\alpha}{0,5 - F(x_i^u)} = \frac{x_i^o - x_i^u}{F(x_i^o) - F(x_i^u)}$$

$$\Rightarrow \quad \alpha = \frac{x_i^o - x_i^u}{F(x_i^o) - F(x_i^u)} \cdot (0,5 - F(x_i^u))$$

$$Me = x_i^u + \frac{x_i^o - x_i^u}{F(x_i^o) - F(x_i^u)} \cdot (0,5 - F(x_i^u))$$

Modus (Mo)

Der Modus ist als die häufigste Merkmalsausprägung definiert.

Beispiel: regelmäßig gelesene Zeitungen

0 Zeitungen ⇒ 19 Personen

| 1 Zeitung ⇒ 45 Personen |

2 Zeitungen ⇒ 24 Personen

3 Zeitungen ⇒ 8 Personen

⇒ $Mo = 1$ Zeitung, da 45 Personen die größte (absolute) Häufigkeit bilden

Bei *klassifizierten Daten* wird zunächst die Merkmalsklasse mit der größten Häufigkeitsdichte als Modalklasse ausgewählt. Als Modus wird dann die Mitte dieser Klasse festgelegt.

$$\text{Dichte} = \frac{h_i}{\text{Klassenbreite}} \cdot \text{Normklassenbreite}$$

Beispiel: Körpergröße von 100 Studenten

i	Größe [cm]	h_i	x'_i	Δx	Dichte
1	$[140-160[$	9	150	20	0,45
2	$[160-170[$	28	165	10	2,8
3	$[170-180[$	35	175	10	3,5
4	$[180-190[$	24	185	10	2,4
5	$[190-210[$	4	200	20	0,2
$\sum$	-	100	-	-	-

Die größte Häufigkeitsdichte liegt in der dritten Merkmalsklasse:

$x_3 = \dfrac{35}{10} = 3,5$ Studenten pro 10 cm-Intervall Körpergröße

Die Mitte dieser Klasse liegt bei 175 cm. $\Rightarrow Mo = 175\ cm$

Geometrisches Mittel (G)

Geometrisches Mittel bei **Einzelwerten**:

$$G = \sqrt[N]{x_1 \cdot x_2 \cdot \ldots \cdot x_N}$$

Beispiel:

Prozentsatz p	7 %	3 %	-5 %	4 %
$x_i = 1 + \dfrac{p}{100}$	1,07	1,03	0,95	1,04

2.2 Mittelwerte und Streuungsmaße

$$G = \sqrt[4]{1{,}07 \cdot 1{,}03 \cdot 0{,}95 \cdot 1{,}04} = 1{,}022$$

Geometrisches Mittel bei **Häufigkeitsverteilungen**:

$$G = \sqrt[N]{x_1^{h_1} \cdot x_2^{h_2} \cdot \ldots \cdot x_k^{h_k}} \quad \text{mit} \quad i = 1, \ldots, k$$

Beispiel:

Prozentsatz p	-3%	-2%	1%	3%
$x_i = 1 + \dfrac{p}{100}$	0,97	0,98	1,01	1,03
absolute Häufigkeiten H_i	3	2	4	1

$n = 3 + 2 + 4 + 1 = 10$

$G = \sqrt[10]{0{,}97^3 \cdot 0{,}98^2 \cdot 1{,}01^4 \cdot 1{,}03^1} = 0{,}994 = -0{,}6\,\%$

Tab. 2.1 beschreibt, welche Mittelwerte sich bei bestimmten Skalenniveaus anwenden lassen.

Mittelwert	Skala			
	Nominal-skala	Ordinal-skala	Intervall-skala	Verhältnis-skala
Modus	×	×	×	×
Median		×	×	×
Arithmetisches Mittel			×	×
Geometrisches Mittel				×
Harmonisches Mittel				×

Tab. 2.1: Optionen von Mittelwerten in Abhängigkeit vom Skalenniveau[1]

---

[1] Vgl. Bleymüller, J. & Gehlert, G. (2011), S. 13.

Harmonisches Mittel (H)

$$H = \frac{n}{\sum_{i=1}^{n} \frac{1}{x_i}} = \frac{n}{\frac{1}{x_1} + \frac{1}{x_2} + \ldots + \frac{1}{x_n}}$$

Die Dimension des jeweils betrachteten Merkmals sowie des sich hieraus ergebenden Harmonischen Mittels entspricht einem Quotienten.

Beispiel: Ein Auto fährt 12 km, davon a) 6 km mit 6 km/h und
b) 6 km mit 60 km/h.

Wie hoch ist die Durchschnittsgeschwindigkeit?

$$H = \frac{2}{\frac{1}{6\frac{km}{h}} + \frac{1}{60\frac{km}{h}}} = \frac{2}{\frac{10}{60} + \frac{1}{60}} = \frac{2}{\frac{11}{60}} = \frac{2 \cdot 60}{11} = 10,91 \, km/h$$

Anmerkung: Die Dimension des hier betrachteten Merkmals entspricht dem Quotienten km/h.

2.2.2 Streuungsmaße

Varianz σ^2 / Standardabweichung σ

Bei Einzelwerten:

Definition für die Grundgesamtheit N

$$\sigma^2 = \frac{1}{N} \sum_{i=1}^{N} (x_i - \mu)^2 = \frac{1}{N} \sum_{i=1}^{N} (x_i^2) - \mu^2$$

$$\sigma = \sqrt{\sigma^2}$$

2.2 Mittelwerte und Streuungsmaße

<u>Beispiel:</u>

US Schuhgrößen von vier Personen: 9, 8, 10, 11

$$\mu = \frac{9 + 8 + 10 + 11}{4} = 9,5$$

$$\sigma^2 = \frac{(9-9,5)^2 + (8-9,5)^2 + (10-9,5)^2 + (11-9,5)^2}{4} =$$

$$= 1,25$$

$$\sigma = \sqrt{1,25} = 1,12$$

Definition für eine Stichprobe im Umfang von n Beobachtungen mit $x_1, x_2, ..., x_n$

$$s^2 = \frac{1}{n}\sum_{i=1}^{n}(x_i - \bar{x})^2 = \frac{1}{n}\sum_{i=1}^{n}(x_i^2) - \bar{x}^2$$

$$s = \sqrt{s^2}$$

Bei **Häufigkeitsverteilungen**:

- bei **absoluten** Häufigkeitsverteilungen

$$\sigma^2 = \frac{1}{N}\sum_{i=1}^{k}(x_i - \mu)^2 h_i = \frac{1}{N}\sum_{i=1}^{k}(x_i^2 h_i) - \mu^2$$

$$s^2 = \frac{1}{n}\sum_{i=1}^{k}(x_i - \bar{x})^2 h_i = \frac{1}{n}\sum_{i=1}^{k}(x_i^2 h_i) - \bar{x}^2$$

Beispiel für eine Häufigkeitsverteilung bei absoluten Häufigkeiten:

i	x_i Anzahl verkaufter Bücher eines bestimmten Buches	h_i Anzahl der Tage	$x_i h_i$	$x_i^2 h_i$
1	0	19	0	0
2	1	34	34	34
3	2	17	34	68
4	3	6	18	54
5	4	12	48	192
Σ	-	88	-	348

$$\mu = \frac{1}{N}(x_1 \cdot h_1 + \ldots + x_N \cdot h_N) = \frac{1}{N}\sum_{i=1}^{N} x_i h_i =$$
$$= \frac{1}{88}(0 \cdot 19 + 1 \cdot 34 + 2 \cdot 17 + 3 \cdot 6 + 4 \cdot 12) =$$
$$= 1,523$$

$$\sigma^2 = \frac{348}{88} - 1,523^2 =$$
$$= 1,635 \text{ Bücher}^2$$

$$\sigma = \sqrt{1,635} = 1,279 \text{ Bücher}$$

- bei **relativen** Häufigkeitsverteilungen

$$\sigma^2 = \sum_{i=1}^{k}(x_i - \mu)^2 f_i = \sum_{i=1}^{k}(x_i^2 f_i) - \mu^2$$

$$s^2 = \sum_{i=1}^{k}(x_i - \bar{x})^2 f_i = \sum_{i=1}^{k}(x_i^2 f_i) - \bar{x}^2$$

2.2 Mittelwerte und Streuungsmaße

Beispiel für eine Häufigkeitsverteilung bei relativen Häufigkeiten:

i	x_i	h_i	$x_i h_i$	$x_i^2 h_i$	f_i	$x_i f_i$	$x_i^2 f_i$
	Anzahl verkaufter Bücher eines bestimmten Buches	Anzahl der Tage					
1	0	19	0	0	0,216	0	0
2	1	34	34	34	0,386	0,386	0,386
3	2	17	34	68	0,193	0,386	0,772
4	3	6	18	54	0,068	0,204	0,612
5	4	12	48	192	0,136	0,544	2,176
Σ	-	88	-	348	1,000	-	3,946

$$\mu = \frac{1}{N}(x_1 \cdot h_1 + \ldots + x_N \cdot h_N) = \frac{1}{N}\sum_{i=1}^{N} x_i h_i =$$
$$= \frac{1}{88}(0 \cdot 19 + 1 \cdot 34 + 2 \cdot 17 + 3 \cdot 6 + 4 \cdot 12) =$$
$$= 1,523$$

$$\sigma^2 = 3,946 - 1,523^2 =$$
$$= 1,626 \text{ Bücher}^2$$

$$\sigma = \sqrt{1,626} = 1,275 \text{ Bücher}$$

Bei einer Häufigkeitsverteilung *klassifizierter Daten* ergeben sich Varianz / Standardabweichung näherungsweise über die Klassenmitten x_i'.

- absolute Häufigkeiten bei klassifizierten Daten

$$\sigma^2 = \frac{1}{N}\sum_{i=1}^{k}(x_i' - \mu)^2 h_i = \frac{1}{N}\sum_{i=1}^{k}(x_i'^2 h_i) - \mu^2$$

$$s^2 = \frac{1}{n}\sum_{i=1}^{k}(x_i' - \bar{x})^2 h_i = \frac{1}{n}\sum_{i=1}^{k}(x_i'^2 h_i) - \bar{x}^2$$

2 Deskriptive Statistik

Beispiel: Körpergröße von 100 Studenten

i	Größe [cm]	h_i	x'_i	Δx	Dichte	$x'_i h_i$	$x'^2_i h_i$
1	[140 – 160[	9	150	20	0,45	1.350	202.500
2	[160 – 170[	28	165	10	2,8	4.620	762.300
3	[170 – 180[	35	175	10	3,5	6.125	1.071.875
4	[180 – 190[	24	185	10	2,4	4.440	821.400
5	[190 – 210[	4	200	20	0,2	800	160.000
Σ	-	100	-	-	-	-	3.018.075

mit x'_i = Klassenmitte,

Δx = Klassenbreite,

Dichte der Elemente $= \dfrac{h_i}{\Delta x} =$ Elemente pro Einheit

$$\mu = \frac{1}{N}(x'_1 \cdot h_1 + \ldots + x'_N \cdot h_N) = \frac{1}{N}\sum_{i=1}^{N} x'_i h_i =$$
$$= \frac{1}{100}(150 \cdot 9 + 165 \cdot 28 + 175 \cdot 35 + 185 \cdot 24 + 200 \cdot 4) =$$
$$= 173,35$$

$$\sigma^2 = \frac{3.018.075}{100} - 173,35^2 =$$
$$= 130,5275 \text{ cm}^2$$

$$\sigma = \sqrt{130,5275} = 11,425 \text{ cm}$$

- relative Häufigkeiten bei klassifizierten Daten

$$\sigma^2 = \sum_{i=1}^{k}(x'_i - \mu)^2 f_i = \sum_{i=1}^{k}(x'^2_i f_i) - \mu^2$$
$$s^2 = \sum_{i=1}^{k}(x'_i - \bar{x})^2 f_i = \sum_{i=1}^{k}(x'^2_i f_i) - \bar{x}^2$$

2.2 Mittelwerte und Streuungsmaße

Beispiel: Körpergröße von 100 Studenten

i	Größe [cm]	h_i	x'_i	Δx	Dichte	f_i	$x'_i f_i$	$x'^2_i f_i$
1	[140 – 160[	9	150	20	0,45	0,09	13,5	2.025
2	[160 – 170[	28	165	10	2,8	0,28	46,2	7.623
3	[170 – 180[	35	175	10	3,5	0,35	61,25	10.718,75
4	[180 – 190[	24	185	10	2,4	0,24	44,4	8.214
5	[190 – 210[	4	200	20	0,2	0,04	8	1.600
Σ	-	100	-	-	-	1	-	30.180,75

mit x'_i = Klassenmitte,

Δx = Klassenbreite,

Dichte der Elemente $= \dfrac{h_i}{\Delta x}$ = Elemente pro Einheit

$$\mu = \frac{1}{N}(x'_1 \cdot h_1 + \ldots + x'_N \cdot h_N) = \frac{1}{N}\sum_{i=1}^{N} x'_i h_i =$$
$$= \frac{1}{100}(150 \cdot 9 + 165 \cdot 28 + 175 \cdot 35 + 185 \cdot 24 + 200 \cdot 4) =$$
$$= 173,35$$

$$\sigma^2 = 30.180,75 - 173,35^2 =$$
$$= 130,5275 \text{ cm}^2$$

$$\sigma = \sqrt{130,5275} = 11,425 \text{ cm}$$

Ist die Verteilung der Merkmalsausprägungen eingipflig (unimodal) und die Klassenbreiten Δx konstant, so führt die Sheppard'sche Korrektur zu einem besseren Näherungswert:

$$\sigma^2_{korr.} = \sigma^2 - \frac{(\Delta x)^2}{12}$$

Beispiel: Körpergröße von 100 Studenten

i	Größe [cm]	h_i	x'_i	Δx	Dichte	$x'_i h_i$	$x'^2_i h_i$	f_i	$x'_i f_i$	$x'^2_i f_i$
1	[140 – 150[	9	145	10	0,9	1.305	189.225	0,09	13,05	1.892,25
2	[150 – 160[	28	155	10	2,8	4.340	672.700	0,28	43,4	6.727
3	[160 – 170[	35	165	10	3,5	5.775	952.875	0,35	57,75	9.528,75
4	[170 – 180[	24	175	10	2,4	4.200	735.000	0,24	42	7.350
5	[180 – 190[	4	185	10	0,4	740	136.900	0,04	7,4	1.369
Σ	-	100	-	-	-	-	2.686.700	1	-	26.867

$$\mu = \frac{1}{N}(x'_1 \cdot h_1 + \ldots + x'_N \cdot h_N) = \frac{1}{N}\sum_{i=1}^{N} x'_i h_i =$$
$$= \frac{1}{100}(145 \cdot 9 + 155 \cdot 28 + 165 \cdot 35 + 175 \cdot 24 + 185 \cdot 4) =$$
$$= 163,6$$

$$\sigma^2 = 26.867 - 163,6^2 =$$
$$= 102,04 \text{ cm}^2$$
$$\sigma = \sqrt{102,04} = 10,10 \text{ cm}$$

Sheppard'sche Korrektur:

$$\sigma^2_{korr.} = \sigma^2 - \frac{(\Delta x)^2}{12} =$$
$$= 102,04 - \frac{(10)^2}{12} =$$
$$= 93,706$$

Die absoluten Häufigkeiten, h_i, zeigen, dass diese Verteilung unimodal ist. Der (eine) Hochpunkt dieser Verteilung liegt innerhalb der Klasse $i = 3$.

2.2 Mittelwerte und Streuungsmaße

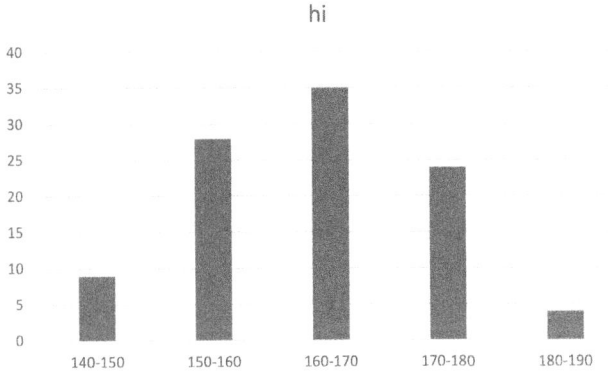

Abb. 2.1: Beispiel einer unimodalen Häufigkeitsverteilung mit konstanter Klassenbreite

Variationskoeffizient (VC)

$$VC = \frac{\sigma}{\mu} \; (\cdot \, 100 \, \%) \quad \text{bzw.} \quad VC = \frac{s}{\bar{x}} \; (\cdot \, 100 \, \%)$$

Beispiel:

Körpergröße von sechs Personen in cm: 174, 168, 151, 160, 171, 147

$$\mu = \frac{1}{6}\,(174 + 168 + 151 + 160 + 171 + 147) =$$
$$= 161,83 \text{ cm}$$

$$\sigma^2 = \frac{(-14,83)^2 + (-10,83)^2 + (-1,83)^2 + 6,17^2 + 9,17^2 + 12,17^2}{6} =$$
$$= 101,806 \text{ cm}^2$$

$$\sigma = \sqrt{101,806} = 10,09 \text{ cm}$$

$$VC = \frac{\sigma}{\mu \text{ bzw. } \bar{x}} = \frac{10,09}{161,83} = 0,062$$

Spannweite (R)

Werden die Einzelwerte $x_1, x_2, ..., x_N$ der Größe nach angeordnet, so dass gilt:

$$x_{[1]} \leq x_{[2]} \leq ... \leq x_{[N]},$$

dann ist:
$$R = x_{[N]} - x_{[1]} \quad \text{bzw.}$$
$$R = x_{maximal} - x_{minimal}$$

Beispiel:

Person	1	2	3	4	5	6
Alter in Jahren	17	24	12	42	60	11

Spannweite: $60 - 11 = 49$ Jahre

- bei **klassifizierten Daten**

  $R =$ Klassenobergrenze der größten Klasse minus Klassenuntergrenze der kleinsten Klasse

Beispiel: Körpergröße von 100 Studenten

i	Größe [cm]	h_i	x'_i	Δx	Dichte
1	[140 – 160[	9	150	20	0,45
2	[160 – 170[	28	165	10	2,8
3	[170 – 180[	35	175	10	3,5
4	[180 – 190[	24	185	10	2,4
5	[190 – 210[	4	200	20	0,2
Σ	-	100	-	-	-

$R = 210 - 140 = 70 \; cm$

2.2 Mittelwerte und Streuungsmaße

Tab. 2.2 beschreibt, welche Streuungsmaße sich bei bestimmten Skalenniveaus bilden lassen.

Streuungsmaße	Skala			
	Nominal-skala	Ordinal-skala	Intervall-skala	Verhältnis-skala
Spannweite		x	x	x
Mittlere absolute Abweichung			x	x
Varianz, Standardabweichung			x	x
Variationskoeffizient				x

Tab. 2.2: Optionen von Streuungsmaßen in Abhängigkeit vom Skalenniveau[2]

---

[2] Vgl. Bleymüller, J. & Gehlert, G. (2011), S. 17.

2.3 Verhältnis- und Indexzahlen

2.3.1 Verhältniszahlen

Verhältniszahlen sind Kennzahlen, die als Quotient gebildet werden.

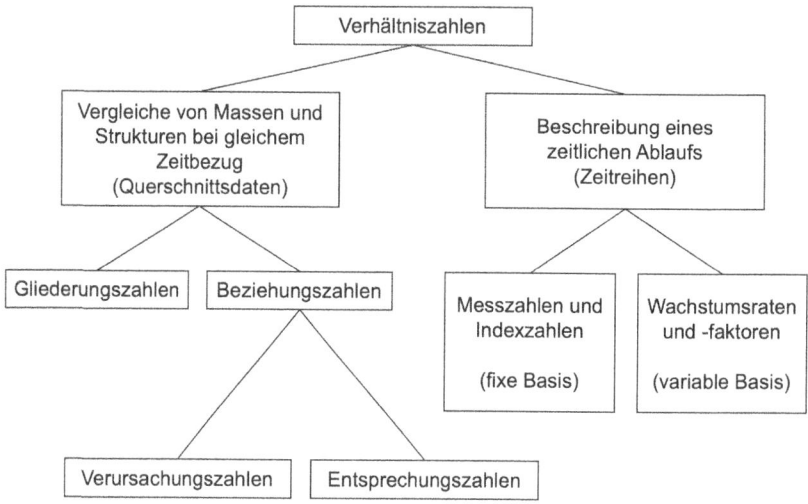

Abb. 2.2: Verhältniszahlen[3]

Beispiele:

Gliederungszahlen

Diese beziehen eine Teilmenge auf eine ihr zugehörige Gesamtmenge

$$\text{z. B.:} \quad \text{Konsumquote} = \frac{\text{Konsum}}{\text{Einkommen}^4} \cdot 100\,\%$$

---

[3] Vgl. Voß, W. (2000), S. 209.
[4] In der Regel wählt man hier das verfügbare Einkommen. Vgl. hierzu z. B. Peren, F. W. (1986): Einkommen, Konsum und Ersparnis der privaten Haushalte in der Bundesrepublik Deutschland seit 1970: Analyse unter Verwendung makroökonomischer Konsumfunktionen; in: Peter-Lang-Verlag (Hrsg.): Europäische Hochschulschriften, Reihe 5, Volks- und Betriebswirtschaft, Bd. 640, Frankfurt am Main.

2.3 Verhältnis- und Indexzahlen

Beziehungszahlen

Diese relativieren zwei Maßzahlen, die unterschiedlichen Mengen angehören, d. h. der Zähler des Quotienten bildet keine Teilmenge des Nenners. Bei den Beziehungszahlen wird unterschieden zwischen *Verursachungszahlen* und *Entsprechungszahlen*.

Bei *Verursachungszahlen* wird die im Zähler bemessene Teilmenge von der im Nenner aufgezeigten Masse „verursacht":

$$\text{z. B.: Produktivität} = \frac{\text{Output}}{\text{Input}}$$

$$\text{Rentabilität} = \frac{\text{Gewinn}}{\text{Kapital}}$$

Bei *Entsprechungszahlen* besteht keine Kausalität zwischen den im Zähler und Nenner aufgezeigten Massen:

$$\text{z. B.: Bevölkerungsdichte} = \frac{\text{Einwohnerzahl}}{\text{Fläche}}$$

$$\text{Arztdichte} = \frac{\text{Anzahl der Ärzte}}{\text{Einwohnerzahl}}$$

Eine **Messzahl** m_{0t} beschreibt das Verhältnis eines (meist aktuellen) Wertes x_t zum Basiswert x_0, wobei t die Berichtsperiode oder den Berichtszeitpunkt und 0 die Basisperiode (Referenzperiode) oder den Basiszeitpunkt (Referenzzeitpunkt) umfasst.

$$m_{0t} = \frac{x_t}{x_0} \quad \text{bzw.} \quad \frac{x_t}{x_0} \cdot 100\,\% \quad \text{mit} \quad t = \text{Berichtsperiode bzw.}$$
Berichtszeitpunkt

$0 =$ Basisperiode bzw. Basiszeitpunkt

Eigenschaften von Messzahlen

(1) Sind Basis- und Berichtsperiode bzw. Basis- und Berichtszeitpunkt gleich, so gilt: $m_{0t} = 1$.

(2) Messzahlen sind dimensionslos. Dieselben Dimensionen von x_t und x_0 kürzen sich weg.

(3) Werden Basis- und Berichtsperiode bzw. Basis- und Berichtszeitpunkt reziprok vertauscht, so gilt: $m_{t0} = \dfrac{1}{m_{0t}}$.

(4) Mehrere Perioden $(0, s$ und $t)$ lassen sich verketten bzw. einheitlich basieren (siehe: Operationen mit Messzahlen).

(5) Ist für alle Perioden die Größe W das Produkt aus P und Q, so gilt für die Messzahlen analog: $m_{0t}^W = m_{0t}^P \cdot m_{0t}^Q$ (Faktorumkehrprobe).

Operationen mit Messzahlen

Verkettung: $\quad m_{0t} = m_{0s} \cdot m_{st}$

Umbasierung: $\quad m_{st} = \dfrac{m_{0t}}{m_{0s}}$

Wachstumsrate: $\quad w_t = \dfrac{x_t - x_{t-1}}{x_{t-1}} \cdot 100\ \%\quad$ bzw. $\quad w_t = \left(\dfrac{x_t}{x_{t-1}} - 1\right) \cdot 100\ \%$

Beispiele für Messzahlen:

1. Indexzahlen (siehe Kapitel 2.3.2)

2. Wachstumsraten

Das (nominale) Bruttoinlandsprodukt (BIP) einer Volkswirtschaft betrage in drei nachfolgenden Jahren t_i mit $i = 1, ..., 3$:

$t_1 = \$3.700$ Mrd., $\quad t_2 = \$3.800$ Mrd., $\quad t_3 = \$3.900$ Mrd.

2.3 Verhältnis- und Indexzahlen

Das jährliche Wirtschaftswachstum, gemessen als Veränderungsrate des nominalen Bruttoinlandsproduktes, berechnet sich dann wie folgt:

$$w_{t_1-t_2} = \frac{3.800 - 3.700}{3.700} \cdot 100\ \% = 2,70\ \%$$

t_1 entspricht hier der Basisperiode (Referenzperiode)

$$w_{t_2-t_3} = \frac{3.900 - 3.800}{3.800} \cdot 100\ \% = 2,63\ \%$$

t_2 entspricht hier der Basisperiode (Referenzperiode)

2.3.2 Indexzahlen

Indexzahlen bemessen aggregierte Veränderungen.

<u>Symbole für Preise und Mengen</u>

$p_0^{(j)}$ ... Preis des Gutes j zur Basisperiode oder zum Basiszeitpunkt

$p_t^{(j)}$ ... Preis des Gutes j zur Berichtsperiode oder zum Berichtszeitpunkt

$q_0^{(j)}$ ... Menge des Gutes j zur Basisperiode oder zum Basiszeitpunkt

$q_t^{(j)}$ ... Menge des Gutes j zur Berichtsperiode oder zum Berichtszeitpunkt

Beispiel:

Gut j	Preis		Menge		$p_0 q_0$	$p_t q_t$	$p_0 q_t$	$p_t q_0$
	Basisperiode p_0	Berichtsperiode p_t	Basisperiode q_0	Berichtsperiode q_t				
1	5	7	3	6	15	42	30	21
2	7	9	6	13	42	117	91	54
3	8	4	10	15	80	60	120	40
4	10	12	7	19	70	228	190	96
Σ	-	-	-	-	207	447	431	211

Tab. 2.3: Beispiel mit einer Basisperiode und einer Berichtsperiode

Umsatzindex / Wertindex

$$U_{0t} = \frac{\sum p_t q_t}{\sum p_0 q_0} \cdot 100\,\%$$

Beispiel:

$$U_{0t} = \frac{447}{207} \cdot 100\,\% =$$
$$= 2,1594 \cdot 100\,\% =$$
$$= 215,94$$

Der Umsatz innerhalb der Berichtsperiode hat sich gegenüber dem Umsatz zur Basisperiode mehr als verdoppelt, d. h. der Umsatz innerhalb der Berichtsperiode entspricht $215,94\,\%$ des Umsatzes der Basisperiode, d. h. das $2,1594$fache.

2.3 Verhältnis- und Indexzahlen

Preisindex nach Laspeyres[5]

$$P^L_{0t} = \frac{\sum_{j=1}^{n} \frac{p_t^{(j)}}{p_0^{(j)}} \cdot p_0^{(j)} q_0^{(j)}}{\sum_{j=1}^{n} p_0^{(j)} q_0^{(j)}} \cdot 100\,\% =$$

$$= \frac{\sum_{j=1}^{n} p_t^{(j)} q_0^{(j)}}{\sum_{j=1}^{n} p_0^{(j)} q_0^{(j)}} \cdot 100\,\% =$$

$$= \frac{\sum p_t q_0}{\sum p_0 q_0} \cdot 100\,\%$$

Beispiel:

$$P^L_{0t} = \frac{211}{207} \cdot 100\,\% =$$
$$= 1,0193 \cdot 100\,\% =$$
$$= 101,93\,\%$$

Die Preise dieses Warenkorbs haben sich innerhalb der Berichtsperiode gegenüber den Preisen innerhalb der Basisperiode um 1,93 Prozent erhöht, d. h. sie betragen in der Berichtsperiode nach Laspeyres das 1,0193fache des durchschnittlichen Preisniveaus innerhalb der Basisperiode.

Mengenindex nach Laspeyres

$$Q^L_{0t} = \frac{\sum p_0 q_t}{\sum p_0 q_0} \cdot 100\,\% = \frac{U_{0t}}{P^P_{0t}}$$

---

[5] Ernst Louis Étienne Laspeyres (1834 - 1913) war ein deutscher Nationalökonom und Statistiker.

Beispiel:

$$Q^L_{0t} = \frac{431}{207} \cdot 100\,\% = 208,21\,\%$$

Die Mengen dieses Warenkorbs haben sich innerhalb der Berichtsperiode gegenüber den Mengen innerhalb der Basisperiode mehr als verdoppelt, d. h. sie betrugen in der Berichtsperiode nach Laspeyres das 2,0821 fache des durchschnittlichen Mengenniveaus innerhalb der Basisperiode.

Preisindex nach Paasche[6]

$$P^P_{0t} = \frac{\sum\limits_{j=1}^{n} \frac{p_t^{(j)}}{p_0^{(j)}} \cdot p_0^{(j)} q_t^{(j)}}{\sum\limits_{j=1}^{n} p_0^{(j)} q_t^{(j)}} \cdot 100\,\% =$$

$$= \frac{\sum\limits_{j=1}^{n} p_t^{(j)} q_t^{(j)}}{\sum\limits_{j=1}^{n} p_0^{(j)} q_t^{(j)}} \cdot 100\,\% =$$

$$= \frac{\sum p_t q_t}{\sum p_0 q_t} \cdot 100\,\%$$

Beispiel:

$$P^P_{0t} = \frac{447}{431} \cdot 100\,\% =$$
$$= 1,0371 \cdot 100\,\% =$$
$$= 103,71\,\%$$

Die Preise dieses Warenkorbs haben sich innerhalb der Berichtsperiode gegenüber den Preisen innerhalb der Basisperiode um 17,81 Prozent erhöht, d. h. sie betrugen in der Berichtsperiode nach Paasche

---

[6] Hermann Paasche (1851 - 1925) war ein deutscher Statistiker.

2.3 Verhältnis- und Indexzahlen

das 1,1781 fache des durchschnittlichen Preisniveaus innerhalb der Basisperiode.

Mengenindex nach Paasche

$$Q_{0t}^P = \frac{\sum p_t q_t}{\sum p_t q_0} \cdot 100\% = \frac{U_{0t}}{P_{0t}^L}$$

Beispiel:

$$Q_{0t}^P = \frac{447}{211} \cdot 100\% = 211{,}85\%$$

Die Mengen dieses Warenkorbs haben sich innerhalb der Berichtsperiode gegenüber den Mengen innerhalb der Basisperiode mehr als verdoppelt, d. h. sie betrugen in der Berichtsperiode nach Paasche das 2,1185 fache des durchschnittlichen Mengenniveaus innerhalb der Basisperiode.

Umsatzindex / Wertindex als Indexprodukt

$$U_{0t} = P_{0t}^L Q_{0t}^P = P_{0t}^P Q_{0t}^L$$

Beispiel:

$$U_{0t} = \frac{447}{431} \cdot \frac{431}{207} \cdot 100\% =$$
$$= 215{,}94\%$$

bzw.

$$U_{0t} = \frac{101{,}93 \cdot 211{,}85}{100} = \frac{103{,}71 \cdot 208{,}21}{100} = 215{,}94\%$$

Preisindex nach Fisher[7]

$$P_{0t}^F = \sqrt{P_{0t}^L \cdot P_{0t}^P} \cdot 100\%$$

---

[7] Irving Fisher (1867 - 1947) war ein US-amerikanischer Ökonom.

Beispiel:

$$P_{0t}^F = \sqrt{\frac{211}{207} \cdot \frac{447}{431}} \cdot 100\% =$$
$$= \sqrt{1,0193 \cdot 1,0371} \cdot 100\% =$$
$$= 102,82\%$$

Mengenindex nach Fisher

$$Q_{0t}^F = \sqrt{Q_{0t}^L \cdot Q_{0t}^P} \cdot 100\%$$

Beispiel:

$$Q_{0t}^F = \sqrt{\frac{431}{207} \cdot \frac{447}{211}} \cdot 100\% =$$
$$= \sqrt{2,0821 \cdot 2,1185} \cdot 100\% =$$
$$= 210,02\%$$

Preisindex nach Stuvel[8]

$$P_{0t}^{ST} = \left(\frac{P_{0t}^L - Q_{0t}^L}{2} + \sqrt{\left(\frac{P_{0t}^L - Q_{0t}^L}{2}\right)^2 + U_{0t}} \right) \cdot 100\%$$

$$\text{mit} \quad U_{0t} = \frac{\sum p_t q_t}{\sum p_0 q_0} \quad \text{(Umsatz- / Wertindex)}$$

Beispiel:

$$P_{0t}^{ST} = \left(\frac{1,0193 - 2,0821}{2} + \sqrt{\left(\frac{1,0193 - 2,0821}{2}\right)^2 + 2,1594} \right) \cdot 100\% =$$
$$= 1,0312 \cdot 100\% =$$
$$= 103,12\%$$

---

[8] Der *Preisindex nach Stuvel* läßt sich auch als Spezialfall des Ansatzes von *Banerjee* erklären. Vgl. hierzu Banerjee, K.S. (1977): On the Factorial Approach Providing the True Cost of Living Index, Göttingen.

2.3 Verhältnis- und Indexzahlen

Mengenindex nach Stuvel[9]

$$Q_{0t}^{ST} = \left(\frac{Q_{0t}^L - P_{0t}^L}{2} + \sqrt{\left(\frac{Q_{0t}^L - P_{0t}^L}{2}\right)^2 + U_{0t}} \right) \cdot 100\,\%$$

$$\text{mit} \quad U_{0t} = \frac{\sum p_t q_t}{\sum p_0 q_0} \quad \text{(Umsatz- / Wertindex)}$$

Beispiel:

$$Q_{0t}^{ST} = \left(\frac{2,0821 - 1,0193}{2} + \sqrt{\left(\frac{2,0821 - 1,0193}{2}\right)^2 + 2,1594} \right) \cdot 100\,\% =$$

$$= 2,094 \cdot 100\,\% =$$
$$= 209,4\,\%$$

Beispiel:

Ein Haushalt konsumierte in den Jahren 2014 - 2020 die nachfolgenden Mengen von den Produkten A, B und C:

k	Jahr	Produkt A		Produkt B		Produkt C	
		Mengen	Preise pro Stück	Mengen	Preise pro Stück	Mengen	Preise pro Stück
0	2014	300	0,25	180	0,70	96	0,80
1	2015	250	0,30	145	0,71	100	1,10
2	2016	340	0,41	290	0,73	142	0,95
3	2017	170	0,28	242	0,72	200	0,96
4	2018	190	0,21	311	0,69	170	0,87
5	2019	245	0,19	196	0,68	164	0,91
6	2020	320	0,31	215	0,74	171	1,02

Tab. 2.4: Beispiel mit einer Basisperiode (Jahr 2014) und fünf Folgeperioden

---

[9] Der *Mengenindex nach Stuvel* läßt sich auch als Spezialfall des Ansatzes von *Banerjee* erklären. Vgl. hierzu Banerjee, K.S. (1977): On the Factorial Approach Providing the True Cost of Living Index, Göttingen.

Preisindex nach Lowe[10]

$$P_{0t}^{LO} = \frac{\sum p_i^{(t)} q_i}{\sum p_i^{(0)} q_i} \cdot 100\,\% \quad \text{mit} \quad q_i = \frac{1}{t+1} \sum_{k=0}^{t} q_i^k$$

q_i entspricht dem arithmetischen Mittel der Werte innerhalb der Perioden 0 bis t.

Beispiel:

$$q_1 = \frac{1}{7}(300 + 250 + 340 + 170 + 190 + 245 + 320) = 259,29$$

$$q_2 = \frac{1}{7}(180 + 145 + 290 + 242 + 311 + 196 + 215) = 225,57$$

$$q_3 = \frac{1}{7}(96 + 100 + 142 + 200 + 170 + 164 + 171) = 149,00$$

$$P_{06}^{LO} = \frac{0,31 \cdot 259,29 + 0,74 \cdot 225,57 + 1,02 \cdot 149,00}{0,25 \cdot 259,29 + 0,70 \cdot 225,57 + 0,80 \cdot 149,00} \cdot 100\,\% =$$

$$= \frac{399,28}{341,92} \cdot 100\,\% =$$

$$= 116,78\,\%$$

Mengenindex nach Lowe

$$Q_{0t}^{LO} = \frac{\sum q_i^{(t)} p_i}{\sum q_i^{(0)} p_i} \cdot 100\,\% \quad \text{mit} \quad p_i = \frac{1}{t+1} \sum_{k=0}^{t} p_i^k$$

p_i entspricht dem arithmetischen Mittel der Werte innerhalb der Perioden 0 bis t.

Beispiel:

$$p_1 = \frac{1}{7}(0,25 + 0,30 + 0,41 + 0,28 + 0,21 + 0,19 + 0,31) = 0,28$$

---

[10] Adolph Lowe, gebürtig Adolf Löwe, (1893 - 1995) war ein deutscher Soziologe und Nationalökonom.

2.3 Verhältnis- und Indexzahlen 33

$p_2 = \frac{1}{7}(0,70+0,71+0,73+0,72+0,69+0,68+0,74) = 0,71$

$p_3 = \frac{1}{7}(0,80+1,10+0,95+0,96+0,87+0,91+1,02) = 0,94$

$Q_{06}^{LO} = \frac{320 \cdot 0,28 + 215 \cdot 0,71 + 171 \cdot 0,94}{300 \cdot 0,28 + 180 \cdot 0,71 + 96 \cdot 0,94} \cdot 100\% =$

$= \frac{402,99}{302,04} \cdot 100\% =$

$= 133,42\%$

Preisindex nach Laspeyres

Beispiel:

$P_{06}^{L} = \frac{\sum p_6 q_0}{\sum p_0 q_0} \cdot 100\% =$

$= \frac{(0,31 \cdot 300) + (0,74 \cdot 180) + (1,02 \cdot 96)}{(0,25 \cdot 300) + (0,70 \cdot 180) + (0,80 \cdot 96)} \cdot 100\% =$

$= \frac{324,12}{277,80} \cdot 100\% =$

$= 116,67\%$

Mengenindex nach Laspeyres

Beispiel:

$Q_{06}^{L} = \frac{\sum p_0 q_6}{\sum p_0 q_0} \cdot 100\% =$

$= \frac{(0,25 \cdot 320) + (0,70 \cdot 215) + (0,80 \cdot 171)}{(0,25 \cdot 300) + (0,70 \cdot 180) + (0,80 \cdot 96)} \cdot 100\% =$

$= \frac{367,30}{277,80} \cdot 100\% =$

$= 132,22\%$

Alternative Berechnung unter Verwendung des Umsatz- / Wertindexes U_{06} und des Preisindex nach Paasche P_{06}^P:

$$Q_{06}^L = \frac{U_{06}}{P_{06}^P} =$$

$$= \frac{432,72/277,80}{432,72/367,30} \cdot 100\% = \frac{1,5577}{1,1781} \cdot 100\% =$$

$$= 132,22\%$$

mit

$$U_{06} = \frac{\sum p_6 q_6}{\sum p_0 q_0} =$$

$$= \frac{(0,31 \cdot 320) + (0,74 \cdot 215) + (1,02 \cdot 171)}{(0,25 \cdot 300) + (0,70 \cdot 180) + (0,80 \cdot 96)} =$$

$$= \frac{432,72}{277,80} = 1,5577$$

$$P_{06}^P = \frac{\sum p_6 q_6}{\sum p_0 q_6} =$$

$$= \frac{(0,31 \cdot 320) + (0,74 \cdot 215) + (1,02 \cdot 171)}{(0,25 \cdot 320) + (0,70 \cdot 215) + (0,80 \cdot 171)} =$$

$$= \frac{432,72}{367,30} = 1,1781$$

Preisindex nach Paasche

Beispiel:

$$P_{06}^P = \frac{\sum p_6 q_6}{\sum p_0 q_6} \cdot 100\% =$$

$$= \frac{(0,31 \cdot 320) + (0,74 \cdot 215) + (1,02 \cdot 171)}{(0,25 \cdot 320) + (0,70 \cdot 215) + (0,80 \cdot 171)} \cdot 100\% =$$

$$= \frac{432,72}{367,30} \cdot 100\% =$$

$$= 117,81\%$$

2.3 Verhältnis- und Indexzahlen

Mengenindex nach Paasche

Beispiel:

$$Q^P_{06} = \frac{\sum p_6 q_6}{\sum p_6 q_0} \cdot 100\ \% =$$

$$= \frac{(0,31 \cdot 320) + (0,74 \cdot 215) + (1,02 \cdot 171)}{(0,31 \cdot 300) + (0,74 \cdot 180) + (1,02 \cdot 96)} \cdot 100\ \% =$$

$$= \frac{432,72}{324,12} \cdot 100\ \% =$$

$$= 133,51\ \%$$

Alternative Berechnung unter Verwendung des Umsatz- / Wertindexes U_{06} und des Preisindex nach Laspeyres P^L_{06}:

$$Q^P_{06} = \frac{U_{06}}{P^L_{06}} =$$

$$= \frac{432,72 / 277,80}{324,12 / 277,80} \cdot 100\ \% = \frac{1,5577}{1,1667} \cdot 100\ \% =$$

$$= 133,51\ \%$$

mit

$$U_{06} = \frac{\sum p_6 q_6}{\sum p_0 q_0} =$$

$$= \frac{(0,31 \cdot 320) + (0,74 \cdot 215) + (1,02 \cdot 171)}{(0,25 \cdot 300) + (0,70 \cdot 180) + (0,80 \cdot 96)} =$$

$$= \frac{432,72}{277,80} = 1,5577$$

$$P^L_{06} = \frac{\sum p_6 q_0}{\sum p_0 q_0} =$$

$$= \frac{(0,31 \cdot 300) + (0,74 \cdot 180) + (1,02 \cdot 96)}{(0,25 \cdot 300) + (0,70 \cdot 180) + (0,80 \cdot 96)} =$$

$$= \frac{324,12}{277,80} = 1,1667$$

Preisindex nach Fisher

Beispiel:

$$P^F_{06} = \sqrt{P^L_{06} \cdot P^P_{06}} \cdot 100\,\% =$$

$$= \sqrt{\frac{324,12}{277,80} \cdot \frac{432,72}{367,30}} \cdot 100\,\% =$$

$$= \sqrt{1,1667 \cdot 1,1781} \cdot 100\,\% =$$

$$= 117,24\,\%$$

Mengenindex nach Fisher

Beispiel:

$$Q^F_{06} = \sqrt{Q^L_{06} \cdot Q^P_{06}} \cdot 100\,\% =$$

$$= \sqrt{\frac{367,30}{277,80} \cdot \frac{432,72}{324,12}} \cdot 100\,\% =$$

$$= \sqrt{1,3222 \cdot 1,3351} \cdot 100\,\% =$$

$$= 132,86\,\%$$

Preisindex nach Marshall[11] und Edgeworth[12]

$$P^{ME}_{0t} = \frac{\sum p_{it}(q_{i0}+q_{it})}{\sum p_{i0}(q_{i0}+q_{it})} \cdot 100\,\%$$

---

[11] Alfred Marshall (1842 - 1924) war ein britischer Nationalökonom.
[12] Francis Ysidro Edgeworth (1845 - 1926) war ein irischer Ökonom.

2.3 Verhältnis- und Indexzahlen

Beispiel:

$$P_{06}^{ME} = \frac{\sum p_{i6}(q_{i0}+q_{i6})}{\sum p_{i0}(q_{i0}+q_{i6})} \cdot 100\ \% =$$

$$= \frac{0,31\ (300+320)+0,74\ (180+215)+1,02\ (96+171)}{0,25\ (300+320)+0,70\ (180+215)+0,80\ (96+171)} \cdot 100\ \% =$$

$$= \frac{756,84}{645,10} \cdot 100\ \% =$$

$$= 117,32\ \%$$

Preisindex nach Walsh

$$P_{0t}^{W} = \frac{\sum p_{it}(q_{i0}q_{it})^{0,5}}{\sum p_{i0}(q_{i0}q_{it})^{0,5}} \cdot 100\ \%$$

Beispiel:

$$P_{06}^{W} = \frac{\sum p_{i6}(q_{i0}q_{i6})^{0,5}}{\sum p_{i0}(q_{i0}q_{i6})^{0,5}} \cdot 100\ \% =$$

$$= \frac{0,31(300 \cdot 320)^{0,5}+0,74(180 \cdot 215)^{0,5}+1,02(96 \cdot 171)^{0,5}}{0,25(300 \cdot 320)^{0,5}+0,70(180 \cdot 215)^{0,5}+0,80(96 \cdot 171)^{0,5}} \cdot 100\ \% =$$

$$= \frac{372,31}{317,67} \cdot 100\ \% =$$

$$= 117,20\ \%$$

2.3.3 Peren-Clement-Index (PCI)

Der PCI[13] [14] ist ein Risikoindex zur Einschätzung von Länderrisiken bei Direktinvestitionen (*Foreign Direct Investments*).

Der PCI wird durch drei Faktoren bestimmt:
- unternehmensübergreifende Faktoren,
- kosten- und produktionsorientierte Faktoren und
- absatzorientierte Faktoren.

Zu den unternehmensübergreifenden Faktoren zählen:
- politisch-soziale Stabilität,
- staatliche Einflussnahme auf Unternehmensentscheidungen und bürokratische Hemmnisse,
- allgemeine Wirtschaftspolitik,
- Investitionsanreize,
- Durchsetzbarkeit vertraglicher Vereinbarungen und
- die Einhaltung von Schutzrechten bei Technologie- und Know-how-Transfer.

Zu den kosten- und produktionsorientierten Faktoren zählen:
- rechtliche Beschränkungen der Produktion,
- Kapitalkosten im Standortland und Möglichkeiten des Kapitalimports,
- Verfügbarkeit und Kosten des Erwerbs von Grundstücken und Immobilien,
- Verfügbarkeit und Kosten der Arbeit,
- Verfügbarkeit und Kosten von Anlagegütern, Roh-, Hilfs- und Betriebsstoffen im Standortland,
- Handelshemmnisse bei Güterimport und

---

[13] Vgl. Pakusch, C.; Peren, F.W. & Shakoor, M.A. (2016): The PCI - A Global Risk Index for the Simultaneous Assessment of Macro and Company Individual Investment Risks. In: Journal of Business Strategies, 33(2), S. 154-173; Clement, R. & Peren, F.W. (2017): Bewertung von Direktinvestitionen durch eine simultane Erfassung von Makroebene und Unternehmensebene, Wiesbaden; Pakusch, C.; Peren, F.W. & Shakoor, M.A. (2018): Peren-Clement-Index – eine exemplarische Fallstudie. In: Gadatsch, A. (Hrsg.): Nachhaltiges Wirtschaften im digitalen Zeitalter: Innovation - Steuerung - Compliance, Wiesbaden, S. 105-117.

[14] Reiner Clement (1958 - 2017) war ein deutscher Ökonom.

2.3 Verhältnis- und Indexzahlen

- Verfügbarkeit und Qualität der Infrastruktur sowie staatlicher Dienstleistungen.

Zu den absatzorientierten Faktoren zählen:

- Größe und Dynamik des Marktes,
- Wettbewerbssituation,
- Zuverlässigkeit, Qualität einheimischer Vertragspartner,
- Qualität und Möglichkeiten des Absatzes und
- Handelshemmnisse bei Export aus dem Standortland.

Je nach Investitionstyp bzw. Motiven der jeweiligen Unternehmen ergeben sich andere Standortfaktoren bzw. unterschiedliche Gewichtungen der verschiedenen Faktoren.

PCI | Fallstudie

Umwelt / Environment	Punkte	Gewicht	Summe
Politisch-soziale Stabilität	...	4	...
Bürokratische Hemmnisse	...	2	...
Wirtschaftspolitik	...	3	...
Rechtssicherheit	...	3	...
Zahlungsfähigkeit	...	3	...
Summe		15	...

Lokalisierung / Localisation	Punkte	Gewicht	Summe
Humankapital	...	4	...
Verkehrsanbindung	...	2	...
Managementfähigkeiten	...	2	...
Marktzugang	...	2	...
Lebensqualität	...	3	...
Summe		13	...

Produktion / Production	Punkte	Gewicht	Summe
Wirtschafts- und Eigentumsverfassung	...	2	...
Fertigungskosten	...	2	...
Kapitalbeschaffung	...	3	...
Komplementäre Branchen	...	2	...
Investitionsanreize	...	2	...
Summe		11	...

2.3 Verhältnis- und Indexzahlen

Absatz / Sales	Punkte	Gewicht	Summe
Größe und Dynamik des Marktes	...	3	...
Pro-Kopf-Einkommen	...	2	...
Umgehung von Handelshemmnissen	...	2	...
Zuverlässigkeit lokaler Vertragspartner	...	2	...
Vertriebsstrukturen	...	2	...
Summe		11	...
Gesamtscore PCI			...

Tab. 2.5: Struktureller Aufbau des PCI

Unternehmen A und Unternehmen B wollen internationalisieren. Für eine Direktinvestition im Ausland kommen die beiden Länder/Regionen X und Y infrage. Zur Messung und komparativ-quantitativen Bewertung der Länderrisiken nutzen beide Unternehmen den vorgestellten Index (Tab. 2.5). Der PCI weist für das Land X eine Gesamtpunktzahl von 71 Punkten aus (Tab. 2.6). Dieser Wert impliziert ein relativ geringes Investitionsrisiko.

Investitionsalternative 1: Land/Region X   PCI = 71

Umwelt / Environment	Punkte	Gewicht	Summe
Politisch-soziale Stabilität	1,5	4	6
Bürokratische Hemmnisse	2	2	4
Wirtschaftspolitik	2	3	6
Rechtssicherheit	1,5	3	4,5
Zahlungsfähigkeit	1,5	3	4,5
Summe		15	25

Lokalisierung / Localisation	Punkte	Gewicht	Summe
Humankapital	0,5	4	2
Verkehrsanbindung	2	2	4
Managementfähigkeiten	0	2	0
Marktzugang	1,5	2	3
Lebensqualität	2	3	6
Summe		13	15

Produktion / Production	Punkte	Gewicht	Summe
Wirtschafts- und Eigentumsverfassung	2	2	4
Fertigungskosten	2	2	4
Kapitalbeschaffung	2	3	6
Komplementäre Branchen	2	2	4
Investitionsanreize	2	2	4
Summe		11	22

2.3 Verhältnis- und Indexzahlen

Absatz / Sales	Punkte	Gewicht	Summe
Größe und Dynamik des Marktes	0	3	0
Pro-Kopf-Einkommen	0,5	2	1
Umgehung von Handelshemmnissen	2	2	4
Zuverlässigkeit lokaler Vertragspartner	0,5	2	1
Vertriebsstrukturen	1,5	2	3
Summe		11	9

Gesamtscore PCI	71

Tab. 2.6: Risikobeurteilung für das Land/die Region X

Die Berechnung für das alternative Land/die alternative Region Y kommt ebenfalls auf einen Gesamtscore von 71 Punkten (Tab. 2.7). Unternehmen A und Unternehmen B wissen nun zwar, dass beide Direktinvestitionen nur mit einem relativ geringen Risiko verbunden wären und somit in der Tendenz eher positiv zu bewerten sind. Welche Geographie jedoch für das Unternehmen individuell der geeignetere Standort wäre, kann aus der bis dato vorgenommenen volkswirtschaftlich-makroökonomischen Risikobewertung nicht abgeleitet werden.

Investitionsalternative 2: Land/Region Y   PCI = 71

Umwelt / Environment	Punkte	Gewicht	Summe
Politisch-soziale Stabilität	2	4	8
Bürokratische Hemmnisse	1	2	2
Wirtschaftspolitik	1	3	3
Rechtssicherheit	2	3	6
Zahlungsfähigkeit	1,5	3	4,5
Summe		15	23,5

Lokalisierung / Localisation	Punkte	Gewicht	Summe
Humankapital	1,5	4	6
Verkehrsanbindung	2	2	4
Managementfähigkeiten	1,5	2	3
Marktzugang	2	2	4
Lebensqualität	1,5	3	4,5
Summe		13	21,5

Produktion / Production	Punkte	Gewicht	Summe
Wirtschafts- und Eigentumsverfassung	2	2	4
Fertigungskosten	0,5	2	1
Kapitalbeschaffung	0	3	0
Komplementäre Branchen	0	2	0
Investitionsanreize	0,5	2	1
Summe		11	6

2.3 Verhältnis- und Indexzahlen

Absatz / Sales	Punkte	Gewicht	Summe
Größe und Dynamik des Marktes	2	3	6
Pro-Kopf-Einkommen	2	2	4
Umgehung von Handelshemmnissen	1,5	2	3
Zuverlässigkeit lokaler Vertragspartner	1,5	2	3
Vertriebsstrukturen	2	2	4
Summe		11	20
Gesamtscore PCI			71

Tab. 2.7: Risikobeurteilung für das Land/die Region Y

Nunmehr wird das Bewertungsmodell um eine weitere unternehmensindividuelle Dimension ergänzt. Die beiden Unternehmen verfolgen mit der Internationalisierung unterschiedliche unternehmensspezifische Ziele (Tab. 2.8). Während es für Unternehmen A am wichtigsten ist, den ausländischen Markt zu erschließen und die vorhandenen Ressourcen durch zusätzliche Ressourcen des ausländischen Standortes zu erweitern, setzt Unternehmen B auf die Kostenvorteile, die sich bei einer Produktion am ausländischen Standort generieren lassen.

Internationalisierungsziele Unternehmen A:	Zielgewichtung
1. Absatz im Auslandsmarkt	50 %
2. Ressourcen durch Lokalisierung erweitern	30 %
3. Ausländischer Standort sichern / strategische Bedeutung (Makro-Umfeld)	15 %
4. Kostenvorteile realisieren (Produktion)	5 %
	100 %
Internationalisierungsziele Unternehmen B:	**Zielgewichtung**
1. Kostenvorteile realisieren (Produktion)	70 %
2. Ausländischer Standort sichern / strategische Bedeutung (Makro-Umfeld)	15 %
3. Ressourcen durch Lokalisierung erweitern	10 %
4. Absatz im Auslandsmarkt	5 %
	100 %

Tab. 2.8: Unternehmensindividuelle Internationalisierungsziele

Entsprechend versehen die Unternehmen die einzelnen Faktoren des PCI in einer zweiten Dimension nun mit den Gewichten ihrer individuellen Ziele. Dabei sind die Faktoren *Makro-Umwelt, Lokalisierung, Produktion* und *Absatz* auf 100 % (bzw. 1,0 Zielgewicht insgesamt) unternehmensspezifisch zu verteilen. Ergebnis ist ein unternehmensindividueller, zweidimensionaler Gesamtscore, der nun eine unternehmensspezielle, zielgerichtete Entscheidung ermöglicht (Abb. 2.3).

Die zweidimensional kumulierten Scores – bemessen in PECLE[15] – weisen nun im Gegensatz zu allen gegenwärtig herrschenden Risikoindizes – eindeutig aus, welche Geographie für welchen Investor zum aktuellen Zeitpunkt am besten für eine Direktinvestition geeignet ist. Unternehmen A sollte sich für eine Direktinvestition im Land/in der Region X entscheiden, da es hier seine unternehmensindividuellen Ziele gegenwärtig am besten verwirklichen kann. Das Land/die Region X erreicht bei Unternehmen A einen unternehmensspezifischen Gesamtscore von 20,275 PECLE, während das Land/die Region Y lediglich mit gesamt 13,85 PECLE unternehmensindividuell bewertet wird. Grund für

---

[15] „PECLE" als eindimensionaler Messwert eines zweidimensional kumulierten Scores.

2.3 Verhältnis- und Indexzahlen

die jetzt sichtbare Unterscheidung ist, dass das Land/die Region A bei den Faktoren *Absatz* und *Lokalisierung*, die für Unternehmen A bei der Wahl des Standortes am wichtigsten sind („Absatz im Auslandsmarkt: 50 %" und „Ressourcen durch Lokalisierung erweitern: 30 %"), die bessere Ausgangslage bietet.

Unternehmen B möchte vor allem internationalisieren, um Kostenvorteile in der Produktion zu realisieren („Kostenvorteile in der Produktion generieren: 70 %"). Unternehmen B sollte sich deshalb für das Land/die Region Y entscheiden. Das Land/die Region Y ist mit einem unternehmensspezifischen Gesamtscore von 21,1 PECLE wesentlich besser für eine Direktinvestition für das Unternehmen B geeignet als das Land/die Region X (Gesamtscore von 10,875 PECLE).

Die zweidimensionale, graphische Darstellung zeigt anschaulich den Vorteil einer solchen kombinatorischen Betrachtung von volkswirtschaftlicher Makroebene einerseits und unternehmensindividueller Zielsetzung andererseits, dargestellt am Beispiel des Landes/der Region X versus des Landes/der Region Y (Abb. 2.4).

Unternehmen A

Land X

Faktor	PCI	Ziel-gewichte	Summen [PECLE]
Makro-Umwelt (M)	23,5	0,15	3,525
Lokalisierung (L)	21,5	0,30	6,45
Produktion (P)	6	0,05	0,3
Absatz (A)	20	0,05	10
PCI	71	1,00	20,275

Land Y

Faktor	PCI	Ziel-gewichte	Summen [PECLE]
Makro-Umwelt (M)	25	0,15	3,75
Lokalisierung (L)	15	0,30	4,5
Produktion (P)	22	0,05	1,1
Absatz (A)	6	0,50	4,5
PCI	71	1,00	13,85

Unternehmen B

Land X

Faktor	PCI	Ziel-gewichte	Summen [PECLE]
Makro-Umwelt (M)	23,5	0,15	3,525
Lokalisierung (L)	21,5	0,10	2,15
Produktion (P)	6	0,70	4,2
Absatz (A)	20	0,05	1
PCI	71	1,00	10,875

Land Y

Faktor	PCI	Ziel-gewichte	Summen [PECLE]
Makro-Umwelt (M)	25	0,15	3,75
Lokalisierung (L)	15	0,10	1,5
Produktion (P)	22	0,70	15,4
Absatz (A)	6	0,05	0,45
PCI	71	1,00	21,1

Abb. 2.3: Individuelle Betrachtung von Länderrisiken

2.3 Verhältnis- und Indexzahlen

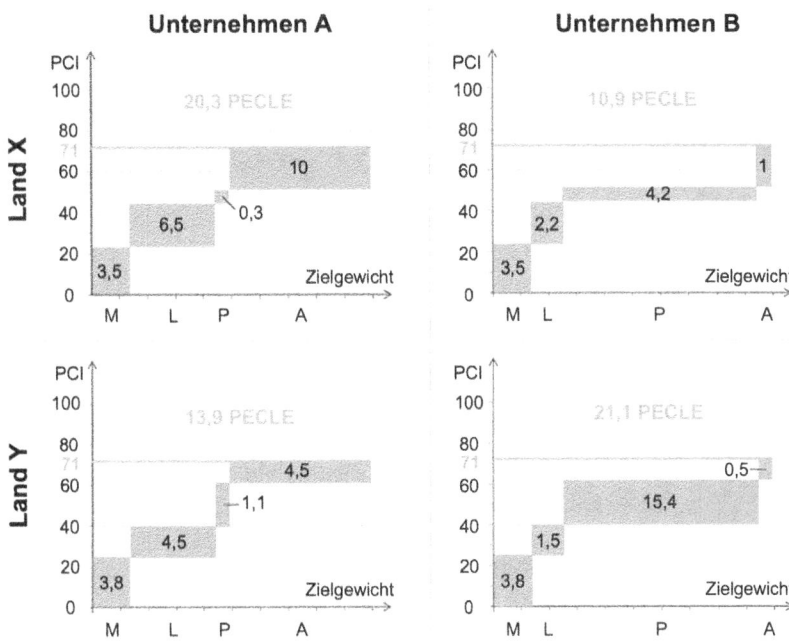

Abb. 2.4: PCI – simultane Betrachtung von volkswirtschaftlicher Makroebene und unternehmensindividueller Zielsetzung bei Direktinvestitionen

2.4 Korrelationsanalyse

Lineares einfaches Bestimmtheitsmaß (r^2)

$$r^2 = \frac{SQE}{SQT} = \frac{\sum\limits_{i=1}^{n}(\hat{y}_i - \bar{y})^2}{\sum\limits_{i=1}^{n}(y_i - \bar{y})^2} = 1 - \frac{SQR}{SQT} \qquad 0 \leq r^2 \leq 1$$

mit

SQT = Summe der quadrierten Abweichungen
= $SQE + SQR$

SQE = Summe der (durch die Regressionsfunktion) erklärten Abweichungsquadrate

SQR = Summe der (durch die Regressionsfunktion) nicht erklärten Abweichungsquadrate

Linearer Einfachkorrelationskoeffizient (r)

$$r = sgn(b_2)\sqrt{r^2} \qquad -1 \leq r \leq 1$$

Pearson'scher[16] Korrelationskoeffizient (r)

$$r = \frac{s_{xy}}{s_x \cdot s_y} \qquad -1 \leq r \leq 1$$

$$r = \frac{\sum\limits_{i=1}^{n}(x_i - \bar{x})(y_i - \bar{y})}{\sqrt{\sum\limits_{i=1}^{n}(x_i - \bar{x})^2}\sqrt{\sum\limits_{i=1}^{n}(y_i - \bar{y})^2}} =$$

---

[16] Karl Pearson (1857 - 1936) war ein britischer Mathematiker.

$$= \frac{\sum\limits_{i=1}^{n} x_i y_i - \dfrac{\left(\sum\limits_{i=1}^{n} x_i\right)\left(\sum\limits_{i=1}^{n} y_i\right)}{n}}{\sqrt{\sum\limits_{i=1}^{n} x_i^2 - \dfrac{\left(\sum\limits_{i=1}^{n} x_i\right)^2}{n}} \sqrt{\sum\limits_{i=1}^{n} y_i^2 - \dfrac{\left(\sum\limits_{i=1}^{n} y_i\right)^2}{n}}}$$

2.5 Regressionsanalyse

2.5.1 Lineare Einfachregression

Beschreibung des Zusammenhangs (Abhängigkeit) zwischen zwei Variablen x und y unter Verwendung einer linearen Funktion.

Symbole:

x_i Wert der unabhängigen Variablen x bei der i-ten Beobachtung

y_i Wert der abhängigen Variablen y bei der i-ten Beobachtung

$\hat{y}_i$ der durch die Regressionsfunktion (Regressionsgerade) an der Stelle x_i geschätzte Wert der abhängigen Variablen y

b_1, b_2 gesuchte Regressionskoeffizienten, die die Regressionsgerade spezifizieren (b_1: Ordinatenabschnitt; b_2: Steigung der Regressionsgerade)

e_i Residuum ($e_i = y_i - \hat{y}_i$); Abweichung des durch die Regressionsfunktion geschätzten Wertes zum beobachteten (wahren) Wert der abhängigen Variablen y

mit $i = 1, ..., n$

Methode der kleinsten Quadrate (least squares = LS-Methode)

Die Summe der quadratischen Abweichung (SAQ) ist zu minimieren:

$$SAQ = \sum_{i=1}^{n} e_i^2 \quad \to min$$

$$= \sum_{i=1}^{n} (y_i - \hat{y}_i)^2 \quad \to min$$

$$= \sum_{i=1}^{n} (y_1 - b_1 - b_2 \cdot x_i)^2 \quad \to min$$

$$\Rightarrow \quad \frac{\delta SAQ}{\delta b_1} = \frac{\delta SAQ}{\delta b_2} \stackrel{!}{=} 0 \qquad \text{(notwendige Bedingung eines lokalen Minimums)}$$

Regressionskoeffizienten:

$$b_1 = \frac{\sum_{i=1}^{n} x_i^2 \sum_{i=1}^{n} y_i - \sum_{i=1}^{n} x_i \sum_{i=1}^{n} x_i y_i}{n \sum_{i=1}^{n} x_i^2 - \left(\sum_{i=1}^{n} x_i\right)^2}$$

$$b_2 = \frac{n \sum_{i=1}^{n} x_i y_i - \sum_{i=1}^{n} x_i \sum_{i=1}^{n} y_i}{n \sum_{i=1}^{n} x_i^2 - \left(\sum_{i=1}^{n} x_i\right)^2} \quad \text{oder} \quad b_2 = \frac{s_{xy}}{s_{x^2}} \quad \text{oder} \quad b_2 = r \cdot \frac{s_y}{s_x}$$

Regressionsfunktion:

$\hat{y}_i = b_1 + b_2 x_i \qquad$ mit $\quad i = 1, ..., n$

bzw. $\quad \hat{y} = b_1 + b_2 x$

$\hat{y}_i =$ Schätzwert von y_i mit $i = 1, ..., n$
$\hat{y} =$ geschätzte Regressionsfunktion

2.5 Regressionsanalyse

Beispiel:

Gegeben sind folgende Punkte (Beobachtungen):

x_i	1	2	3	4	5	6	7	8
y_i	6,36	7,12	8,22	9,55	10,40	11,51	12,58	13,67

mit

$$\bar{x} = \frac{1}{8} \sum_{i=1}^{8} x_i = \frac{1}{8} \cdot 36 = 4,5$$

$$\bar{y} = \frac{1}{8} \sum_{i=1}^{8} y_i = \frac{1}{8} \cdot 79,41 = 9,93$$

$$\sum_{i=1}^{8} x_i = 36 \qquad \sum_{i=1}^{8} y_i = 79,41$$

$$\sum_{i=1}^{8} x_i^2 = 204 \qquad \sum_{i=1}^{8} y_i^2 = 835,68$$

$$\sum_{i=1}^{8} x_i y_i = 401,94$$

$$\sum_{i=1}^{8} (x_i - \bar{x})^2 = 12,25 + 6,25 + 2,25 + 0,25 + 0,25 + 2,25 + 6,25 + 12,25 = 42$$

$$b_1 = \frac{204 \cdot 79,41 - 36 \cdot 401,94}{8 \cdot 204 - (36)^2} = 5,1482$$

$$b_2 = \frac{8 \cdot 401,94 - 36 \cdot 79,41}{8 \cdot 204 - (36)^2} = 1,0618$$

$$\hat{y} = 5,1482 + 1,0618 x$$

Der y-Wert (Wert der Ordinate bei $x = 0$) der geschätzten Regressionsfunktion $\hat{y}$ beträgt $5,1482$. Die Steigung von $\hat{y}$ beträgt $1,0618$.

Eigenschaften der Regressionsfunktion

(1) $\sum_{i=1}^{n} e_i = 0$

(2) $\sum_{i=1}^{n} x_i e_i = 0$

(3) $\frac{1}{n} \sum_{i=1}^{n} y_i = \frac{1}{n} \sum_{i=1}^{n} \hat{y}_i$

(4) Die Regressionsgerade verläuft durch den Schwerpunkt $\bar{P}(\bar{x}; \bar{y})$ der entsprechenden Punktwolke

$$\bar{x} = \frac{1}{n} \sum x_i \quad \text{bzw.} \quad \bar{y} = \frac{1}{n} \sum y_i$$

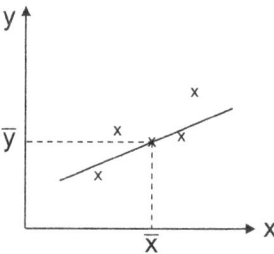

(5) $s_E = $ Standardabweichung der Residuen e_i mit $i = 1, ..., n$

$s_E^2 = $ Varianz der Residuen e_i mit $i = 1, ..., n$

$$s_E^2 = \frac{1}{n-2} \sum_{i=1}^{n} e_i^2 =$$

$$= \frac{1}{n-2} \sum_{i=1}^{n} (y_i - \hat{y}_i)^2 =$$

$$= \frac{1}{n-2} \left[\sum_{i=1}^{n} y_i^2 - b_1 \sum_{i=1}^{n} y_i - b_2 \sum_{i=1}^{n} x_i y_i \right]$$

2.5.1.1 Konfidenzintervalle für die Regressionskoeffizienten bei einer einfachen linearen Regressionsfunktion

Die Konfidenzintervalle für die Regressionskoeffizienten bei einer einfachen linearen Regressionsfunktion sind in Tab. 2.9 dargestellt.

Parameter	Konfidenzintervall	Standardfehler	Anzuwendende Verteilung
$\hat{b}_1$	$b_1 - t s_{B_1} \leq \beta_1 \leq b_1 + t s_{B_1}$	$s_{B_1} = s_E \sqrt{\dfrac{\sum_{i=1}^{n} x_i^2}{n \sum_{i=1}^{n}(x_i - \bar{x})^2}}$	Studentverteilung mit $v = n - 2$ Bedingung: Gültigkeit der Modellannahmen
$\hat{b}_2$	$b_2 - t s_{B_2} \leq \beta_2 \leq b_2 + t s_{B_2}$	$s_{B_2} = \dfrac{s_E}{\sqrt{\sum_{i=1}^{n}(x_i - \bar{x})^2}}$	

Tab. 2.9: Konfidenzintervalle für die Regressionskoeffizienten bei einer einfachen linearen Regressionsfunktion[17]

Beispiel:
Bei einer geschätzten Regressionsfunktion von $\hat{y} = 5,1482 + 1,0618 x$ und unter Berücksichtigung eines Konfidenzniveaus von 95% lässt sich das Konfidenzintervall für die Regressionskoeffizienten b_1 und b_2 wie folgt berechnen:

Bei $(1 - \alpha) = 0,95$ und $v = n - 2 = 8 - 2 = 6$ ergibt sich ein t-Wert von $2,447$ (Studentverteilung - zweiseitige, symmetrische Flächenanteile; siehe Anhang A, statistische Tabellen).

Konfidenzintervalle

(1) für den Regressionskoeffizient $\hat{b}_1$:

$$b_1 - t s_{B_1} \leq \hat{b}_1 \leq b_1 + t s_{B_1}$$

$$5,1482 - 2,447 \cdot s_{B_1} \leq \hat{b}_1 \leq 5,1482 + 2,447 \cdot s_{B_1}$$

---

[17] Vgl. Bleymüller, J. & Gehlert, G. (2011), S. 54.

$$s_{B_1} = s_E \sqrt{\frac{\sum_{i=1}^{n} x_i^2}{n \sum_{i=1}^{n} (x_i - \bar{x})^2}}$$

mit

$$s_E^2 = \frac{1}{n-2} \left[\sum_{i=1}^{n} y_i^2 - b_1 \sum_{i=1}^{n} y_i - b_2 \sum_{i=1}^{n} x_i y_i \right] =$$

$$= \frac{1}{8-2} [835,68 - 5,1482 \cdot 79,41 - 1,0618 \cdot 401,94] =$$

$$= 0,0136$$

$$s_E = \sqrt{0,0136} = 0,1166$$

$$s_{B_1} = 0,1166 \cdot \sqrt{\frac{204}{8 \cdot 42}} = 0,0909$$

$$5,1482 - 2,447 \cdot 0,0909 \leq \hat{b}_1 \leq 5,1482 + 2,447 \cdot 0,0909$$

$$+4,9258 \leq \hat{b}_1 \leq +5,3706$$

Mit einer Wahrscheinlichkeit von 95% (bei einem a priori festgelegten Signifikanzniveau von 5%) nimmt der unbekannte Regressionskoeffizient $\hat{b}_1$, der dem Ordinatenwert (y-Wert mit $x = 0$) der (unbekannten) geschätzten Regressionsfunktion entspricht, Werte zwischen $+4,9258$ und $+5,3706$ an.

(2) **für den Regressionskoeffizient $\hat{b}_2$:**

$$b_2 - t s_{B_2} \leq \hat{b}_2 \leq b_2 + t s_{B_2}$$

$$1,0618 - 2,447 \cdot s_{B_2} \leq \hat{b}_2 \leq 1,0618 + 2,447 \cdot s_{B_2}$$

2.5 Regressionsanalyse

$$s_{B_2} = \frac{s_E}{\sqrt{\sum_{i=1}^{n}(x_i - \bar{x})^2}}$$

$$= \frac{0,1166}{\sqrt{42}} =$$

$$= 0,0180$$

$$1,0618 - 2,447 \cdot 0,018 \leq \hat{b}_2 \leq 1,0618 + 2,447 \cdot 0,018$$

$$+1,0178 \leq \hat{b}_2 \leq +1,1058$$

Mit einer Wahrscheinlichkeit von 95% (bei einem a priori festgelegten Signifikanzniveau von 5%) nimmt der unbekannte Regressionskoeffizient $\hat{b}_2$, der der Steigung der (unbekannten) geschätzten Regressionsfunktion entspricht, Werte zwischen $+1,0178$ und $+1,1058$ an.

2.5.1.2 Student's t-Tests für die Regressionskoeffizienten bei einer einfachen linearen Regressionsfunktion

Die Student's t-Tests für die Regressionskoeffizienten bei einer einfachen linearen Regressionsfunktion sind in Tab. 2.10 dargestellt.

Parameter	Standardfehler			Anzuwendende Verteilung
$\hat{b}_1 = 0$	$t = \dfrac{b_1}{s_{B_1}}$	mit	$s_{B_1} = s_E \sqrt{\dfrac{\sum_{i=1}^{n} x_i^2}{n \sum_{i=1}^{n}(x_i - \bar{x})^2}}$	Studentverteilung mit $v = n-2$ Bedingung: Gültigkeit der Modellannahmen
$\hat{b}_2 = 0$	$t = \dfrac{b_2}{s_{B_2}}$	mit	$s_{B_2} = \dfrac{s_E}{\sqrt{\sum_{i=1}^{n}(x_i - \bar{x})^2}}$	

Tab. 2.10: Student's t-Tests für die Regressionskoeffizienten bei einer einfachen linearen Regressionsfunktion[18]

---

[18] Vgl. Bleymüller, J. & Gehlert, G. (2011), S. 54.

Zur Prüfung von Hypothesen stochastischer Parameter, wie z. B. Regressionskoeffizienten, ist das praktische Vorgehen wie folgt:

a. Definition von der Nullhypothese (H_0) und der Alternativhypothese (H_A) sowie dem Signifikanzniveau (α).

b. Bestimmung der Prüfgröße.

c. Bestimmung der Prüfverteilung.

d. Identifizierung des kritischen Bereichs.

e. Berechnung des Wertes der Prüfgröße.

f. Entscheidung und Interpretation.

(1) Test für den Regressionskoeffizient $\hat{b}_1$

a. H_0: $\hat{b}_1 = 0$

H_A: $\hat{b}_1 \neq 0$

$\alpha = 0,05 \quad (1-\alpha) = 0,95 \quad$ (im o. a. Beispiel)

Als Nullhypothese, H_0, wird angenommen, dass der y-Wert (Wert der Ordinate bei $x = 0$) der geschätzten Regressionsfunktion gleich Null sei. Zum Beispiel würde bei einer Kostenfunktion angenommen, dass die Fixkosten Null seien.

H_A könnte $\hat{b}_1 \neq 0$, $\hat{b}_1 > 0$ oder $\hat{b}_1 < 0$ sein. Zum Beispiel könnte in einer Kostenfunktion H_A als $\hat{b}_1 > 0$ definiert werden.

b. Prüfgröße

$$t = \frac{b_1}{s_{B_1}} \quad \text{(Tab. 2.10)}$$

$$\text{mit} \quad s_{B_1} = s_E \sqrt{\frac{\sum_{i=1}^{n} x_i^2}{n \sum_{i=1}^{n} (x_i - \bar{x})^2}}$$

2.5 Regressionsanalyse

z. B. $s_{B_1} = 0,0909$ (im o. a. Beispiel)
mit $b_1 = 5,1482$

c. Bestimmung der Prüfverteilung

Studentverteilung, zweiseitige, symmetrische Flächenanteile mit $(1-\alpha)$ und $v = n-2$ (siehe Anhang A, statistische Tabellen)

z. B. mit $(1-\alpha) = 0,95$ und $v = 8-2 = 6$
(im o. a. Beispiel)

d. Identifizierung des kritischen Bereichs

Für $(1-\alpha) = 0,95$ und $v = 6$ beträgt der kritische t-Wert, t_c, $2,447$ (Studentverteilung - zweiseitige, symmetrische Flächenanteile; siehe Anhang A, statistische Tabellen).

Wenn $t = \dfrac{b_1}{s_{B_1}} > 2,447$, muss die Nullhypothese H_0 abgelehnt werden.

Wenn $t = \dfrac{b_1}{s_{B_1}} \leq 2,447$, kann die Nullhypothese H_0 nicht abgelehnt werden.

e. Berechnung des Wertes der Prüfgröße

$$t = \frac{5,1482}{0,0909} = 56,636 \quad \text{(im o. a. Beispiel)}$$

f. Entscheidung und Interpretation

$t > t_c \quad (56,636 > 2,447)$

H_0 muss abgelehnt werden.

Der beobachtete Wert für b_1 ($b_1 = 5,1482$) ist statistisch signifikant (valide) bei einem Signifikanzniveau von $0,05$ ($= 5\,\%$).

Würden wir hier eine Kostenfunktion betrachten, dann könnten wir zu 95 % sicher sein, dass die fixen Kosten positiv sind auf einem Niveau von approximativ $5,1482$ GE.

(2) Test für den Regressionskoeffizient $\hat{b}_2$

a. H_0: $\hat{b}_2 = 0$
   H_A: $\hat{b}_2 \neq 0$
   $\alpha = 0,05$ $(1-\alpha) = 0,95$ (im o. a. Beispiel)

   H_0 impliziert, dass die Steigung der (wahren) Regressionsfunktion gleich Null wäre, was bedeutet, dass es keine Korrelation zwischen den untersuchten Variablen (y und x_2 im o. a. Beispiel) gibt.

   H_A könnte $\hat{b}_2 \neq 0$, $\hat{b}_2 > 0$ (positive Korrelation zwischen x und y) oder $\hat{b}_2 < 0$ (negative Korrelation zwischen x_2 und y) sein.

b. Prüfgröße

   $$t = \frac{b_2}{s_{B_2}} \quad \text{(Tab. 2.10)}$$

   mit $\quad s_{B_2} = \dfrac{s_E}{\sqrt{\sum\limits_{i=1}^{n}(x_i - \bar{x})^2}}$

   z. B. $s_{B_2} = 0,0180$ (im o. a. Beispiel)
   mit $b_2 = 1,0618$

c. Bestimmung der Prüfverteilung

   Studentverteilung, zweiseitige, symmetrische Flächenanteile

2.5 Regressionsanalyse

mit $(1-\alpha)$ und $v = n-2$ (siehe Anhang A, statistische Tabellen)

z. B. mit $(1-\alpha) = 0,95$ und $v = 8-2 = 6$
(im o. a. Beispiel)

d. Identifizierung des kritischen Bereichs

Für $(1-\alpha) = 0,95$ und $v = 6$ beträgt kritische t-Wert, t_c, $2,447$ (Studentverteilung - zweiseitige, symmetrische Flächenanteile; siehe Anhang A, statistische Tabellen).

Wenn $t = \dfrac{b_2}{s_{B_2}} > 2,447$, muss die Nullhypothese H_0 abgelehnt werden.

Wenn $t = \dfrac{b_2}{s_{B_2}} \leq 2,447$, kann die Nullhypothese H_0 nicht abgelehnt werden.

e. Berechnung des Wertes der Prüfgröße

$$t = \frac{1,0618}{0,0180} = 58,989 \quad \text{(im o. a. Beispiel)}$$

f. Entscheidung und Interpretation

$t > t_c \quad (58,989 > 2,447)$

H_0 muss abgelehnt werden.

Der beobachtete Wert für b_2 ($b_2 = 1,0618$) ist statistisch valide bei einem Signifikanzniveau von $0,05$ ($= 5\%$).

Es besteht eine signifikante Korrelation zwischen den untersuchten Variablen (y and x_2 im o. a. Beispiel).

2.5.2 Lineare Mehrfachregression

Beschreibung des Zusammenhangs (Abhängigkeit) zwischen einer abhängigen Variablen y und mehreren unabhängigen Variablen x_i, mit $i = 1, ..., n$, unter Verwendung einer linearen Funktion.

Symbole:

x_{ji} fester (nicht zufälliger) Wert der unabhängigen Zufallsvariablen X_j ($j = 2, ..., k$) bei der i-ten Beobachtung ($i = 1, ..., n$) mit $x_{1i} = 1$ für alle i

y_i stochastischer (zufälliger) Wert der abhängigen Variablen y bei der i-ten Beobachtung

$\hat{y}_i$ der durch die Stichprobenregressionsgerade für y_i gelieferte Schätzwert

b_j der gesuchte Regressionskoeffizient der unabhängigen Variablen x_j ($j = 2, ..., k$) für die Regressionsfunktion der Grundgesamtheit

e_i Residuum ($e_i = y_i - \hat{y}_i$); Wert der Abweichung zwischen dem beobachteten Wert, y_i, und dem durch die Regressionsfunktion an der Stelle x_i geschätzten Wert, $\hat{y}_i$

$[\hat{y}]$ Spaltenvektor der Dimension $n \times 1$, der die geschätzten Werte der abhängigen Variablen y enthält

$[b]$ Spaltenvektor der Dimension $k \times 1$, der die gesuchten Stichprobenregressionskoeffizienten enthält

$[X]$ Matrix der Dimension $n \times k$ (n: Beobachtungen, k: in der Schätzung berücksichtigte Merkmalsausprägungen), die die Beobachtungswerte der unabhängigen Variablen enthält

Anmerkung: $x_{1i} = 1$ für alle i mit $i = 1, ..., n$

$$[\hat{y}] = \begin{bmatrix} \hat{y}_1 \\ \hat{y}_2 \\ \hat{y}_3 \\ \vdots \\ \hat{y}_n \end{bmatrix}_{n \times 1} \quad [b] = \begin{bmatrix} b_1 \\ b_2 \\ b_3 \\ \vdots \\ b_k \end{bmatrix}_{k \times 1} \quad [X] = \begin{bmatrix} 1 & x_{21} & x_{31} & \ldots & x_{k1} \\ 1 & x_{22} & x_{32} & \ldots & x_{k2} \\ 1 & x_{23} & x_{33} & \ldots & x_{k3} \\ \vdots & \vdots & \vdots & & \vdots \\ 1 & x_{2n} & x_{3n} & \ldots & x_{kn} \end{bmatrix}_{n \times k}$$

2.5 Regressionsanalyse

Methode der kleinsten Quadrate

Die Summe der quadratischen Abweichung (SAQ) ist zu minimieren:

$$SAQ = \sum_{i=1}^{n} e_i^2 \quad \rightarrow min$$

$$= \sum_{i=1}^{n} (y_i - \hat{y}_i)^2 \quad \rightarrow min$$

$$= \sum_{i=1}^{n} (y_i - b_1 - b_2 x_{2i} - b_3 x_{3i} - \ldots - b_k x_{ki})^2 \quad \rightarrow min$$

$$\Rightarrow \quad \frac{\delta SAQ}{\delta b_1} = \frac{\delta SAQ}{\delta b_2} = \frac{\delta SAQ}{\delta b_3} = \ldots = \frac{\delta SAQ}{\delta b_k} \stackrel{!}{=} 0$$

Regressionskoeffizienten:

$$[b]_{k \times 1} = ([X]' \cdot [X])^{-1}_{k \times k} \cdot [X]'_{k \times n} \cdot [y]_{n \times 1} \quad \text{mit} \quad b = (b_1, \ldots, b_k)'$$

Regressionsfunktion:

- Bei der Nutzung der Normalgleichung

$$\hat{y}_i = b_1 + b_2 x_{2i} + b_3 x_{3i} + \ldots + b_k x_{ki} \quad \text{mit} \quad i = 1, \ldots, n$$

- Bei der Nutzung der Matrix-Schreibweise

$$[\hat{y}]_{n \times 1} = [X]_{n \times k} \cdot [b]_{k \times 1}$$

Lineares partielles Bestimmtheitsmaß

$$SQT = \sum_{i=1}^{n} (y_i - \bar{y}_i)^2 = \sum_{i=1}^{n} y_i^2 - \frac{1}{n} \left(\sum_{i=1}^{n} y_i \right)^2$$

$$SQE = \sum_{i=1}^{n} (\hat{y}_i - \bar{y})^2$$

Lineares multiples Bestimmtheitsmaß

$$r^2_{Y \cdot 2,3,\ldots,k} = \frac{SQE}{SQT} = \frac{\sum_{i=1}^{n}(\hat{y}_i - \bar{y})^2}{\sum_{i=1}^{n}(y_i - \bar{y})^2} = 1 - \frac{SQR}{SQT} = 1 - \frac{\sum_{i=1}^{n} e_i^2}{\sum_{i=1}^{n}(y_i - \bar{y})^2}$$

$$0 \leq r^2_{Y \cdot 2,3,\ldots,k} \leq 1$$

mit

$$SQT = \sum_{i=1}^{n}(y_i - \bar{y})^2 = \sum_{i=1}^{n} y_i^2 - \frac{1}{n}(\sum y_i)^2$$

$$SQE = \sum_{i=1}^{n}(\hat{y}_i - \bar{y})^2$$

$$SQR = \sum_{i=1}^{n}(y_i - \hat{y})^2 = \sum_{i=1}^{n} e_i^2$$

$$= \sum_{i=1}^{n} y_i^2 - b_1 \sum_{i=1}^{n} y_i - b_2 \sum_{i=1}^{n} x_{2i} y_i - \ldots - b_k \sum_{i=1}^{n} x_{ki} y_i$$

Linearer multipler Korrelationskoeffizient

$$r_{Y \cdot 2,3,\ldots,k} = \sqrt{r^2_{Y \cdot 2,3,\ldots,k}} \qquad 0 \leq r_{Y \cdot 2,3,\ldots,k} \leq 1$$

2.5.2.1 Konfidenzintervalle für die Regressionskoeffizienten bei einer linearen multiplen Regressionsfunktion

Die Konfidenzintervalle für die Regressionskoeffizienten bei einer linearen multiplen Regressionsfunktion sind in Tab. 2.11 dargestellt.

2.5 Regressionsanalyse

Parameter	Konfidenzintervall	Standardfehler	Anzuwendende Verteilung
$\hat{b}_j$ $j = 1, ..., k$	$b_j - ts_{B_j} \leq \hat{b}_j \leq b_j + ts_{B_j}$	$s_{B_j} = \sqrt{\widehat{VC}_{jj}}$ $\widehat{VC} = s_E^2 \left([X]' \cdot [X]\right)^{-1}$ $s_{B_j}^2$ mit $j = 1, ... k$ entsprechen den Elementen auf der Hauptdiagonalen der geschätzten $\widehat{VC}$.	Studentverteilung mit $v = n - k$ Bedingung: Gültigkeit der Modellannahmen

Tab. 2.11: Konfidenzintervalle für die Regressionskoeffizienten bei einer linearen multiplen Regressionsfunktion[19]

Eine Kovarianzmatrix (auch Varianz-Kovarianz-Matrix oder Autokovarianzmatrix genannt) ist eine quadratische Matrix, die die Kovarianzen zwischen jedem Paar von Elementen eines gegebenen Zufallsvektors (einer mehrdimensionalen Zufallsvariable) angibt. Jede Kovarianzmatrix ist symmetrisch und positiv semidefinit. Ihre Hauptdiagonale enthält die Kovarianzen (die Varianzen der einzelnen Elemente mit sich selbst).

Die geschätzte Kovarianzmatrix lässt sich wie folgt berechnen:

$$\widehat{VC} = s_E^2 \left([X]'_{n \times n} \cdot [X]_{n \times n}\right)^{-1}$$

mit $s_E^2 = \dfrac{1}{n-k} \sum e_i^2$

n = Anzahl der Beobachtungen (Elemente)
k = Anzahl der Variablen

$$s_E^2 = \frac{1}{n-k} \left[\sum_{i=1}^n y_i^2 - b_1 \sum_{i=1}^n y_i - b_2 \sum_{i=1}^n x_{2i} y_i - ... - b_k \sum_{i=1}^n x_{ki} y_i\right]$$

---

[19] Vgl. Bleymüller, J. & Gehlert, G. (2011), S. 61.

2.5.2.2 Student's t-Tests für die Regressionskoeffizienten bei einer linearen multiplen Regressionsfunktion

Die Student's t-Tests für die Regressionskoeffizienten bei einer linearen multiplen Regressionsfunktion sind in Tab. 2.12 dargestellt.

Hypothese	Prüfgröße	Anzuwendende Verteilung
$\hat{b}_j = 0$ $j = 1, ..., k$	$t = \dfrac{b_j}{s_{B_j}}$ mit $s_{B_j} = \sqrt{\widehat{VC}_{jj}}$ $\widehat{VC} = s_E^2 \, ([X]' \cdot [X])^{-1}$ $s_{B_j}^2$ mit $j = 1, ... k$ entsprechen den Elementen auf der Hauptdiagonale der geschätzten Kovarianzmatrix $\widehat{VC}$.	Studentverteilung mit $v = n - k$ Bedingung: Gültigkeit der Modellannahmen

Tab. 2.12: Student's t-Tests für die Regressionskoeffizienten bei einer linearen multiplen Regressionsfunktion[20]

Die Student's t-Tests für die Regressionskoeffizienten einer multiplen Regressionsfunktion erfolgen analog zu den Student's t-Tests für die Regressionskoeffizienten einer linearen Regressionsfunktion (Kapitel 2.5.1.2) ab.

2.5.3 Lineare Zweifachregression

Regressionsfunktion:

- Regressionsfunktion für die Grundgesamtheit (Normalgleichung)

$$\hat{y} = b_1 + b_2 x_{2i} + b_3 x_{3i} \qquad i = 1, ..., n$$

- Regressionsfunktion für die Grundgesamtheit (Matrix-Schreibweise)

$$[\hat{y}]_{n \times 1} = [X]_{n \times 3} \cdot [b]_{3 \times 1}$$

Bestimmung der Regressionskoeffizienten:

---
[20] Vgl. Bleymüller, J. & Gehlert, G. (2011), S. 62.

2.5 Regressionsanalyse

- unter Verwendung eines linearen (bestimmten) Gleichungssystems

$$b_1 n + b_2 \sum x_{2i} + b_3 \sum x_{3i} = \sum y_i$$
$$b_1 \sum x_{2i} + b_2 \sum x_{2i}^2 + b_3 \sum x_{2i} x_{3i} = \sum x_{2i} y_i$$
$$b_1 \sum x_{3i} + b_2 \sum x_{3i} x_{2i} + b_3 \sum x_{3i}^2 = \sum x_{3i} y_i$$

- unter Verwendung von Matrizen

$$[b]_{3\times 1} = \begin{bmatrix} b_1 \\ b_2 \\ b_3 \end{bmatrix} \qquad [b]_{3\times 1} = ([X]'[X])^{-1}_{3\times 3} \cdot [X]'_{3\times n} \cdot [y]_{n\times 1}$$

Beispiel:

Gegeben seien folgende Beobachtungen:

i	y_i Umsatz in \$1,000	x_{1i}	x_{2i} Preis eines angebotenen Gutes USD/ME	x_{3i} Verkaufsfläche in Quadratmetern
1	2.512	1	112	1.980
2	1.810	1	108	1.400
3	1.635	1	104	1.420
4	1.487	1	100	1.160
5	2.270	1	110	1.750
6	1.805	1	108	1.400
7	1.984	1	109	1.560
8	2.043	1	110	1.590
9	1.943	1	108	1.500
10	2.170	1	111	1.700
11	1.820	1	108	1.430
12	1.440	1	102	1.110

Tab. 2.13: Beispiel für eine lineare Zweifachregression

$$[X]' \cdot [X] = \begin{pmatrix} 12 & 1290 & 18000 \\ 1290 & 138822 & 1943640 \\ 18000 & 1943640 & 27643600 \end{pmatrix}$$

$$([X]' \cdot [X])^{-1} = \begin{pmatrix} 249,685 & -2,8170 & 0,03549 \\ -2,8170 & 0,03224 & -0,00043 \\ 0,03549 & -0,00043 & 0,0000074 \end{pmatrix}$$

$$[X]' \cdot [Y] = \begin{pmatrix} 22919 \\ 2475344 \\ 35201790 \end{pmatrix}$$

2.5 Regressionsanalyse

$$b_1 n + b_2 \sum x_{2i} + b_3 \sum x_{3i} = \sum y_i$$
$$b_1 \sum x_{2i} + b_2 \sum x_{2i}^2 + b_3 \sum x_{2i}x_{3i} = \sum x_{2i} y_i$$
$$b_1 \sum x_{3i} + b_2 \sum x_{3i}x_{2i} + b_3 \sum x_{3i}^2 = \sum x_{3i} y_i$$

$$12\, b_1 + 1290\, b_2 + 18000\, b_3 = 22919$$
$$1290\, b_1 + 138822\, b_2 + 1943640\, b_3 = 2475344$$
$$18000\, b_1 + 1943640\, b_2 + 27643600\, b_3 = 35201790$$

Dieses (bestimmte) Gleichungssystem besteht aus drei linearen Gleichungen mit drei (zu bestimmenden) Variablen. Solche Gleichungssysteme lassen sich lösen durch das Einsetzungs-, Gleichsetzungs- oder Additionsverfahren.[21]

$$b_1 = -1415{,}294$$
$$b_2 = 16{,}099$$
$$b_3 = 1{,}0631$$

$$\hat{y} = -1415{,}294 + 16{,}099\, x_2 + 1{,}0631\, x_3$$
mit $i = 1, \ldots, 12$

2.5.3.1 Konfidenzintervalle für die Regressionskoeffizienten bei einer linearen Zweifachregressionsfunktion

$$s_E^2 = \frac{1}{n-k} \sum e_i^2$$

$n =$ Anzahl der Beobachtungen (Elemente)
$k =$ Anzahl der Variablen

---

[21] Vgl. z. B. Peren, F.W. (2021), S. 57-60.

$$s_E^2 = \frac{1}{n-3}\left[\sum y_i^2 - b_1 \sum y_i - b_2 \sum x_{2i}y_i - b_3 \sum x_{3i}y_i\right]$$

$$= \frac{1}{12-3} \cdot (44861817 + 1415{,}294 \cdot 22919 - 16{,}099 \cdot 2475344 -$$
$$\quad - 1{,}0631 \cdot 35201990)$$

$$= \frac{1}{9} \cdot 25354{,}181$$

$$= 2817{,}13$$

$$s_E = \sqrt{2817{,}13} = 53{,}08$$

Bei einer multiplen linearen Regressionsfunktion ist es sinnvoll, die Varianzen bzw. die Standardabweichungen der Regressionskoeffizienten mithilfe der (geschätzten) Kovarianzmatrix zu ermitteln:

(a) $\widehat{VC} = s_E^2 \left([X]'_{n \times n} \cdot [X]_{n \times n}\right)^{-1}$

$$= 2817{,}13 \cdot \begin{pmatrix} 249{,}685 & -2{,}8170 & 0{,}03549 \\ -2{,}8170 & 0{,}03224 & -0{,}00043 \\ 0{,}03549 & -0{,}00043 & 0{,}0000074 \end{pmatrix}$$

$$= \begin{pmatrix} 703395{,}10 & -7935{,}86 & 99{,}98 \\ -7935{,}86 & 90{,}82 & -1{,}2114 \\ 99{,}98 & -1{,}2114 & 0{,}02085 \end{pmatrix}$$

(b) s_{Bj}^2 mit $j = 1, \ldots k$ entsprechen den Elementen auf der Hauptdiagonalen der geschätzten Kovarianzmatrix $\widehat{VC}$.

$s_{B1}^2 = 703395{,}10 \qquad s_{B1} = \sqrt{703395{,}10} = 838{,}69$

$s_{B2}^2 = 90{,}82 \qquad s_{B2} = 9{,}530$

$s_{B3}^2 = 0{,}02085 \qquad s_{B3} = 0{,}1444$

2.5 Regressionsanalyse

Konfidenzintervalle bei $(1-\alpha) = 0,95$

(1) für den Regressionskoeffizient $\hat{b}_1$:

$$b_1 - ts_{B_1} \leq \hat{b}_1 \leq b_1 + ts_{B_1}$$

$$-1415,294 - 2,228 \cdot 838,69 \leq \hat{b}_1 \leq -1415,294 + 2,228 \cdot 838,69$$

$$-3283,90 \leq \hat{b}_1 \leq +453,31$$

(2) für den Regressionskoeffizient $\hat{b}_2$:

$$b_2 - ts_{B_2} \leq \hat{b}_2 \leq b_2 + ts_{B_2}$$

$$16,099 - 2,228 \cdot 9,530 \leq \hat{b}_2 \leq 16,099 + 2,228 \cdot 9,530$$

$$-5,134 \leq \hat{b}_2 \leq +37,332$$

(3) für den Regressionskoeffizient $\hat{b}_3$:

$$b_3 - ts_{B_3} \leq \hat{b}_3 \leq b_3 + ts_{B_3}$$

$$1,0631 - 2,228 \cdot 0,1444 \leq \hat{b}_3 \leq 1,0631 + 2,228 \cdot 0,1444$$

$$+0,7414 \leq \hat{b}_3 \leq +1,3848$$

2.5.3.2 Student's t-Tests für die Regressionskoeffizienten bei einer linearen Zweifachregressionsfunktion

Zur Prüfung von Hypothesen stochastischer Parameter, wie z. B. Regressionskoeffizienten, ist das praktische Vorgehen wie folgt:

a. Definition von der Nullhypothese (H_0) und der Alternativhypothese (H_A) sowie dem Signifikanzniveau (α).

b. Bestimmung der Prüfgröße.

c. Bestimmung der Prüfverteilung.

d. Identifizierung des kritischen Bereichs.

e. Berechnung des Wertes der Prüfgröße.

f. Entscheidung und Interpretation.

(1) Test für den Regressionskoeffizient $\hat{b}_1$

a. H_0: $\hat{b}_1 = 0$
H_A: $\hat{b}_1 \neq 0$
$\alpha = 0,05 \quad (1-\alpha) = 0,95 \quad$ (im o. a. Beispiel)

H_0 bedeutet, dass der Ordinatenwert der geschätzten Regressionsfunktion gleich Null wäre.

H_A könnte $\hat{b}_1 \neq 0$, $\hat{b}_1 > 0$ oder $\hat{b}_1 < 0$ sein.

b. Prüfgröße

$$t = \frac{b_1}{s_{B_1}} \quad \text{(Tab. 2.12)}$$

mit $s_{B_1} = 838,69 \quad$ (im o. a. Beispiel)

c. Bestimmung der Prüfverteilung

Studentverteilung, zweiseitige, symmetrische Flächenanteile mit $(1-\alpha)$ und $v = n-2$ (siehe Anhang A, statistische Tabellen)

z. B. mit $(1-\alpha) = 0,95$ und $v = 12-2 = 10$
(im o. a. Beispiel)

d. Identifizierung des kritischen Bereichs

Für $(1-\alpha) = 0,95$ und $v = 10$ beträgt der kritische t-Wert, t_c, $2,228$ (Studentverteilung, zweiseitige, symmetrische Flächen-

2.5 Regressionsanalyse

anteile; siehe Anhang A, statistische Tabellen).

Wenn $t = \dfrac{b_1}{s_{B_1}} > 2{,}228$, muss die Nullhypothese H_0 abgelehnt werden.

Wenn $t = \dfrac{b_1}{s_{B_1}} \leq 2{,}228$, kann die Nullhypothese H_0 nicht abgelehnt werden.

e. Berechnung des Wertes der Prüfgröße

$$t = \frac{-1415{,}294}{838{,}69} = -1{,}6875 \quad \text{(im o. a. Beispiel)}$$

f. Entscheidung und Interpretation

$t < t_c \quad (-1{,}6875 < 2{,}228)$

H_0 kann nicht abgelehnt werden.

Der beobachtete Wert für b_1 ($b_1 = -1415{,}294$) ist statistisch nicht valide bei einem Signifikanzniveau von $0{,}05$ ($= 5\,\%$).

(2) Test für den Regressionskoeffizient $\hat{b}_2$

a. H_0: $\hat{b}_2 = 0$
   H_A: $\hat{b}_2 \neq 0$

   $\alpha = 0{,}05 \quad (1-\alpha) = 0{,}95 \quad$ (im o. a. Beispiel)

   H_0 bedeutet, dass keine Korrelation zwischen den getesteten Variablen existieren würde (y und x_2 im o. a. Beispiel).

   H_A könnte $\hat{b}_2 \neq 0$, $\hat{b}_2 > 0$ (positive Korrelation zwischen x_2 und y) oder $\hat{b}_2 < 0$ (negative Korrelation zwischen x_2 und y)

sein.

b. Prüfgröße

$$t = \frac{b_2}{s_{B_2}} \quad \text{(Tab. 2.12)}$$

mit $s_{B_2} = 9{,}530$ (im o. a. Beispiel)

c. Bestimmung der Prüfverteilung

Studentverteilung, zweiseitige, symmetrische Flächenanteile mit $(1-\alpha)$ und $v = n-2$ (siehe Anhang A, statistische Tabellen)

z. B. mit $(1-\alpha) = 0{,}95$ und $v = 12-2 = 10$
(im o. a. Beispiel)

d. Identifizierung des kritischen Bereichs

Für $(1-\alpha) = 0{,}95$ und $v = 6$ beträgt der kritische t-Wert, t_c, $2{,}228$ (Studentverteilung, zweiseitige, symmetrische Flächenanteile; siehe Anhang A, statistische Tabellen).

Wenn $t = \dfrac{b_2}{s_{B_2}} > 2{,}228$, muss die Nullhypothese H_0 abgelehnt werden.

Wenn $t = \dfrac{b_2}{s_{B_2}} \leq 2{,}228$, kann die Nullhypothese H_0 nicht abgelehnt werden.

e. Berechnung des Wertes der Prüfgröße

$$t = \frac{16{,}099}{9{,}530} = 1{,}6893 \quad \text{(im o. a. Beispiel)}$$

f. Entscheidung und Interpretation

2.5 Regressionsanalyse

$t < t_c$ (1,6893 < 2,228)

H_0 kann nicht abgelehnt werden.

Der beobachtete Wert für b_2 ($b_2 = 16,099$) ist statistisch nicht valide bei einem Signifikanzniveau von $0,05$ ($= 5\,\%$).
Es besteht kein signifikanter Zusammenhang zwischen den getesteten Variablen y (Umsatz) und x_2 (Preis).

(3) Test für den Regressionskoeffizient $\hat{b}_3$

a. H_0: $\hat{b}_3 = 0$

   H_A: $\hat{b}_3 > 0$ (eine positive Korrelation zwischen y (Umsatz)
   und x_3 (Verkaufsfläche) ist zu erwarten)

   $\alpha = 0,05$ $(1 - \alpha) = 0,95$ (im o. a. Beispiel)

b. Prüfgröße

   $$t = \frac{b_3}{s_{B_3}}$$ (Tab. 2.12)

   mit $s_{B_3} = 0,1444$ (im o. a. Beispiel)

c. Bestimmung der Prüfverteilung

   Student-t-Verteilungsfunktion mit $(1 - \alpha) = 0,95$ und
   $v = 12 - 2 = 10$ (im o. a. Beispiel)

d. Identifizierung des kritischen Bereichs

   Für $(1 - \alpha) = 0,95$ und $v = 10$ beträgt der kritische t-Wert, t_c, $1,812$ (Studentverteilung, zweiseitige, symmetrische Flächenanteile; siehe Anhang A, statistische Tabellen).

   Wenn $t = \dfrac{b_3}{s_{B_3}} > 1,812$, muss die Nullhypothese H_0 abgelehnt werden.

Wenn $t = \dfrac{b_3}{s_{B_3}} \leq 1{,}812$, kann die Nullhypothese H_0 nicht abgelehnt werden.

e. Berechnung des Wertes der Prüfgröße

$$t = \frac{1{,}0631}{0{,}1444} = 7{,}3622 \quad \text{(im o. a. Beispiel)}$$

f. Entscheidung und Interpretation

$t > t_c \quad (7{,}3622 > 1{,}812)$

H_0 muss abgelehnt werden.

Der beobachtete Wert für b_3 ($b_3 = 1{,}0631$) ist statistisch valide bei einem Signifikanzniveau von $0{,}05$ ($= 5\,\%$).

Es besteht eine signifikante Korrelation zwischen den getesteten Variablen y (Umsatz) und x_3 (Verkaufsfläche) im o. a. Beispiel.

Kapitel 3
Induktive Statistik

3.1 Wahrscheinlichkeitsrechnung

3.1.1 Grundbegriffe/ Definitionen

Zufallsexperiment

Vorgang, der beliebig oft wiederholbar ist und dessen Ergebnis vom Zufall abhängt.

Elementarereignis e_i

Reihe möglicher elementarer Ergebnisse.

Ereignisraum S

Ergibt sich aus der Menge aller Elementarereignisse $\{e_1, e_2, ..., e_n\}$.

Ereignis A, B

Jede beliebige Teilmenge des Ereignisraumes.

Wahrscheinlichkeitsbegriff nach *Laplace*[1]

Sind alle Elementarereignisse gleichmöglich, so gilt

$$W(e_i) = \frac{\text{Zahl der günstigsten Fälle}}{\text{Zahl aller gleichwahrscheinlichen Fälle}}$$

---

[1] Pierre-Simon Laplace (1749 - 1827) war ein französischer Mathematiker, Physiker und Astronom.

© Der/die Autor(en), exklusiv lizenziert an
Springer Fachmedien Wiesbaden GmbH, ein Teil von Springer Nature 2025
F. W. Peren, *Formelsammlung Wirtschaftsstatistik*,
https://doi.org/10.1007/978-3-658-48255-8_3

Beispiele: Die Wahrscheinlichkeit für das Ereignis A, dass eine Münze bei einmaligem Werfen Kopf zeigt, beträgt:

$$W(A) = \frac{1}{2}$$

Die Wahrscheinlichkeit für das Ereignis B, dass ein Würfel bei einmaligem Werfen eine Zwei zeigt, beträgt:

$$W(B) = \frac{1}{6}$$

Wahrscheinlichkeitsbegriff nach *von Mises*[2]

$$W(A) = \lim_{n \to \infty} f_n(A) = \lim_{n \to \infty} \frac{h_n(A)}{n}$$

Beispiel: Die Wahrscheinlichkeit für das Ereignis A, dass ein Würfel bei unendlichen vielen Würfen eine Zwei zeigt, beträgt:

$$W(A) = \frac{1}{6}$$

Je öfter ein Würfel geworfen wird, umso deutlicher konvergiert die Wahrscheinlichkeit, dass dieser Würfel eine Zwei zeigt, gegen $\frac{1}{6}$.

Wahrscheinlichkeitsbegriff nach *Kolmogorov*[3]

Axiom 1: $0 \leq W(A) \leq 1$ für $A \subset S$ (Nichtnegativität)

Axiom 2: $W(S) = 1$ (Normierung)

Axiom 3: $W(A \cup B) = W(A) + W(B)$ für $A \cap B = \varnothing$ (Additivität)

---

[2] Richard Edler von Mises (1883 - 1953) war ein österreichisch-amerikanischer Mathematiker.
[3] Andrej Nikolaevič Kolmogorov (1903 - 1987) war ein sowjetischer Mathematiker.

3.1 Wahrscheinlichkeitsrechnung

Aus Axiom (3) ergibt sich die Beziehung

$$W(A_1 \cup A_2 \cup \ldots \cup A_n) = W(A_1) + W(A_2) + \ldots + W(A_n)$$

für

$$A_i \cap A_j = \varnothing \quad (i \neq j)$$

Rechenregeln für Wahrscheinlichkeiten

(1) Komplementär-Wahrscheinlichkeit (Gegenwahrscheinlichkeit)

Für $\overline{A}$, das Komplementärereignis von A, gilt

$W(\overline{A}) = 1 - W(A)$

Beispiel:

Die Wahrscheinlichkeit, bei einmaligem Würfeln eine Sechs zu würfeln, liegt bei $\frac{1}{6}$. Wie hoch ist die Wahrscheinlichkeit, bei viermaligem Würfeln eine Sechs zu werfen?

$\overline{A}$ = mindestens eine Sechs zu würfeln
A = keine sechs zu würfeln

Die Wahrscheinlichkeit, keine Sechs bei vier Würfen zu würfeln ist:

$$\frac{5}{6} \cdot \frac{5}{6} \cdot \frac{5}{6} \cdot \frac{5}{6} = \frac{625}{1.296} = 0{,}482 = 48{,}2\,\%$$

Die Gegenwahrscheinlichkeit beträgt entsprechend:

$$1 - \frac{625}{1.296} = 0{,}518 = 51{,}8\,\%$$

(2) Wahrscheinlichkeit für ein unmögliches Ereignis

$W(\varnothing) = 0$

Beispiel:

Die Wahrscheinlichkeit, bei einmaligem Würfeln eine Acht zu erlangen, ist gleich Null.

$\varnothing$: „Werfen von acht Punkten beim einmaligen Würfeln"

Ein normaler Würfel besitzt allerdings nur die Augenzahlen eins bis sechs.

$\varnothing$: „Augenzahl gleich acht"

$W(\varnothing) = 0$

(3) Additionssatz für zwei beliebige Ereignisse

$W(A \cup B) = W(A) + W(B) - W(A \cap B)$

Beispiel:

$A = \{$Würfeln einer Zahl $< 4\}$
$B = \{$Würfeln einer ungeraden Zahl$\}$
$W(A) = \dfrac{3}{6}$ und $W(B) = \dfrac{3}{6}$

Wahrscheinlichkeit von $A \cap B$:

$W(A \cap B) = W(\{$ungerade Zahl kleiner als 4 zu würfeln$\}) =$
$= W(\{1$ oder 3 zu würfeln$\}) =$
$= \dfrac{2}{6} = \dfrac{1}{3}$

Demnach gilt:

$W(A \cup B) = W(A) + W(B) - W(A \cap B) =$
$= \dfrac{3}{6} + \dfrac{3}{6} - \dfrac{2}{6} = \dfrac{4}{6} =$
$= \dfrac{2}{3} = 66,67\,\%$

3.1 Wahrscheinlichkeitsrechnung

(4) Wahrscheinlichkeitsbedingung für ein Teilereignis

$W(A) \leq W(B)$ für $A \subset B$

Beispiel:

$A = \{$Würfeln einer ungeraden Zahl $< 4\}$
$B = \{$Würfeln einer Zahl $< 4\}$

$W(A) = \dfrac{2}{6}$ und $W(B) = \dfrac{3}{6}$

$W(A) < W(B)$ $\dfrac{2}{6} < \dfrac{3}{6}$

3.1.2 Sätze der Wahrscheinlichkeitsrechnung

Multiplikationssatz

Für zwei stochastisch <u>unabhängige</u> Ereignisse A und B gilt

$W(A \cap B) = W(A) \cdot W(B)$

Beispiel:

Wie groß ist die Wahrscheinlichkeit, zweimal „Kopf" zu erhalten, wenn eine Münze zweimal geworfen wird?

Bei jedem Wurf beträgt die Wahrscheinlichkeit, „Kopf" zu werfen, $\dfrac{1}{2}$, somit gilt:

$$W(A \cap B) = W(A) \cdot W(B) =$$
$$= \dfrac{1}{2} \cdot \dfrac{1}{2} =$$
$$= \dfrac{1}{4} = 25\,\%$$

Für zwei stochastisch <u>abhängige</u> Ereignisse A und B gilt

$$W(A \cap B) = W(A) \cdot W(B/A) = W(B) \cdot W(A/B)$$

Beispiel:

Die Wahrscheinlichkeit, bei einem Unfall im Straßenverkehr ein Motorradfahrer zu sein, betrug im letzten Jahr 31 %. Davon haben 46 % keinen Helm getragen. Wie hoch ist die Wahrscheinlichkeit, als Motorradfahrer ohne Helm im Straßenverkehr einen Unfall zu haben?

$W(A)$ = W(Unfall als Motorradfahrer) = $0,31$

$W(B/A)$ = $W(\{$ohne Helm$\} / \{$Unfall als Motorradfahrer$\})$ = $0,46$

$$\begin{aligned}W(A \cap B) = W(A) \cdot W(B/A) &= \\ &= 0,31 \cdot 0,46 = \\ &= 0,1426 = 14,26\,\%\end{aligned}$$

Bedingte Wahrscheinlichkeit

Für $W(A) > 0$ definiert sich die bedingte Wahrscheinlichkeit des Ereignisses B unter der Bedingung A als

$$W(B/A) = \frac{W(A \cap B)}{W(A)}$$

Beispiel:

Unter 20 Studenten besitzen 4 ein Auto. 12 der 20 Studenten sind männlich. 3 der 12 männlichen Studenten haben ein Auto, die restlichen 9 besitzen keins. Wie groß ist die Wahrscheinlichkeit, dass ein zufällig ausgewählter Student dieser Gruppe, der ein Auto besitzt, männlich ist?

A: Der ausgewählte Student hat ein Auto.
B: Der ausgewählte Student ist männlich.

3.1 Wahrscheinlichkeitsrechnung

Vierfeldertafel:

	B	$\overline{B}$	
A	3	1	4
$\overline{A}$	9	7	16
	12	8	20

Wahrscheinlichkeiten berechnen:

	B	$\overline{B}$	
A	$\frac{3}{20}=0,15$	$\frac{1}{20}=0,05$	$\frac{4}{20}=0,2$
$\overline{A}$	$\frac{9}{20}=0,45$	$\frac{7}{20}=0,35$	$\frac{16}{20}=0,8$
	$\frac{12}{20}=0,6$	$\frac{8}{20}=0,4$	$\frac{20}{20}=1$

Bedingte Wahrscheinlichkeit:

$$W(B/A) = \frac{W(A \cap B)}{W(A)} =$$
$$= \frac{0,15}{0,2} =$$
$$= 0,75 = 75\,\%$$

Die Wahrscheinlichkeit, dass ein zufällig ausgewählter Student dieser Gruppe, der ein Auto besitzt, männlich ist, beträgt 75 %.

mit $W(A \cap B) = W(A) \cdot W(B/A) = W(B) \cdot W(A/B) =$
$= 0,2 \cdot (0,15/0,2) = 0,6 \cdot (0,15/0,6) =$
$= 0,15 = 15\,\%$

Der Anteil, dass es sich um einen Studenten handelt, der A) ein Auto besitzt und B) männlich ist, beträgt 15 %.

Stochastische Unabhängigkeit

Zwei Ereignisse A, B heißen stochastisch unabhängig, wenn gilt

$$W(A/B) = W(A/\overline{B}) \quad \vee \quad W(B/A) = W(B/\overline{A})$$
bzw. $W(A \cap B) = W(A) \cdot W(B)$

Beispiel:

Ein Würfel wird einmal geworfen. Ereignis A lautet „gerade Augenzahl" und Ereignis B lautet „Augenzahl kleiner als 5".

A: 2, 4, 6
B: 1, 2, 3, 4

$W(A) = \dfrac{3}{6} = \dfrac{1}{2}$ $\qquad W(\overline{A}) = \dfrac{3}{6} = \dfrac{1}{2}$

$W(B) = \dfrac{4}{6} = \dfrac{2}{3}$ $\qquad W(\overline{B}) = \dfrac{2}{6} = \dfrac{1}{3}$

$W(A \cap B)$ = Elemente 2 und 4 = $\dfrac{1}{2} \cdot \dfrac{2}{3} = \dfrac{2}{6} = \dfrac{1}{3}$

$W(\overline{A} \cap B)$ = Elemente 1 und 3 = $\dfrac{1}{2} \cdot \dfrac{2}{3} = \dfrac{2}{6} = \dfrac{1}{3}$

3.1 Wahrscheinlichkeitsrechnung

Bei stochastischer Unabhängigkeit gilt ferner:

$$W(B/A) = W(B/\overline{A})$$

mit

$$W(B/A) = \frac{W(A \cap B)}{W(A)} = \frac{1}{3}/\frac{1}{2} = \frac{2}{3}$$

$$W(B/\overline{A}) = \frac{W(\overline{A} \cap B)}{W(A)} = \frac{1}{3}/\frac{1}{2} = \frac{2}{3}$$

$$W(B/A) = W(B/\overline{A}) \qquad\qquad W(A/B) = W(A/\overline{B})$$
$$\frac{2}{3} = \frac{2}{3} \qquad\qquad\qquad\qquad \frac{1}{2} = \frac{1}{2}$$

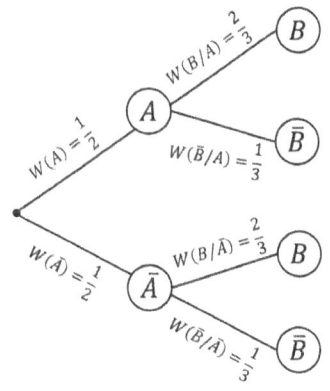 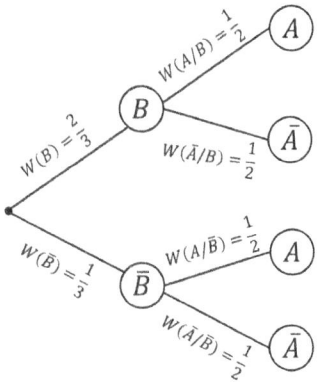

Satz der totalen Wahrscheinlichkeit

Wenn $A_1 \cup A_2 \cup ... \cup A_n = S$ und $A_i \cap A_j = \emptyset$ für $i \neq j$, so gilt für $E \subset S$

$$W(E) = \sum_{i=1}^{n} W(A_i) \cdot W(E/A_i) \qquad \text{mit} \quad i = 1, ..., n$$

Beispiel:

In einem Unternehmen werden täglich 2.000 Mengeneinheiten (ME) eines Produktes hergestellt. Davon liefert Maschine:

M_1 500 ME mit 5 % Ausschussanteil,
M_2 800 ME mit 4 % Ausschussanteil,
M_3 700 ME mit 2 % Ausschussanteil.

Es wird zufällig eine ME aus einer Tagesproduktion ausgewählt. Wie groß ist die Wahrscheinlichkeit, dass die ausgewählte ME fehlerhaft ist?

A_i : Die ausgewählte ME wurde von M_i hergestellt.
E : Die ausgewählte ME ist fehlerhaft.

$$W(A_1) = \frac{500}{2.000} = 0,25 \quad \text{und} \quad W(E/A_1) = \frac{5}{100} = 0,05$$

$$W(A_2) = \frac{800}{2.000} = 0,4 \quad \text{und} \quad W(E/A_2) = \frac{4}{100} = 0,04$$

$$W(A_3) = \frac{700}{2.000} = 0,35 \quad \text{und} \quad W(E/A_3) = \frac{2}{100} = 0,02$$

Gesuchte Wahrscheinlichkeit:

$$W(E) = \sum_{i=1}^{3} W(A_i) \cdot W(E/A_i) =$$
$$= 0,25 \cdot 0,05 + 0,4 \cdot 0,04 + 0,35 \cdot 0,02 =$$
$$= 0,0355$$

Die Wahrscheinlichkeit, dass eine ME fehlerhaft ist, liegt ca. bei $3,55\,\%$.

3.1 Wahrscheinlichkeitsrechnung

Theorem von Bayes[4]

Wenn $A_1 \cup A_2 \cup \ldots \cup A_n = S$ und $A_i \cap A_j = \emptyset$ für $i \neq j$, so gilt für $E \subset S$

$$W(A_j/E) = \frac{W(A_j) \cdot W(E/A_j)}{\sum_{i=1}^{n} W(A_i) \cdot W(E/A_i)} \quad \text{mit} \quad i,j = 1, \ldots, n$$

Beispiel:

Das Beispiel zu dem „Satz der totalen Wahrscheinlichkeit" wird erneut betrachtet. Aus einer Tagesproduktion wird wiederum eine ME ausgewählt. Dabei handelt es sich um eine fehlerhafte ME.

Wie hoch ist die Wahrscheinlichkeit, dass diese ME aus M_1, M_2 bzw. M_3 stammt?

$$W(A_1/E) = \frac{W(A_1) \cdot W(E/A_1)}{\sum_{i=1}^{3} W(A_i) \cdot W(E/A_i)} =$$

$$= \frac{0,25 \cdot 0,05}{0,25 \cdot 0,05 + 0,4 \cdot 0,04 + 0,35 \cdot 0,02} =$$

$$= \frac{0,0125}{0,0355} = 0,35$$

$$W(A_2/E) = \frac{0,4 \cdot 0,04}{0,0355} = 0,45$$

$$W(A_3/E) = \frac{0,35 \cdot 0,02}{0,0355} = 0,20$$

Die Wahrscheinlichkeit, dass die zufällig ausgewählte ME aus Maschine 1 stammt, liegt bei 35 %, dass sie aus Maschine 2 stammt, liegt bei 45 % und dass sie aus Maschine 3 stammt, liegt bei 20 %.

---

[4] Thomas Bayes (1701 - 1761) war ein englischer Mathematiker und Statistiker.

3.2 Wahrscheinlichkeitsverteilungen

3.2.1 Begriff der Zufallsvariablen

Um das Ergebnis eines Zufallsexperimentes quantitativ ausdrücken bzw. verarbeiten zu können, ist dieses möglichst in eine reelle Zahl zu transformieren.

Die Zufallsvariable X umfasst eine bestimmte Anzahl von n Elementarereignissen e_j mit $j = 1, 2, ..., n$ im Ereignisraum S.

Definitionsbereich: Ereignisraum S
Wertebereich: Menge der reellen Zahlen

Zu unterscheiden sind:

1. *Diskrete Zufallsvariablen:* Hier lässt sich jedem möglichen Ereignis genau eine bestimmte Eintrittswahrscheinlichkeit zuordnen (z. B. Werfen eines Würfels).
2. *Stetige Zufallsvariablen:* Hier existieren unendlich viele mögliche Ausprägungen eines Merkmals. Die Möglichkeit zur Bestimmung der Eintrittswahrscheinlichkeit ist nahezu Null.

3.2.2 Wahrscheinlichkeits-, Verteilungs- und Dichtefunktion

3.2.2.1 Diskrete Zufallsvariablen

Wahrscheinlichkeitsfunktion

$$f(x_i) = W(X = x_i) \quad \text{mit} \quad i = 1, 2, ..., n$$

Eigenschaften einer Wahrscheinlichkeitsfunktion:

(1) $f(x_i) \geq 0 \quad \text{mit} \quad i = 1, 2, ..., n$

(2) $\sum_{i} f(x_i) = 1$

3.2 Wahrscheinlichkeitsverteilungen

Verteilungsfunktion

$$F(x) = W(X \leq x)$$

Eigenschaften einer Verteilungsfunktion:

(1) $F(x)$ ist monoton steigend

(2) $F(x)$ ist stetig

(3) $\lim_{x \to -\infty} F(x) = 0$

(4) $\lim_{x \to +\infty} F(x) = 1$

Beispiel:

Ein Würfel wird geworfen. Die Ereignismenge Ω, die eintreten kann, beträgt:

$\Omega = \{1, 2, 3, 4, 5, 6\}$

Die Wahrscheinlichkeit, dass eines der Ereignisse, e_i mit $i = 1, ..., 6$, eintritt, liegt jeweils bei $\frac{1}{6}$.

$$W(x = 1) = \frac{1}{6}$$
$$W(x = 2) = \frac{1}{6} \quad \text{usw.}$$

$$f(x_i) = \frac{1}{6} \qquad \text{mit} \qquad i = 1, ..., 6$$

Verteilungsfunktion

$$F(x) = \begin{cases} 0 \text{ für } x < 1 \\ \dfrac{1}{6} \text{ für } 1 \leq x < 2 \\ \dfrac{2}{6} \text{ für } 2 \leq x < 3 \\ \dfrac{3}{6} \text{ für } 3 \leq x < 4 \\ \dfrac{4}{6} \text{ für } 4 \leq x < 5 \\ \dfrac{5}{6} \text{ für } 5 \leq x < 6 \\ 1 \text{ für } x \geq 6 \end{cases}$$

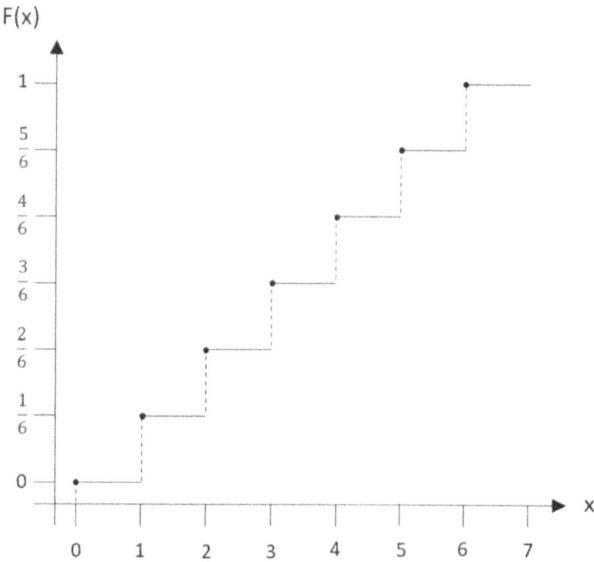

3.2 Wahrscheinlichkeitsverteilungen

3.2.2.2 Stetige Zufallsvariablen

Anstelle von Wahrscheinlichkeiten werden sogenannte *Dichten* angegeben, dies erfolgt in Form von *Dichtefunktionen*.

Wahrscheinlichkeitsdichte

$$W(a \leq X \leq b) = \int_a^b f(x)dx$$

Eigenschaften jeder Wahrscheinlichkeitsdichte:

(1) $f(x) \geq 0$

(2) $\int_{-\infty}^{+\infty} f(x)dx = 1$

Verteilungsfunktion

$$F(x) = W(X \leq x) = \int_{-\infty}^{x} f(q)dq$$

$$\Rightarrow F'(x) = f(x)$$

Eigenschaften jeder Verteilungsfunktion von stetigen Zufallsvariablen:

(1) $0 \leq F(x) \leq 1$

(2) $F(x)$ ist monoton steigend, d. h. für $x_1 < x_2$ gilt

$F(x_1) \leq F(x_2)$

(3) $\lim_{x \to -\infty} F(x) = 0$

(4) $\lim_{x \to +\infty} F(x) = 1$

(5) $F(x)$ ist im gesamten Definitionsbereich stetig.

Beispiel:

Die Zufallsvariable X beschreibt die Verspätung eines Taxis an einer bestimmten Haltestelle, gemessen in Minuten. Es resultiert die folgende Dichtefunktion (Dimension: Minuten):

$$f(x) = \begin{cases} 0,4 - 0,125x & \text{für } 0 \leq x \leq 4 \\ 0 & \text{für alle übrigen } x \end{cases}$$

Wahrscheinlichkeitsdichte

Die Wahrscheinlichkeit, dass X einen Wert zwischen eine und drei Minuten annimmt, beträgt:

$$W(1 \leq x \leq 3) = \int_1^3 f(x)dx =$$

$$= \int_1^3 (0,4 - 0,125x)dx =$$

$$= \left[0,4x - \frac{0,125}{2} x^2 \right]_1^3 =$$

$$= \frac{51}{80} - \frac{27}{80} = 0,3$$

Verteilungsfunktion

$$F(x) = \int_{-\infty}^{x} f(q)dq =$$

$$= \int_0^x (0,4 - 0,125q)dq =$$

$$= \left[0,4q - \frac{0,125}{2} q^2 \right]_0^x =$$

$$= 0,4x - 0,0625x^2$$

3.2.3 Parameter für Wahrscheinlichkeitsverteilungen

Erwartungswert und Varianz von Zufallsvariablen

Diskrete Zufallsvariablen

$$E(X) = \sum_i x_i\, f(x_i)$$

$$Var(X) = E\left[[X - E(X)]^2\right] =$$

$$= \sum_i [x_i - E(X)]^2\, f(x_i) =$$

$$= \sum_i x_i^2 \cdot f(x_i) - [E(X)]^2$$

Beispiel:

Die Zufallsvariable X beschreibe ungerade Augenzahl beim einmaligen Werfen eines Würfels.

Es gibt drei mögliche Realisationen:

$x_1 = 1 \quad x_2 = 3 \quad x_3 = 5$

Die Wahrscheinlichkeit für jede Realisation beträgt $\frac{1}{3}$.

$$E(X) = \sum_i x_i\, f(x_i) =$$
$$E(X) = 1 \cdot \frac{1}{3} + 3 \cdot \frac{1}{3} + 5 \cdot \frac{1}{3} = 3$$

$$Var(X) = \sum_i x_i^2 \cdot f(x_i) - [E(X)]^2 =$$

$$= 1^2 \cdot \frac{1}{3} + 3^2 \cdot \frac{1}{3} + 5^2 \cdot \frac{1}{3} - 3^2 =$$

$$= \frac{8}{3} \approx 2,6667$$

Stetige Zufallsvariablen

$$E(X) = \int_{-\infty}^{+\infty} x f(x) dx$$

$$Var(X) = E\left[[X - E(X)]^2\right] =$$

$$= \int_{-\infty}^{+\infty} [x - E(X)]^2 f(x) dx =$$

$$= \int_{-\infty}^{+\infty} x^2 \cdot f(x) dx - [E(X)]^2$$

Beispiel:

Betrachtet sei eine stetige Zufallsvariable X mit folgender Dichtefunktion:

$$f(x) = \begin{cases} 0,4 - 0,125x & \text{für } 0 \leq x \leq 4 \\ 0 & \text{für alle übrigen } x \end{cases}$$

$$E(X) = \int_{-\infty}^{+\infty} x f(x) dx$$

$$E(X) = \int_0^4 x(0,4 - 0,125x) dx =$$

$$= \int_0^4 (0,4x - 0,125x^2) dx =$$

$$= \left[\frac{0,4}{2}x^2 - \frac{0,125}{3}x^3\right]_0^4 =$$

$$= \frac{8}{15} \approx 0,5333$$

$$Var(X) = \int_{-\infty}^{+\infty} x^2 \cdot f(x)dx - [E(X)]^2 =$$

$$= \int_0^4 x^2(0,4x - 0,125x)dx - 0,5333^2 =$$

$$= \int_0^4 (0,4x^2 - 0,125x^3)dx - 0,5333^2 =$$

$$= \left[\frac{0,4}{3}x^3 - \frac{0,125}{4}x^4\right]_0^4 - 0,5333^2 =$$

$$= 0,2489$$

3.3 Theoretische Verteilungen

3.3.1 Diskrete Verteilungen

Binomialverteilung

Wahrscheinlichkeitsfunktion

$$f_B(x/n;\theta) = \begin{cases} \binom{n}{x}\theta^x(1-\theta)^{n-x} & \text{für } x = 0, 1, ..., n \\ 0 & \text{für } x \neq 0, 1, ..., n \end{cases}$$

Verteilungsfunktion

$$F_B(x/n;\theta) = \sum_{v=0}^{x}\binom{n}{v}\theta^v(1-\theta)^{n-v}$$

Erwartungswert

$$E(X) = n \cdot \theta$$

Varianz

$$Var(X) = n \cdot \theta(1-\theta)$$

Rekursionsformel

$$f_B(x+1/n; \theta) = f_B(x/n; \theta) \cdot \frac{n-x}{x+1} \cdot \frac{\theta}{1-\theta}$$

Beispiel:

Wahrscheinlichkeitsfunktion

Die Wahrscheinlichkeit bei $n = 4$ Münzwurfen genau $x = 2$ mal „Kopf" zu werfen, beträgt $W(X = 2)$.

$$f_B(x/n; \theta) = \binom{n}{x} \theta^x (1-\theta)^{n-x}$$

$$f_B(2/4; 0,5) = \binom{4}{2} 0,5^2 (1-0,5)^{4-2} = 0,3750$$

Siehe Anhang A, Binomialverteilung - Wahrscheinlichkeitsfunktion für $n = 4$, $x = 2$ und $\Theta = 0,5$.

Verteilungsfunkion

Die Wahrscheinlichkeit bei $n = 4$ Münzwurfen maximal $x = 2$ mal „Kopf" zu werfen, beträgt $W(X = 2)$.

3.3 Theoretische Verteilungen

$$F_B(x/n;\theta) = \sum_{v=0}^{x} \binom{n}{v} \theta^v (1-\theta)^{n-v}$$

$$= F_B(2/4;0,5) = f_B(0/4;0,5) + f_B(1/4;0,5) + f_B(2/4;0,5) =$$

$$= 0,0625 + 0,2500 + 0,3750 = 0,6875$$

Siehe Anhang A, Binominalverteilung – Wahrscheinlichkeitsfunktion. Siehe auch Anhang B, Binominalverteilung – Verteilungsfunktion für $n = 4, x = 4$, und $\Theta = 0,5$.

Erwartungswert

$$E(X) = n \cdot \theta$$

$$E(X) = 4 \cdot 0,5 = 2$$

Varianz

$$Var(X) = n \cdot \theta(1-\theta)$$

$$Var(X) = 4 \cdot 0,5(1-0,5) = 1$$

Rekursionsformel

$$f_B(x+1/n;\theta) = f_B(x/n;\theta) \cdot \frac{n-x}{x+1} \cdot \frac{\theta}{1-\theta}$$

$$f_B(x+1/n;\theta) = f_B(2+1/4;0,5) = f_B(3/4;0,5) =$$

$$= 0,3750 \cdot \frac{4-2}{2+1} \cdot \frac{0,5}{1-0,5} = 0,25$$

Siehe Anhang B, Binominalverteilung - Wahrscheinlichkeitsfunktion für $n = 4$, $x = 3$ und $\theta = 0,5$.

Die Binominalverteilung entspricht dem eindimensionalen Fall einer mehrdimensionalen Verteilung, der sogenannten *Multinomialverteilung* mit der Wahrscheinlichkeitsfunktion

$$f_B^{mult}(x_1, x_2, ..., x_k/n; \theta_1; \theta_2; ...; \theta_k) =$$

$$= \frac{n!}{x_1! x_2! ... x_k!} \cdot \theta_1^{x_1} \cdot \theta_2^{x_2} \cdot ... \cdot \theta_k^{x_k}$$

mit $\sum_{i=1}^{k} x_i = n$ und $\sum_{i=1}^{k} \theta_i = 1$

Für $k = 2$ entspricht die Wahrscheinlichkeitsfunktion der *Multinomialverteilung* der Wahrscheinlichkeitsfunktion der *Binomialverteilung* mit $x_2 = n - x_1$ und $\theta = 1 - \theta_1$.

Beispiel:

Eine importierte Lieferung von Orangen beinhaltet die folgenden Qualitäten:

50 % entsprechen der Güteklasse 1,

30 % entsprechen der Güteklasse 2 und

20 % der Lieferung sind unbrauchbar.

Es wird eine Stichprobe mit Zurücklegen im Umfang von zehn Orangen zufällig entnommen. Wie groß ist die Wahrscheinlichkeit, dass davon sechs Orangen der Güteklasse 1 und vier Orangen der Güteklasse 2 zuzuordnen sind, also alle zehn Orangen zu verkaufen sind?

3.3 Theoretische Verteilungen

X_1 = Zufallssvariable „Anzahl von Orangen der Güteklasse 1" in der Stichprobe

X_2 = Zufallsvariable „Anzahl von Orangen der Güteklasse 2" in der Stichprobe

X_3 = Zufallsvariable „Anzahl unbrauchbarer Orangen" in der Stichprobe

Die gesuchte multinomiale Wahrscheinlichkeit berechnet sich wie folgt:

$$f_B^{mult}(6,4,0/10; 0,5; 0,3; 0,2) =$$
$$= \frac{10!}{6!4!0!} \cdot 0,5^6 \cdot 0,3^4 \cdot 0,2^0 =$$
$$= 210 \cdot 0,00013 \approx 0,02668 \approx 2,66\,\%$$

Hypergeometrische Verteilung

Wahrscheinlichkeitsfunktion

$$f_H(x/N; n; M) = \begin{cases} \dfrac{\binom{M}{x}\binom{N-M}{n-x}}{\binom{N}{n}} & \text{für } x = 0, 1, ..., n \\ 0 & \text{für } x \neq 0, 1, ..., n \end{cases}$$

Verteilungsfunktion

$$F_H(x/N; n; M) = \sum_{v=0}^{x} \frac{\binom{M}{v}\binom{N-M}{n-v}}{\binom{N}{n}}$$

Erwartungswert

$$E(X) = n \cdot \frac{M}{N}$$

Varianz

$$Var(X) = n \cdot \frac{M}{N} \cdot \frac{N-M}{N} \cdot \frac{N-n}{N-1}$$

Rekursionsformel

$$f_H(x+1/N; n; M) = f_H(x/N; n; M) \cdot \frac{(M-x)(n-x)}{(x+1)(N-M-n+x+1)}$$

Beispiel:

Wahrscheinlichkeitsfunktion

$$f_H(x/N; n; M) = \begin{cases} \dfrac{\binom{M}{x}\binom{N-M}{n-x}}{\binom{N}{n}} & \text{für } x = 0, 1, ..., n \\ 0 & \text{für } x \neq 0, 1, ..., n \end{cases}$$

Eine Gesamtzahl von $N = 10$ Kugeln umfasst $M = 4$ grüne Kugeln und $N - M = 6$ nicht grüne Kugeln. Es wird eine Zufallsstichprobe im Umfang von $n = 4$ Kugeln entnommen, ohne dass eine bereits gezogene Kugel der Grundgesamtheit wieder zugeführt wird, d. h. dass sich die Menge der noch verfügbaren Kugeln von Zug zu Zug um eins reduziert. Da „ohne Zurücklegen" gezogen wird, kann jedes Element (jede einzelne Kugel) in der gezogenen Stichprobe maximal nur einmal auftreten. Die Reihenfolge der auserwählten Elemente (gezogenen Kugeln) spielt keine Rolle.

Wie hoch ist die Wahrscheinlichkeit, $x = 2$ grüne Kugeln bei $n = 4$ (Stichprobenumfang) zu ziehen?

3.3 Theoretische Verteilungen

$f_H(2/10; 4; 4)$

$$W(X=2) = f_H(2/10;4;4) = \frac{\binom{4}{2}\binom{10-4}{4-2}}{\binom{10}{4}} = \frac{\binom{4}{2}\binom{6}{2}}{\binom{10}{4}} =$$

$$= \frac{6 \cdot 15}{210} = 0,4286$$

Die Wahrscheinlichkeit, zwei grüne Kugeln zu ziehen bei einer Stichprobe im Umfang von $n = 4$, beträgt 42,86%.

Siehe Anhang A, Hypergeometrische Verteilung Wahrscheinlichkeitsfunktion für $N = 10, n = 4, M = 4$, und $x = 2$.

Verteilungsfunkion

$$F_H(x/N; n; M) = \sum_{v=0}^{x} \frac{\binom{M}{v}\binom{N-M}{n-v}}{\binom{N}{n}}$$

Ist die Wahrscheinlichkeit gesucht, dass **maximal** $x = 2$ Kugeln innerhalb der durchgeführten Stichprobe im Umfang von $n = 4$ grün sein sollen, so bedient man sich der Verteilungsfunktion:

$$F_H(2/10;4;4) = f_H(0/10;4;4) + f_H(1/10;4;4) + f_H(2/10;4;4) =$$

$$= 0,0174 + 0,3810 + 0,4286 = 0,8810$$

Siehe Anhang A, Hypergeometrische Verteilung – Wahrscheinlichkeitsfunktion. Siehe auch Anhang A, Hypergeometrische Verteilung – Verteilungsfunktion für $N = 10, n = 4, M = 4$ und $x = 2$.

Erwartungswert

$$E(X) = n \cdot \frac{M}{N}$$

$$E(X) = 4 \cdot \frac{4}{10} = 1,6$$

Varianz

$$Var(X) = n \cdot \frac{M}{N} \cdot \frac{N-M}{N} \cdot \frac{N-n}{N-1}$$

$$Var(X) = 4 \cdot \frac{4}{10} \cdot \frac{10-4}{10} \cdot \frac{10-4}{10-1} = 0,64$$

Rekursionsformel

$$f_H(x+1/N;n;M) = f_H(x/N;n;M) \cdot \frac{(M-x)(n-x)}{(x+1)(N-M-n+x+1)}$$

$$f_H(3/10;4;4) = \frac{\binom{4}{3}\binom{10-4}{4-3}}{\binom{10}{4}} = \frac{\binom{4}{3}\binom{6}{1}}{\binom{10}{4}} = \frac{4 \cdot 6}{210} = 0,1143$$

$$f_H(2/10;4;4) \cdot \frac{(4-2)(4-2)}{(2+1)(10-4-4+2+1)} =$$

$$= 0,4286 \cdot 0,2667 =$$

$$= 0,1143$$

Poisson[5]-Verteilung

Wahrscheinlichkeitsfunktion

$$f_P(x/\mu) = \begin{cases} \dfrac{\mu^x e^{-\mu}}{x!} & \text{für } x = 0, 1, ..., n \\ 0 & \text{für } x \neq 0, 1, ..., n \end{cases}$$

$e = 2,71828...$ (Eulersche Zahl)

Verteilungsfunktion

$$F_P(x/\mu) = \sum_{v=0}^{x} \frac{\mu^v e^{-\mu}}{v!}$$

Erwartungswert und Varianz

$$E(X) = Var(X) = \mu$$

Rekursionsformel

$$f_P(x+1/\mu) = f_P(x/\mu) \frac{\mu}{x+1}$$

Beispiel:

Wahrscheinlichkeitsfunktion

Ein Unternehmen stellt in einer Fließfertigung Kraftfahrzeuge in großen Stückzahlen her. Der Anteil an produzierten Kraftfahrzeugen, der nicht der gewünschten Qualität entspricht, beträgt $\theta = 0,001$. Gesucht ist die Wahrscheinlichkeit, dass bei einer stichprobenartigen Prüfung, bei der $n = 1.500$ Kraftfahrzeuge zufällig ausgewählt werden, genau zwei Kraft-

---

[5] Siméon Denis Poisson (1781 - 1840) war ein französischer Physiker und Mathematiker.

fahrzeuge fehlerhaft sind, d. h. den Qualitätsansprüchen nicht genügen.

$$f_P(x/\mu) = \begin{cases} \dfrac{\mu^x e^{-\mu}}{x!} & \text{für } x = 0, 1, ..., n \\ 0 & \text{für } x \neq 0, 1, ..., n \end{cases} \quad \text{mit } \mu = n \cdot \theta$$

$$f_P(2/\mu) = f_P(2/1,5) = \frac{1,5^2 e^{-1,5}}{2!} = 0,2510$$

mit $\mu = 1.500 \cdot 0,001 = 1,5$

Siehe Anhang A, Poisson-Verteilung – Wahrscheinlichkeitsfunktion für $\mu = 1,5$ und $x = 2$.

Verteilungsfunktion

$$F_P(x/\mu) = \sum_{v=0}^{x} \frac{\mu^v e^{-\mu}}{v!}$$

Gesucht ist nun die Wahrscheinlichkeit, dass bei einer stichprobenartigen Prüfung, bei der $n = 1.500$ Kraftfahrzeuge zufällig ausgewählt werden, **maximal** zwei Kraftfahrzeuge fehlerhaft sind, d. h. den Qualitätsansprüchen nicht genügen.

$$F_P(2/1,5) = \frac{1,5^0 \cdot e^{-1,5}}{0!} + \frac{1,5^1 \cdot e^{-1,5}}{1!} + \frac{1,5^2 \cdot e^{-1,5}}{2!}$$
$$= 0,2231 + 0,3347 + 0,2510 = 0,8088$$

Siehe Anhang A, Poisson-Verteilung – Verteilungsfunktion für $\mu = 1,5$ und $x = 2$.

3.3 Theoretische Verteilungen

Erwartungswert und Varianz

$$E(X) = \mu = n \cdot \theta = 1.500 \cdot 0,001 = 1,5$$

Rekursionsformel

$$f_P(x+1/\mu) = f_P(x/\mu)\frac{\mu}{x+1}$$

$$f_P(3/1,5) = \frac{1,5^3 e^{-1,5}}{3!} = 0,1255$$

Alternative Berechnung:

$$f_P(3/1,5) \cdot \frac{1,5}{2+1} =$$

$$= 0,2510 \cdot \frac{1,5}{2+1} =$$

$$= 0,1255$$

Siehe Anhang A, Poisson-Verteilung – Wahrscheinlichkeitsfunktion für $\mu = 1,5$ und $x = 3$.

3.3.2 Stetige Verteilungen

Normalverteilung

Wahrscheinlichkeitsfunktion (Dichtefunktion)

$$f_n(x/\mu; \sigma^2) = \frac{1}{\sigma\sqrt{2\pi}}\, e^{-\frac{1}{2}\left(\frac{x-\mu}{\sigma}\right)^2}$$

Verteilungsfunktion

$$F_n(x/\mu; \sigma^2) = \int_{-\infty}^{x} \frac{1}{\sigma\sqrt{2\pi}}\, e^{-\frac{1}{2}\left(\frac{q-\mu}{\sigma}\right)^2} dq$$

Erwartungswert

$$E(X) = \mu$$

Varianz

$$Var(X) = \sigma^2$$

Standardnormalverteilung

Ist die Zufallsvariable X normalverteilt mit $E(X) = \mu$ und $Var(X) = \sigma^2$, so wird X zur standardisierten Zufallsvariablen Z mit

$$Z = \frac{X - \mu}{\sigma}$$

und dem Erwartungswert $E(Z) = 0$ und der Varianz $Var(Z) = 1$.

3.3 Theoretische Verteilungen

Wahrscheinlichkeitsfunktion (Dichtefunktion)

$$f_N(z) = \frac{1}{\sqrt{2\pi}} e^{-\frac{1}{2}z^2}$$

Verteilungsfunktion

$$F_N(z) = \int_{-\infty}^{z} \frac{1}{\sqrt{2\pi}} e^{-\frac{1}{2}q^2} \, dq$$

Erwartungswert

$$E(Z) = 0$$

Varianz

$$Var(Z) = 1$$

Beispiel 1:

Wahrscheinlichkeitsfunktion (Dichtefunktion)

Die Höhe eines bestimmten Baumes, X, sei über die gesamte Erde normalverteilt mit einem Erwartungswert $E(X)$ von $10\,m$ und einer Varianz $Var(X)$ von $1,44\,m^2$.

Wie groß ist die Wahrscheinlichkeit, dass ein zufällig ausgewählter Baum

a) kleiner ist als $9\,m$,

b) mindestens $10,80\,m$ hoch ist,

c) eine Höhe umfasst, die zwischen $9,20\,m$ und $11,20\,m$ liegt?

Es handelt sich hier um eine Normalverteilung mit der Wahrscheinlichkeitsfunktion (Dichtefunktion) von

$$f_n(x/\mu; \sigma^2) = \frac{1}{\sigma\sqrt{2\pi}} e^{-\frac{1}{2}\left(\frac{x-\mu}{\sigma}\right)^2} = \frac{1}{1,0954 \cdot \sqrt{2\pi}} e^{-\frac{1}{2}\left(\frac{x-10}{1,0954}\right)^2}$$

mit

a) $W(X < 9)$

b) $W(X \geq 10,8)$

c) $W(9,20 < X < 11,20)$

Da in der Wahrscheinlichkeitsfunktion (Dichtefunktion) die Werte entsprechend eines linksseitigen Integrals (Flächenanteil unter der normalverteilten Kurve) ausgewiesen sind, sind die Relationen sämtlich in „kleiner"- oder „kleiner/gleich"- Richtungen auszuweisen (siehe Anhang A, Standardnormalverteilung).

a) $W(X < 9)$

b) $1 - W(X < 10,8)$

c) $W(X < 11,20) - W(X \leq 9,20)$

Da es sich hier um Integrale (Flächenanteile) handelt, spielt es keine Rolle, ob es „<" oder „≤" heißt, so dass üblicherweise gilt:

a) $W(X \leq 9)$

b) $1 - W(X \leq 10,8)$

c) $W(X \leq 11,20) - W(X \leq 9,20)$

3.3 Theoretische Verteilungen

Ist die Zufallsvariable X normalverteilt mit $E(X) = \mu$ und $Var(X) = \sigma^2$, so wird X zur standartisierten Zufallsvariablen Z mit $Z = \dfrac{X - \mu}{\sigma}$ und $E(Z) = 0$ und $Var(Z) = 1$.

a) $W(Z \leq \dfrac{9-10}{1,2}) = W(Z \leq -0,833)$

b) $1 - W(Z \leq \dfrac{10,8-10}{1,2}) = 1 - W(Z \leq 0,667)$

c) $W(Z \leq \dfrac{11,20-10}{1,2}) - W(Z \leq \dfrac{9,20-10}{1,2}) =$

$= W(Z \leq 1) - W(Z \leq -0,667)$

a) $W(Z \leq -0,833) = z(-0,833) = 1 - z(0,833)$

b) $1 - W(Z \leq 0,667) = 1 - z(0,667)$

c) $W(Z \leq 1) - W(Z \leq -0,667) = z(1) - z(-0,667) =$

$= z(1) - (1 - z(0,667)) =$

$= z(1) - 1 + z(0,667)$

Wegen der Symmetrie der (Standard-)Normalverteilung gilt $z(-g) = 1 - z(g)$. Das z wird auch oft als griechischer Buchstabe Phi ϕ geschrieben.

Die z-Werte können der Anlage A, Standardnormalverteilung - Verteilungsfunktion, entnommen werden, so dass gilt:

a) $1 - z(0,833) = 1 - 0,7976 = 0,2024 = 20,24\%$

b) $1 - z(0,667) = 1 - 0,7476 = 0,2524 = 25,24\%$

c) $z(1) - 1 + z(0,667) = 0,8413 - 1 + 0,7476 =$

$= 0,5889 = 58,89\%$

Beispiel 2:

Welche Höhe überschreiten 30% der Bäume des Beispiels 1?

$W(X \geq x_o) = 0,3$

$\Leftrightarrow 1 - W(X \leq x_o) = 0,3$

$\Leftrightarrow -W(X \leq x_o) = -0,7$

$\Leftrightarrow W(X \leq x_o) = 0,7$

$\Rightarrow W(Z \leq z_o) = 0,7$

$\Leftrightarrow W(Z \leq \dfrac{X - \mu}{\sigma}) = W(Z \leq \dfrac{X - 10}{1,2}) = 0,7$

In der Anlage A, Standardnormalverteilung – Verteilungsfunktion, wird der Wert von $0,7$ erstmals überschritten bei einem z-Wert von $0,525$.

$\Rightarrow \dfrac{x_o - 10}{1,2} = 0,525$

$x_o = 0,525 \cdot 1,2 + 10 = 10,63\,m$

3.3 Theoretische Verteilungen 111

Beispiel 3:

Wie groß ist die Wahrscheinlichkeit, dass ein zufällig ausgewählter Baum genau $9,90m$ hoch ist?

$$W(X = 9,90) = 0$$

Dies ist darauf zurückzuführen, dass Einzelwahrscheinlichkeiten bei stetigen Verteilungen grundsätzlich Null sind.

Chi-Quadrat-Verteilung

Wahrscheinlichkeitsfunktion (Dichtefunktion)

$$f_{Ch}(\chi^2/v) = \begin{cases} \dfrac{1}{2^{v/2}\,\Gamma\left(\dfrac{v}{2}\right)}\, e^{-\frac{\chi^2}{2}}\,(\chi^2)^{\left(\frac{v}{2}-1\right)} & \text{für } \chi^2 \geq 0 \\ 0 & \text{für } \chi^2 < 0 \end{cases}$$

Verteilungsfunktion

$$F_{Ch}(\chi^2/v) = \dfrac{1}{2^{v/2}\,\Gamma\left(\dfrac{v}{2}\right)} \int\limits_0^{\chi^2} e^{-\frac{q}{2}}\, q^{\left(\frac{v}{2}-1\right)}\, dq$$

Erwartungswert

$$E(\chi^2) = v$$

Varianz

$$Var(\chi^2) = 2v$$

Beispiel:

Betrachtet sei eine Buslinie, die einmal täglich durch einen Bus bedient wird. Die Abweichungen der Ankunftszeiten x_i mit $i = 1, ... n$ sind normalverteilt mit einem Erwartungswert von $E(x_i) = 0$ Stunden und einer Varianz von $Var(x_i) = 1$ Stunde^2 ($\sigma = 1$ Stunde). Die (gesamten) Kosten in \$, die durch ein zu frühes oder zu spätes Eintreffen des Busses (gemessen in Stunden) verursacht werden, bemessen sich anhand folgender Gesamtkostenfunktion:

$$K(x) = 20 \sum_{i=1}^{n} x_i^2 \quad \text{mit} \quad i = 1, ..., n \quad \text{Fahrten}$$

Die täglich variierenden Abweichungen erfolgen voneinander unabhängig.

a) Wie hoch sind die zu kalkulierenden gesamten Kosten, die infolge **einer** zeitlichen Abweichung dieses Busses generiert werden, mit einer Wahrscheinlichkeit von 90%?

b) Mit welcher Wahrscheinlichkeit können Kosten, die infolge **einer** zeitlichen Abweichung dieses Busses generiert werden von mehr als \$100 pro Fahrt ausgeschlossen werden?

c) Dieser Bus soll nun ein Monat lang, d. h. über 30 Tage, beobachtet werden. Wie groß ist die Wahrscheinlichkeit, dass bei weiterhin täglich einer Fahrt dieses Busses die Kosten infolge von zeitlichen Abweichungen monatlich höchstens \$800 umfassen?

d) Nun soll der Bus zwei Monate lang, d. h. über 60 Tage, beobachtet werden. Wie groß ist die Wahrscheinlichkeit, dass monatlich höchstens \$800 an Kosten infolge von zeitlichen Abweichungen (gemessen in Stunden) generiert werden?

3.3 Theoretische Verteilungen 113

a) $K(x) = 20 \sum_{i=1}^{n} x_i^2$ mit $i = 1, ..., n$ Fahrten

x ist normalverteilt über $i = 1, ..., n$ mit $E(x_i) = 0$ und $Var(x_i) = 1$

D. h., dass $\sum_{i=1}^{n} x_i^2$ als Summe der quadrierten Abweichungen (Summe der Abstandsquadrate) von der planmäßigen Ankunftszeit Chi-Quadrat-verteilt ist.

Die Chi-Quadrat-Verteilung lässt sich aus der Normalverteilung ableiten. Bei n Zufallsvariable X_i mit $i = 1, ..., n$, die unabhängig und standardnormal verteilt sind, ergibt sich eine Chi-Quadrat-Verteilung von $\chi^2 = \sum_{i=1}^{n} x_i^2$ mit n Freiheitsgraden. Die genauen Formeln für die Chi-Quadrat-Verteilung sind:

<u>Wahrscheinlichkeitfunktion (Dichtefunktion)</u>

$$f_{Ch}(\chi^2/v) = \begin{cases} \dfrac{1}{2^{v/2}\Gamma\left(\dfrac{v}{2}\right)} e^{-\frac{\chi^2}{2}} (\chi^2)^{\left(\frac{v}{2}-1\right)} & \text{für } \chi^2 \geq 0 \\ 0 & \text{für } \chi^2 < 0 \end{cases}$$

<u>Verteilungsfunktion</u>

$$F_{Ch}(\chi^2/v) = \dfrac{1}{2^{v/2}\Gamma\left(\dfrac{v}{2}\right)} \int_{0}^{\chi^2} e^{-\frac{q}{2}} q^{\left(\frac{v}{2}-1\right)} dq$$

Im vorliegenden Fall läßt sich die Kostenfunktion $K(x) = \sum_{i=1}^{n} x_i^2$ entsprechend abbilden durch $K(\chi^2) = 20\chi^2$. Untersucht wird **eine** Fahrt, so dass gilt:

$v = 1$ bei $1 - \alpha = 0,90$

$W(\chi^2 < \chi_o^2) = 0,90$ mit $v = 1$

$\Rightarrow \chi^2 = 2,706$

Siehe Anhang A, Tabelle zur Chi-Quadrat-Verteilung.

$\Rightarrow K(2,706) = 20 \cdot 2,706 = \$54,12$

Der Betreiber dieses Busses hat **pro Fahrt** $54,12 an Kosten für mögliche Verspätungen zu kalkulieren.

b) Wir betrachten wiederum nur **eine** Fahrt, d. h. $v = 1$.

$K(\chi^2) = 20 \cdot \chi^2 \leq \$100$

$\Rightarrow \chi^2 \leq 5$

Siehe Anhang A, Tabelle zur Chi-Quadrat-Verteilung.

Für $v = 1$ wird ein Chi-Quadrat-Wert erstmals bei einem $(1 - \alpha)$-Wert von 0,975 überschritten. Die gesuchte Wahrscheinlichkeit beträgt ca. 97,5%.

c) $n = 30$

Da die tägliche Abweichung unabhängig voneinander erfolgen, umfasst die Chi-Quadrat-Verteilung hier $v = 30$ Freiheitsgrade.

$K(\chi^2) = 20\chi^2 \leq \$800$

$\Rightarrow \chi^2 \leq 40$

Für $v = 30$ wird der Chi-Quadrat-Wert von 40 bei einem $(1 - \alpha)$-Wert von ca. 0,9000 erreicht (siehe Anhang A, Tabelle zur Chi-Quadrat-Verteilung). Die Wahrscheinlichkeit, dass die zeitlichen Abweichungen höchstens $800 im Monat kosten, beträgt approximativ 90%. Mit einer

3.3 Theoretische Verteilungen

Wahrscheinlichkeit von rund 10% ist mit höheren Kosten zu rechnen.

d) Beträgt der Stichprobenumfang mehr als 30 Elemente bzw. Beobachtungen, lässt sich die Chi-Quadrat-Verteilung durch die Standardnormalverteilung wie folgt approximieren:

$$\chi^2 = \frac{1}{2}(z + \sqrt{2n-1})^2 \quad \text{für} \quad n > 30$$

$$\Rightarrow z = \sqrt{\chi^2 \cdot 2} - \sqrt{2n-1}$$

monatlich ($= 30$ Tage): $K = 20 \quad \chi^2 \leq \$800 \quad \Rightarrow \chi^2 = 40$

zwei Monate ($= 60$ Tage): $K = 20 \quad \chi^2 \leq \$1.600$

$$\Rightarrow \chi^2 \leq 80$$

Da $n = 60 > 30$, kann eine Approximation der Chi-Quadrat-Verteilung durch die Standardnormalverteilung erfolgen mit

$$z = \sqrt{\chi^2 \cdot 2} - \sqrt{2n-1} =$$

$$= \sqrt{80 \cdot 2} - \sqrt{2 \cdot 60 - 1} =$$

$$= 12,6491 - 10,9087 = 1,7404$$

Für $z = 1,7404$ ergibt sich ein Wert für $(1 - \alpha)$ von ca. $0,9591$ (siehe Anhang A, Tabelle zur Standardnormlaverteilung – Verteilungsfunktion).[6]

Die Wahrscheinlichkeit, dass die zeitlichen Abweichungen höchstens $800 im Monat kosten, erhöht sich gegenüber Aufgabe c) bei nun höherem Stichprobenumfang von $n = 60$ auf ca. $95,91\%$. Mit einer Wahrscheinlichkeit von ca. $4,09\%$ ist mit höheren Kosten zu rechnen.

---

[6] Im Anhang A, Tabelle zur Standardnormalverteilung – Verteilungsfunktion wird für $z = 1,740$ ein $(1 - \alpha)$-Wert von $0,9591$ und für $z = 1,741$ ein $(1 - \alpha)$-Wert von $0,9592$ ausgewiesen.

Student-t-Verteilung[7]

Wahrscheinlichkeitsdichte

$$f_S(t/v) = \frac{\Gamma\left(\frac{v+1}{2}\right)}{\sqrt{v\pi}\,\Gamma\left(\frac{v}{2}\right)} \cdot \frac{1}{\left(1+\frac{t^2}{v}\right)^{(v+1)/2}} \qquad -\infty < t < +\infty$$

Verteilungsfunktion

$$F_S(t/v) = \frac{\Gamma\left(\frac{v+1}{2}\right)}{\sqrt{v\pi}\,\Gamma\left(\frac{v}{2}\right)} \cdot \int_{-\infty}^{t} \frac{dq}{\left(1+\frac{q^2}{v}\right)^{(v+1)/2}}$$

Erwartungswert

$$E(T) = 0 \qquad \text{für } v > 1$$

Varianz

$$Var(T) = \frac{v}{v-2} \qquad \text{für } v > 2$$

Die Student-t-Verteilung ist von Relevanz, wenn die Varianz, die zur Standardisierung der Normalverteilung benötigt wird, unbekannt ist. Hierzu bedient man sich der Stichprobenvarianz s^2.

Ist $n > 30$, lässt sich die Student-t-Verteilung durch die standartisierte Normalverteilung approximieren. Je größer der Stichprobenumfang (= Anzahl der Freiheitsgrade) gewählt wird, umso mehr nähert sich die Student-t-Verteilung der (standardisierten) Normalverteilung an, bis sie bei $v = \infty$ mit der (standardisierten) Normalverteilung deckungsgleich wird.

---

[7] Entwickelt von William Sealy Gosset (1876 - 1937). Gosset war ein englischer Statistiker.

3.3 Theoretische Verteilungen

Beispiel:

Eine gesunde Niere scheidet ca. $60-70\%$ des mit der Nahrung aufgenommenen Phosphats aus. Um die Funktionsfähigkeit der Nieren eines Patienten zu bewerten, werden sechs Messungen zu unterschiedlichen Zeitpunkten durchgeführt, die die Konzentrationen von Phosphat im Blut, gemessen in mg/dl (Milligramm/Deziliter), ausweisen:

t_i	1	2	3	4	5	6
Phosphat in mg/dl	5,4	4,8	5,7	6,4	4,5	5,0

Sowohl der Mittelwert μ als auch die Varianz σ^2 der Grundgesamtheit sind unbekannt, so dass man sich zur Schätzung dieser beiden Parameter einer Stichprobe (hier von sechs Messungen) und der Student-t-Verteilung, die, wie die standardisierte Normalverteilung, symmetrisch ist, bedient.

a) Gesucht ist ein symmetrisches Konfidenzintervall, das für den oben analysierten Patienten die Verteilung der Phosphat-Konzentrationen innerhalb seines Blutes anzeigt bei einem Signifikanzniveau (= Fehler-Wahrscheinlichkeit) von 1%.

Gesucht ist demnach ein 99%-Konfidenzintervall der folgenden Struktur:

$$\bar{x} - t_{1-\frac{\alpha}{2}} \cdot \frac{s}{\sqrt{n}} \leq \mu \leq \bar{x} + t_{1-\frac{\alpha}{2}} \cdot \frac{s}{\sqrt{n}}$$

bzw. $(\bar{x} - t\frac{s}{\sqrt{n}} \; ; \; \bar{x} + t\frac{s}{\sqrt{n}})$

mit $\bar{x} = \frac{1}{6}(5,4 + 4,8 + 5,7 + 6,4 + 4,5 + 5,0) =$

$= 5,3$

$$s^2 = \frac{1}{6}[(5,4-5,3)^2 + (4,8-5,3)^2 + (5,7-5,3)^2 +$$

$$+ (6,4-5,3)^2 + (4,5-5,3)^2 + (5,0-5,3)^2] =$$

$$= \frac{1}{6}(0,01 + 0,25 + 0,16 + 1,21 + 0,64 + 0,09) =$$

$$= \frac{1}{6} \cdot 2,36 = 0,3933 \, (mg/dl)^2$$

$$\nu = n - 1 = 5$$

$$\Rightarrow \bar{x} - t_{1-\frac{\alpha}{2}} \cdot \frac{s}{\sqrt{n}} \leq \mu \leq \bar{x} + t_{1-\frac{\alpha}{2}} \cdot \frac{s}{\sqrt{n}}$$

bzw. $(5,3 - t \cdot \frac{\sqrt{0,3933}}{\sqrt{6}} \; ; \; 5,3 + t \cdot \frac{\sqrt{0,3933}}{\sqrt{6}})$

mit $t = 4,032$

Siehe Anhang A, Tabelle zur Student-t-Verteilung – zweiseitige, symmetrische Flächenanteile.

$$\Rightarrow (5,3 - 4,032 \cdot \frac{\sqrt{0,3933}}{\sqrt{6}} \; ; \; 5,3 + 4,032 \cdot \frac{\sqrt{0,3933}}{\sqrt{6}}) =$$

$$= 4,268 \, mg/dl \; ; \; 6,332 \, mg/dl$$

Mit einer Wahrscheinlichkeit von 99% liegt der wahre durchschnittliche Phosphat-Wert μ zwischen $4,268 \, mg/dl$ und $6,332 \, mg/dl$. Mit einer (Rest-)Wahrscheinlichkeit von 1% kann der wahre durchschnittliche Phosphat-Wert μ auch außerhalb (unterhalb oder oberhalb) dieses Konfidenzintervalls liegen.

b) Erhöht sich der Stichprobenumfang auf $n > 30$, lässt sich die Student-t-Verteilung durch die standardisierte Normalverteilung approximieren.

Gilt z. B. $n = 100$ bei unveränderten Parametern, d. h. bei $\bar{x} = 5,3$ und $s^2 = 0,3933$, so folgt:

3.3 Theoretische Verteilungen

$$\bar{x} - z_{1-\frac{\alpha}{2}} \cdot \frac{s}{\sqrt{n}} \leq \mu \leq \bar{x} + z_{i-\frac{\alpha}{2}} \cdot \frac{s}{\sqrt{n}}$$

bzw. $(5,3 - z \cdot \frac{\sqrt{0,3933}}{\sqrt{6}} \; ; \; 5,3 + z \cdot \frac{\sqrt{0,3933}}{\sqrt{6}}) mg$

mit $z = 2,58$

Siehe Anhang A, Tabelle zur Standardnormalverteilung –

einseitige Flächenanteile mit $\frac{0,99}{2} = 0,495$.

$$\Rightarrow (5,3 - 2,58 \cdot \frac{\sqrt{0,3933}}{\sqrt{6}} \; ; \; 5,3 + 2,58 \cdot \frac{\sqrt{0,3933}}{\sqrt{6}}) =$$

$$= (4,639 \, mg/dl \; ; \; 5,961 \, mg/dl)$$

Gelten unveränderte Parameter, d. h. $\bar{x} = 5,3$ und $s^2 = 0,3933$, bei einem nun deutlich höheren Stichprobenumfang von $n = 100$, so verkürzt sich das gesuchte Konfidenzintervall gegenüber Aufgabe a), so dass nun mit einer Wahrscheinlichkeit von 99% angenommen werden kann, dass der wahre durchschnittliche Phosphat-Wert μ des untersuchten Patienten zwischen $4,639 \, mg/dl$ und $5,961 \, mg/dl$ liegt.

Mit einer (Rest-)Wahrscheinlichkeit von 1% kann der wahre durchschnittliche Phosphat-Wert μ auch außerhalb (unterhalb oder oberhalb) dieses Konfidenzintervalls liegen

c) Gesucht ist die Wahrscheinlichkeit, dass unter den Bedingungen der Aufgabe a), d. h. bei $\bar{x} = 5,3$, $s^2 = 0,3933$ und $v = 6 - 1 = 5$, der Mittelwert μ unter $5,68 \, mg/dl$ liegt.

$$\Rightarrow W(\mu < 5,68) = ?$$

$$\Rightarrow 5,68 = 5,3 + t \cdot \frac{\sqrt{0,3933}}{\sqrt{6}}$$

$$\Leftrightarrow t = \frac{(5{,}68 - 5{,}3) \cdot \sqrt{6}}{\sqrt{0{,}3933}}$$

$\Leftrightarrow t = 1{,}4842 \quad$ mit $\quad \nu = 5$

Siehe Anhang A, Tabelle zur Student-t-Verteilung, Verteilungsfunktion.

Für $\nu = 5$, wird ein t-Wert von 1,476 bei einer Wahrscheinlichkeit von 0,900 angezeigt.

$1{,}4842 > 1{,}476$, so dass davon ausgegangen werden kann, dass die gesuchte Wahrscheinlichkeit mindestens 90 % beträgt.

d) Gesucht ist die Wahrscheinlichkeit, dass unter den Bedingungen der Aufgabe a), d. h. bei $\bar{x} = 5{,}3$, $s^2 = 0{,}3933$ und $\nu = 6 - 1 = 5$, der Mittelwert μ unter $5{,}68\ mg/dl$ und über $5{,}37\ mg/dl$ liegt.

$W(\mu < 5{,}68) \approx 90 \quad$ gemäß Aufgabe c)

$\Rightarrow W(\mu < 5{,}37) = \ ?$

$\Rightarrow 5{,}37 = 5{,}3 + t \cdot \dfrac{\sqrt{0{,}3933}}{\sqrt{6}}$

$\Leftrightarrow t = \dfrac{(5{,}37 - 5{,}3) \cdot \sqrt{6}}{\sqrt{0{,}3933}} = 0{,}2734 \quad$ mit $\quad \nu = 5$

Siehe Anhang A, Tabelle zur Student-t-Verteilung, Verteilungsfunktion.

Für $\nu = 5$, wird ein t-Wert von 0,267 bei einer Wahrscheinlichkeit von 0,6000 angezeigt.

$0{,}2734 > 0{,}267$, so dass davon ausgegangen werden kann, dass die gesuchte Teilwahrscheinlichkeit etwas mehr als 60 % beträgt.

3.3 Theoretische Verteilungen

Die gesuchte Wahrscheinlichkeit zwischen den beiden angegebenen Werten, $W(5,37 < \mu < 5,68)$, dürfte demnach etwas weniger als $0,90 - 0,60 = 0,30$, also, $< 30\%$ betragen.

e) Gesucht ist die Wahrscheinlichkeit, dass unter den Bedingungen der Aufgabe c), d. h. bei $\bar{x} = 5,3$, $s^2 = 0,3933$ und $v = 6 - 1 = 5$, der Mittelwert μ unter $5,68\,mg/dl$ und über $5,16\,mg/dl$ liegt.

$$W(\mu < 5,68) \approx 90 \quad \text{gemäß Aufagbe c)}$$

$$\Rightarrow W(\mu < 5,16) = \;?$$

$$\Rightarrow 5,16 = 5,3 - t \cdot \frac{\sqrt{0,3933}}{\sqrt{6}}$$

Anmerkung:

Es ist nun **minus** $t \cdot \frac{s}{\sqrt{n}}$ zu rechnen, weil $5,16 < 5,3$ ist, d. h. der vorgegebene Wert von $5,16\,mg/dl$ liegt links von μ, d. h. in der linken Hälfte des Konfidenzintervalls.

$$\Leftrightarrow -t = \frac{(5,16 - 5,3) \cdot \sqrt{6}}{\sqrt{0,3933}}$$

$$\Leftrightarrow -t = -0,5468$$

$$\Leftrightarrow t = 0,5468$$

Siehe Anhang A, Tabelle zur Student-t-Verteilung, Verteilungsfunktion.
Für $v = 5$ und $t = 0,559$, wird eine Wahrscheinlichkeit von $0,7000$ angezeigt.

Da $5,16 < 5,3$ ist, d. h. links der (symmetrischen) Mitte, d. h. links von μ liegt ($\bar{x} = 5,3$), beträgt die Wahrscheinlichkeit nicht 70% sondern 30% für $t = 0,559$.

Der berechnete t-Wert beträgt $0,5468$ und ist geringfügig kleiner als der Tabellenwert $0,559$ aus dem Anhang A, d. h., dass die gesuchte Wahrscheinlichkeit etwas größer als 30% beträgt.

Die Wahrscheinlichkeit $W(5,16 < \mu < 5,68)$ berechnet sich approximativ aus der Differenz der beiden Einzelwahrscheinlichkeiten.

$W(\mu < 5,68) \approx 90$ gemäß Aufgabe c)

$W(\mu < 5,16) \approx 30$ siehe oben

Somit beträgt die gesuchte Wahrscheinlichkeit, dass der Mittelwert der Konzentration von Phosphat im Blut oberhalb von $5,16\,mg/dl$ und unterhalb von $5,68\,mg/dl$ liegt, $W(5,16 < \mu < 5,68)$, rd. 60%. In praxi wäre es ratsam, den Stichprobenumfang n zu erhöhen (mindestens im Umfang von $n > 30$), so dass auch im vorliegenden Fall die Student-t-Verteilung durch die standardisierte Normalverteilung – wie in der Aufgabe b) – approximiert werden könnte.

F-Verteilung[8]

<u>Wahrscheinlichkeitsdichte</u>

$$f_F(f/v_1;v_2) = \begin{cases} \dfrac{\Gamma\left(\dfrac{v_1+v_2}{2}\right)}{\Gamma\left(\dfrac{v_1}{2}\right)\Gamma\left(\dfrac{v_2}{2}\right)} \dfrac{\left(\dfrac{v_1}{v_2}\right)^{\frac{v_1}{2}} f^{\frac{v_1}{2}-1}}{\left(1+\dfrac{v_1}{v_2}f\right)^{\frac{v_1+v_2}{2}}} & \text{für } f > 0 \\ 0 & \text{für } f \leq 0 \end{cases}$$

---

[8] Ronald Aylmer Fisher (1890 - 1962) war ein englischer Statistiker.

3.3 Theoretische Verteilungen

mit $\quad \bar{x} = \dfrac{1}{5}(98,90 + 109,50 + 102,90 + 108,00 + 96,00) = \$103,06$

$$s_1^2 = \dfrac{1}{5}[(98,90 - 103,06)^2 + (109,50 - 103,06)^2 +$$

$$+ (102,90 - 103,06)^2 + (108,00 - 103,06)^2 +$$

$$+ (96,00 - 103,06)^2 = \$^2\, 26,6104$$

Angebote im Internet i	1	2	3	4
Preise y_j in \$	104,50	99,90	106,10	110,50

mit $\quad \bar{y} = \dfrac{1}{4}(104,50 + 99,90 + 106,10 + 110,50) = \$105,25$

$$s_2^2 = \dfrac{1}{4}[(104,50 - 105,25)^2 + (99,90 - 105,25)^2 +$$

$$+ (106,10 - 105,25)^2 + (110,50 - 105,25)^2 =$$

$$= \dfrac{1}{4}(0,5625 + 28,6225 + 0,7225 + 27,5625) = \$^2\, 14,3675$$

Es soll angenommen werden, dass beide Verteilungen standardnormalverteilt sind. Getestet werden soll bei einem Signifikanzniveau von $\alpha = 0,05$ (Irrtumswahrscheinlichkeit).

Es handelt sich hier um einen **Parametertest**. Vgl. hierzu Kapitel 3.6.1.

    (1) Nullhypothese $\qquad H_0 : \sigma_1^2 = \sigma_2^2$

    (2) Alternativhypothese $\qquad H_A : \sigma_1^2 > \sigma_2^2$

mit $n_1 = 5 \Rightarrow v = 5 - 1 = 4$

$n_2 = 4 \Rightarrow v = 4 - 1 = 3$

Testverteilung ist die F-Verteilung.

Berechnung der **Prüfgröße**:

$$F = \frac{s_1^2 / v_1}{s_2^2 / v_2} = \frac{26,6104 / 4}{14,3675 / 3} = 1,3891$$

Zu vergleichen ist dieser F-Wert mit dem sogenannten **kritischen Wert** der F-Verteilung für das gewählte Signifikanzniveau von $\alpha = 0,05$.

$v_1 = 4$ und $v_2 = 3$ bei $\alpha = 0,05$

Siehe Anhang A, Tabelle zur F-Verteilung mit $\alpha = 0,05$.

$\Rightarrow F_{kritisch} = 9,12$

Da $F = 1,3891$ kleiner ist als $F_{kritisch} = 9,12$, ist die Nullhypothese nicht zu verwerfen.

Die Varianz der ersten Verteilung (Preisschwankungen in Reisebüros) ist nicht signifikant größer als die Varianz der zweiten Verteilung (Preisschwankungen bei Online-Angeboten im Internet), d. h. die beobachteten Preisschwankungen lassen bei einem Signifikanzniveau von $\alpha = 0,05$ vermuten, dass diese unabhängig von der Art der Distribution sind. Preisschwankungen erfolgen unabhängig davon, ob diese Flugtickets online im Internet oder terrestrisch in Reisebüros angeboten werden.

Anmerkungen:

- Bei der F-Verteilung gilt die reziproke Symmetrie:

$$F_{(1-\alpha)}(v_{V_1}; v_{V_2}) = \frac{1}{F_{(\alpha)}(v_{V_2}; v_{V_1})}$$

- Sind $n_1 > 30$ und $n_2 > 30$, lässt sich die F-Verteilung durch die standardisierte Normalverteilung approximieren.

Die F-Verteilung dient vor allem zum Vergleich der Varianzen zweier Stichproben aus normalverteilten Grundgesamtheiten sowie für die Varianzanalyse zum Vergleich von Stichprobenmittelwerten.

Bei n voneinander unabhängigen standardnormalverteilten Zufallsvariablen $X_1, ..., X_{n_1}$ und m voneinander unabhängigen standardnormalverteilten Zufallsvariablen $Y_1, ..., Y_{n_2}$, lassen sich aus den jeweiligen Quadratsummen die zwei Chi-Quadrat-verteilte Zufallssvariablen, V_1 und V_2, bilden:

$$V_1 = \sum_{i=1}^{n_1} X_i^2 \quad \text{mit} \quad i = 1, ..., n_1$$

$$V_2 = \sum_{j=1}^{n_2} Y_j^2 \quad \text{mit} \quad j = 1, ..., n_2$$

Beispiel:

Prüfung auf Gleichheit von zwei Varianzen

Aus zwei normalverteilten Grundgesamtheiten werden zwei Stichproben (von unterschiedlichen Umfängen) gezogen. Getestet werden soll, ob beide Grundgesamtheiten sich in ihren Varianzen signifikant unterscheiden.

Es soll statistisch getestet werden, ob die Preisschwankungen von Flugtickets für eine bestimmte Strecke in Reisebüros signifikant größer sind als die Preisschwankungen von Online-Angeboten im Internet.

Hierzu dienen zwei zeitnahe Stichproben:

Angebote im Reisebüro i	1	2	3	4	5
Preise x_i in $	98,90	109,50	102,90	108,00	96,00

3.3 Theoretische Verteilungen

Verteilungsfunktion

$$F_F(f/v_1; v_2) = \begin{cases} \dfrac{\Gamma\left(\dfrac{v_1+v_2}{2}\right)}{\Gamma\left(\dfrac{v_1}{2}\right)\Gamma\left(\dfrac{v_2}{2}\right)} \left(\dfrac{v_1}{v_2}\right)^{\frac{v_1}{2}} \int_0^f \dfrac{q^{\frac{v_1}{2}-1}}{\left(1+\dfrac{v_1}{v_2}q\right)^{\frac{v_1+v_2}{2}}} dq & \text{für } f > 0 \\ 0 & \text{für } f \leq 0 \end{cases}$$

Erwartungswert

$$E(F) = \frac{v_2}{v_2-2} \qquad \text{für } v_2 > 2$$

Varianz

$$Var(F) = \frac{2v_2^2(v_1+v_2-2)}{v_1(v_2-2)^2(v_2-4)} \qquad \text{für } v_2 > 4$$

Die F-Verteilung wurde zu Testzwecken konstruiert. Sie beschreibt den Quotienten zweier Chi-Quadrat-verteilter Zufallsvariablen, V_1 und V_2, jeweils dividiert durch die Anzahl ihrer Freiheitsgrade:

$$F = \frac{\dfrac{V_1}{v_1}}{\dfrac{V_2}{v_2}} \qquad \text{mit} \quad \begin{aligned} v_1 &= n_1 - 1 \\ v_2 &= n_2 - 1 \end{aligned}$$

$$F = \frac{\dfrac{(n_1-1)\cdot S_1^2}{(n_1-1)\cdot \sigma_1^2}}{\dfrac{(n_2-1)\cdot S_2^2}{(n_2-1)\cdot \sigma_2^2}} = \frac{S_1^2/\sigma_1^2}{S_2^2/\sigma_2^2}$$

3.4 Statistische Schätzverfahren (Konfidenzintervalle)

3.4.1 Konfidenzintervall für das arithmetische Mittel μ

(a) bei Stichproben von $n \geq 30$ und bekannter Varianz $\sigma_{\bar{x}}^2$

mit $\bar{x}$ — arithmetisches Mittel der Stichprobe

Konfidenzintervall: $= \left[\bar{x} - z_{(1-\frac{\alpha}{2})} \cdot \sigma_{\bar{x}} \; ; \; \bar{x} + z_{(1-\frac{\alpha}{2})} \cdot \sigma_{\bar{x}}\right]$

bzw. $\bar{x} - z_{(1-\frac{\alpha}{2})} \cdot \sigma_{\bar{x}} \leq \mu \leq \bar{x} + z_{(1-\frac{\alpha}{2})} \cdot \sigma_{\bar{x}}$

mit $z_{(1-\frac{\alpha}{2})} =$ Wert der Verteilungsfunktion der Standardnormalverteilung bei $1 - \dfrac{\alpha}{2}$

bei normalverteilter Grundgesamtheit.

Der Standardfehler $\sigma_{\bar{x}}$ berechnet sich mit der bekannten Varianz σ:

$\sigma_{\bar{x}} = \dfrac{\sigma}{\sqrt{n}}$ bei Ziehen mit Zurücklegen (Z.m.Z.) oder

$\sigma_{\bar{x}} = \dfrac{\sigma}{\sqrt{n}} \sqrt{\dfrac{N-n}{N}}$ bei Ziehen ohne Zurücklegen (Z.o.Z.)

Gilt $\dfrac{n}{N} < 0{,}05$, kann $\sqrt{\dfrac{N-n}{N}}$ entfallen.

(b) bei Stichproben von $n < 30$ und unbekannter Varianz $\sigma_{\bar{x}}^2$

mit $\bar{x} =$ arithmetisches Mittel der Stichprobe

Konfidenzintervall: $\left[\bar{x} - t_{(1-\frac{\alpha}{2};\nu)} \cdot \hat{\sigma}_{\bar{x}} \; ; \; \bar{x} + t_{(1-\frac{\alpha}{2};\nu)} \cdot \hat{\sigma}_{\bar{x}}\right]$

bzw. $\bar{x} - t_{(1-\frac{\alpha}{2};\nu)} \cdot \hat{\sigma}_{\bar{x}} \leq \mu \leq \bar{x} + t_{(1-\frac{\alpha}{2};\nu)} \cdot \hat{\sigma}_{\bar{x}}$

mit $t_{(1-\frac{\alpha}{2};\nu)}$ = Wert der Verteilungsfunktion der Student-t-Verteilung bei $1 - \dfrac{\alpha}{2}$ und $\nu = n - 1$

bei normalverteilter Grundgesamtheit.

Der geschätzte Standardfehler $\hat{\sigma}_{\bar{x}}$ berechnet sich mittels der Varianz der Stichprobe s:

$\hat{\sigma}_{\bar{x}} = \dfrac{s}{\sqrt{n}}$ bei Ziehen mit Zurücklegen (Z.m.Z.) oder

$\hat{\sigma}_{\bar{x}} = \dfrac{s}{\sqrt{n}} \sqrt{\dfrac{N-n}{N}}$ bei Ziehen ohne Zurücklegen (Z.o.Z.)

Gilt $\dfrac{n}{N} < 0{,}05$, kann $\sqrt{\dfrac{N-n}{N}}$ entfallen.

Beispiel 1:

Um die durchschnittlichen monatlichen Ausgaben von insgesamt 3.347 Studenten für Wohnungsmieten, μ, eines bestimmten Fachbereichs zu schätzen, wird eine Stichprobe über $n = 100$ Studenten in der Form Ziehen ohne Zurücklegen (Z.o.Z.) hierzu befragt. Dabei kann angenommen werden, dass sich die monatlichen Ausgaben für Wohnungsmieten innerhalb der Grundgesamtheit über alle 3.347 Studenten annähernd normal verteilen, d. h. diese normalverteilt sind.

Das Konfidenzniveau eines zu schätzenden Konfidenzintervalls soll 95 % umfassen, d. h. mit einer Irrtumswahrscheinlichkeit von 5 % kann der zu schätzende Parameter μ auch außerhalb des berechneten Konfidenzintervalls liegen.

3.4 Statistische Schätzverfahren (Konfidenzintervalle)

Die Befragung der $n = 100$ Studenten ergibt ein arithmetisches Mittel von $\bar{x} = \$356$ bei einer Standardabweichung von $\sigma_{\bar{x}} = \$34{,}17$.

Da $n = 100 > 30$ ist, gilt:

$$\bar{x} - z_{(1-\frac{\alpha}{2})} \cdot \sigma_{\bar{x}} \leq \mu \leq \bar{x} + z_{(1-\frac{\alpha}{2})} \cdot \sigma_{\bar{x}}$$

Bei einem Konfidenzniveau von 95% beträgt $(1 - \alpha) = 0{,}95$ bzw. $\alpha = 0{,}05$. Damit ergibt sich ein sogenanntes Quartil von $(1 - \frac{\alpha}{2}) = (1 - 0{,}025) = 0{,}975$.

$$\Rightarrow z_{0{,}975} = 1{,}960$$

Siehe Anhang A, Tabelle zur Standardnormalverteilung – Verteilungsfunktion.

$\Rightarrow$ Konfidenzintervall

$$356 - 1{,}96 \cdot 34{,}17 \leq \mu \leq 356 + 1{,}96 \cdot 34{,}17$$

$$289{,}03 \leq \mu \leq 422{,}97$$

Da $\dfrac{n}{N} = \dfrac{100}{3.347} = 0{,}0299 < 0{,}05$ ist, kann bei der Standardabweichung der sogenannte Korrekturfaktor für endliche Gesamtheiten $\sqrt{\dfrac{N-n}{N}}$ entfallen.

Mit einer Sicherheitswahrscheinlichkeit von $0{,}95$, d. h. von 95%, kann davon ausgegangen werden, dass die durchschnittlichen Ausgaben für Wohnungsmieten aller 3.347 Studenten zwischen $\$289{,}03$ und $\$422{,}97$ liegen wird. Das Risiko, dass der geschätzte Parameter μ außerhalb dieses Intervalls liegen könnte, beträgt 5%.

Beispiel 2:

Eine Maschine füllt Kaffee ab zu 250g-Packungen. Aus vergangenen Qualitätsprüfungen kann angenommen werden, dass das Füllgewicht annähernd normalverteilt ist. Aus einer Tagesproduktion wird eine Stichprobe in der Form von Ziehen mit Zurücklegen (Z.m.Z.) im Umfang von $n = 6$ entnommen, die die folgenden Gewichte, in g, aufzeigt:

245, 256, 251, 244, 252, 250.

Gesucht ist ein 99%-Konfidenzintervall für das durchschnittliche Füllgewicht aller an diesem Tag befüllten Kaffeepackungen dieser Art.

$$\bar{x} = \frac{1}{6}(245 + 256 + 251 + 244 + 252 + 250) =$$

$$= \frac{1.498}{6} = 249,67g$$

$$s^2 = \frac{1}{n} \sum_{i=1}^{n} (x_i - \bar{x}) =$$

$$= \frac{1}{6} \cdot \left[(245 - 249,67)^2 + (256 - 249,67)^2 + \right.$$

$$+ (251 - 249,67)^2 + (244 - 249,67)^2 +$$

$$\left. + (252 - 249,67)^2 + (250 - 249,67)^2 \right] =$$

$$= \frac{1}{6} \cdot 101,3334 = 16,8889g^2$$

$$\hat{\sigma}_{\bar{x}} = \frac{s}{\sqrt{n}} = \frac{\sqrt{16,8889}}{\sqrt{6}} = 1,6777g$$

3.4 Statistische Schätzverfahren (Konfidenzintervalle)

Bei einem Konfidenzniveau von 99%, d. h. einem Signifikanzniveau von $\alpha = 0{,}01$, und einem Freiheitsgrad von $v = n - 1 = 5$

$\Rightarrow t_{(0{,}99;5)} = 4{,}032$

Siehe Anhang A, Tabelle zur Student-t-Verteilung – zweiseitige, symmetrische Flächenanteile.

$\Rightarrow$ Konfidenzintervall

$$249{,}67 - 4{,}032 \cdot 1{,}6777 \leq \mu \leq 249{,}67 + 4{,}032 \cdot 1{,}6777$$

$$242{,}91 \leq \mu \leq 256{,}43$$

Bei einer Sicherheitswahrscheinlichkeit von $0{,}99$, d. h. von 99%, ist davon auszugehen, dass das durchschnittliche Füllgewicht der betrachteten Tagesproduktion zwischen $242{,}91 g$ und $256{,}43 g$ liegt.

Das Risiko, dass der geschätzte Parameter μ außerhalb dieses Intervalls liegen könnte, beträgt 1%.

3.4.2 Konfidenzintervall für die Varianz der Grundgesamtheit σ^2

Konfidenzintervall: $\left[\dfrac{(n-1)s^2}{\chi^2_{(1-\frac{\alpha}{2};n-1)}} \; ; \; \dfrac{(n-1)s^2}{\chi^2_{(\frac{\alpha}{2};n-1)}} \right]$

bzw. $\dfrac{(n-1)s^2}{\chi^2_{(1-\frac{\alpha}{2};n-1)}} \leq \sigma^2 \leq \dfrac{(n-1)s^2}{\chi^2_{(\frac{\alpha}{2};n-1)}}$

mit s^2 = Varianz der Stichprobe

n = Stichprobenumfang

χ^2 = Chi-Quadrat-Verteilung mit $v = n-1$

Ziehen ohne Zurücklegen (Z.o.Z.) = Ziehen mit Zurücklegen (Z.m.Z.), d. h. es existiert keine Fallunterscheidung bei normalverteilter Grundgesamtheit.

Beispiel:

Bei einer zufällig ausgewählten Stichprobe einer untersuchten Personengruppe von $n = 24$ Personen beträgt das durchschnittliche Alter $\bar{x} = 44,2$ Jahre bei einer Standardabweichung von $s = 5,6$ Jahren. Die Lebensalter aller Personen, d. h. innerhalb der Grundgesamtheit, seien normalverteilt.

Gesucht ist ein 98%-Konfidenzintervall für die unbekannte Varianz σ^2 aller Personenen, d. h. der Grundgesamtheit.

$$(1-\alpha) = 0,98 \quad \text{bzw.} \quad \alpha = 0,02$$

$$\Rightarrow \chi^2_{(1-\frac{\alpha}{2}\,;\,n-1)} = \chi^2_{(0,99\,;\,23)} = 41,638$$

$$\chi^2_{(\frac{\alpha}{2}\,;\,n-1)} = \chi^2_{(0,01\,;\,23)} = 10,196$$

Siehe Anhang A, Tabelle zur Chi-Quadrat-Verteilung – Verteilungsfunktion.

3.4 Statistische Schätzverfahren (Konfidenzintervalle)

$$\frac{(n-1)s^2}{\chi^2_{(0,99;23)}} \leq \sigma^2 \leq \frac{(n-1)s^2}{\chi^2_{(0,01;23)}}$$

mit $n - 1 = 24 - 1 = 23$

$s^2 = 5{,}6^2 = 31{,}36$ Jahre^2

$$\frac{23 \cdot 31{,}36}{41{,}638} \leq \sigma^2 \leq \frac{23 \cdot 31{,}36}{10{,}196}$$

$$17{,}3226 \leq \sigma^2 \leq 70{,}7415$$

$$\sqrt{17{,}3226} \leq \sigma \leq \sqrt{70{,}7415}$$

$$4{,}162 \leq \sigma \leq 8{,}411$$

Mit einer Sicherheitswahrscheinlichkeit von $0{,}98$, d. h. von 98%, kann davon ausgegangen werden, dass die Standardabweichung der Grundgesamtheit zwischen $4{,}162$ und $8{,}411$ Jahren liegen wird. Das Risiko, dass der geschätzte Parameter σ bzw. σ^2 außerhalb dieses Intervalls liegen könnte, beträgt 2%.

3.4.3 Konfidenzintervall für den Anteilswert in der Grundgesamtheit θ

Der Anteilswert p innerhalb einer gezogenen Stichprobe aus einer dichotomen Grundgesamtheit ist bei einem genügend großem Stichprobenumfang n, mit mindestens $n \geq 30$, normalverteilt mit dem Erwartungswert $E(P) = \theta$ und der Varianz $Var(P) = \sigma_p^2$.

Konfidenzintervall: $\left[p - z_{(1-\frac{\alpha}{2})} \cdot \hat{\sigma}_p \,;\, p + z_{(1-\frac{\alpha}{2})} \cdot \hat{\sigma}_p\right]$

bzw. $p - z_{(1-\frac{\alpha}{2})} \cdot \hat{\sigma}_p \leq \theta \leq p + z_{(1-\frac{\alpha}{2})} \cdot \hat{\sigma}_p$

mit p = Anteilswert in der Stichprobe

$z_{(1-\frac{\alpha}{2})}$ = Wert der Verteilungsfunktion der Standardnormalverteilung bei $1 - \dfrac{\alpha}{2}$ bei normalverteilter Grundgesamtheit.

Der (geschätzte) Standardfehler $\hat{\sigma}_p$ berechnet sich wie folgt:

Ziehen ohne Zurücklegen   Ziehen mit Zurücklegen

$\hat{\sigma}_p = \sqrt{\dfrac{p(1-p)}{n-1}} \sqrt{\dfrac{N-n}{N}}$ $\qquad\qquad$ $\hat{\sigma}_p = \sqrt{\dfrac{p(1-p)}{n-1}}$

Gilt $\dfrac{n}{N} < 0{,}05$, kann $\sqrt{\dfrac{N-n}{N}}$ entfallen.

Beispiel:

Für eine bestimmte Geographie, z. B. für eine bestimmte Stadt, mit rund 240.000 Einwohnern, soll der Anteil der Bevölkerung geschätzt werden, der gegen COVID-19 geimpft ist. Hierzu wird sich einer Stichprobe mit Ziehen ohne Zurücklegen (Z.o.Z.) von $n = 1.000$ Einwohnern bedient. Der Anteil der von diesen 1.000 Einwohnern Geimpften beträgt $p = 0{,}64$ (64 Prozent).

3.4 Statistische Schätzverfahren (Konfidenzintervalle)

Gesucht ist ein 99%-Konfidenzintervall für den entsprechenden Anteilswert in der Grundgesamtheit θ, d. h. für die gesamte Stadtbevölkerung.

$$\hat{\sigma}p = \sqrt{\frac{p(1-p)}{n-1}} =$$

$$= \sqrt{\frac{0,64(1-0,64)}{1.000-1}} =$$

$$= 0,01519$$

Da $\dfrac{n}{N} = \dfrac{1.000}{240.000} \approx 0,0042 < 0,05$, kann bei der Standardabweichung der sogenannte Korrekturfaktor für endliche Gesamtheiten $\sqrt{\dfrac{N-n}{N}}$ entfallen.

Bei einem Konfidenzintervall von 99% beträgt $(1-\alpha) = 0,99$ bzw. $\alpha = 0,01$. Damit ergibt sich ein sogenanntes Quartil von $(1-\alpha) = (1-0,005) = 0,995$.

$$\Rightarrow = z_{0,995} = 2,58$$

Siehe Anhang A, Tabelle zur Standardnormalverteilung – Verteilungsfunkion.

$\Rightarrow$ Konfidenzintervall

$$0,64 - 2,58 \cdot 0,01519 \leq \theta \leq 0,64 + 2,58 \cdot 0,01519$$

$$0,6008 \leq \theta \leq 0,6792$$

Mit einer Sicherheitswahrscheinlichkeit von 0,99, d. h. von 99%, kann davon ausgegangen werden, dass die untersuchte Impfquote der gesamten Bevölkerung in der untersuchten Stadt zwischen 60,08% und 67,92% liegen wird. Das Risiko, dass der geschätzte Parameter θ außerhalb dieses Intervalls liegen könnte, beträgt 1%.

3.4.4 Konfidenzintervall für die Differenz der Mittelwerte von zwei Grundgesamtheiten μ_1 und μ_2

Aus zwei Grundgesamtheiten werden Stichproben in den Umfängen n_1 und n_2 gezogen. Aus diesen beiden voneinander unabhängigen Stichproben ergeben sich die Stichprobenmittelwerte $\bar{x}_1$ und $\bar{x}_2$ sowie deren Differenz $\bar{x}_1 - \bar{x}_2$. Können neben der Unabhängigkeit dieser beiden Stichproben auch genügend große Stichprobenumfänge von $n_1 \geq 30$ und $n_2 \geq 30$ gewährleistet werden, so kann davon ausgegan- gen werden, dass die beiden Zufallsvariablen $\bar{X}_1$ und $\bar{X}_2$ normalverteilt sind.

Der Erwartungswert der Differenz dieser beiden Zufallsvariablen $\bar{X}_1$ und $\bar{X}_2$ ergibt sich dann als

$$E(\bar{X}_1 - \bar{X}_2) = \mu_1 - \mu_2$$

mit der Varianz

$$Var(\bar{X}_1 - \bar{X}_2) = \frac{\sigma_1^2}{n_1} + \frac{\sigma_2^2}{n_2}$$

μ_1 und μ_2 entsprechen den arithmetischen Mitteln und σ_1^2 und σ_2^2 den Varianzen der beiden hier relevanten Grundgesamtheiten.

Konfidenzintervall: $\left[(\bar{x}_1 - \bar{x}_2) - t\hat{\sigma}_D \,;\, (\bar{x}_1 + \bar{x}_2) - t\hat{\sigma}_D\right]$

bzw. $(\bar{x}_1 - \bar{x}_2) - t\hat{\sigma}_D \leq \mu_1 - \mu_2 \leq (\bar{x}_1 - \bar{x}_2) + t\hat{\sigma}_D$

3.4 Statistische Schätzverfahren (Konfidenzintervalle)

mit $\bar{x}_1 - \bar{x}_2 =$ Differenz der Mittelwerte der zwei Stichproben

$$t = \text{Studentverteilung mit } v = \frac{\left[\dfrac{s_1^2}{n_1} + \dfrac{s_2^2}{n_2}\right]^2}{\dfrac{\left[\dfrac{s_1^2}{n_1}\right]^2}{n_1 - 1} + \dfrac{\left[\dfrac{s_2^2}{n_2}\right]^2}{n_2 - 1}}$$

$$\hat{\sigma}_D = \hat{\sigma}_{\mu_1 - \mu_2} = \sqrt{\dfrac{s_1^2}{n_1} + \dfrac{s_2^2}{n_2}}$$

mit $s_1^2 =$ Varianz der ersten Stichprobe

$s_2^2 =$ Varianz der zweiten Stichprobe

Ziehen ohne Zurücklegen (Z.o.Z.) $\hat{=}$ Ziehen mit Zurücklegen (Z.m.Z.)

Beispiel 1:

Geklärt werden soll, ob innerhalb einer bestimmten Berufsgruppe signifikante Unterschiede existieren in der Entlohnung zwischen Männern einerseits und Frauen anderseits. Hierzu werden zufällig zwei Stichproben entnommen in jeweils gleichem Umfang:

Männer: $n_1 = 100$ mit $\bar{x}_1 = \$\,42.400$

als jährliches Bruttodurchschnittsgehalt bei einer

Standardabweichung von $s_1 = \$\,10.400$

Frauen: $n_2 = 100$ mit $\bar{x}_2 = \$ 40.100$

als jährliches Bruttodurchschnittsgehalt bei einer Standardabweichung von $s_2 = \$ 14.800$

Gesucht ist ein 95%-Konfidenzintervall für die Differenz der durchschnittlichen Bruttogehälter $\mu_1 - \mu_2$.

$$\hat{\sigma}_D = \hat{\sigma}_{\mu_1 - \mu_2} = \sqrt{\frac{10.400^2}{100} + \frac{14.800^2}{100}} = 1.808,87$$

Da $n_1, n_2 = 100 > 30$ ist, kann die Standardnormalverteilung mit $z = 1,960$ verwendet werden. Bei einem Konfidenzintervall von 95% beträgt $(1 - \alpha) = 0,95$ bzw. $\alpha = 0,05$. Damit ergibt sich ein sogenanntes Quartil von

$$(1 - \frac{\alpha}{2}) = (1 - 0,025) = 0,975 \Rightarrow z_{0,975} = 1,960$$

Siehe Anhang A, Tabelle zur Standardnormalverteilung – Verteilungsfunktion.

$\Rightarrow$ Konfidenzintervall

$$(\bar{x}_1 - \bar{x}_2) - z\hat{\sigma}_D \leq \mu_1 - \mu_2 \leq (\bar{x}_1 - \bar{x}_2) + z\hat{\sigma}_D$$

mit $(\bar{x}_1 - \bar{x}_2) = 42.400 - 40.100 = \$ 2.300$

$$2.300 - 1,96 \cdot 1.808,47 \leq \mu_1 - \mu_2 \leq 2.300 + 1,96 \cdot 1.808,87$$

$$-1.245,39 \leq \mu_1 - \mu_2 \leq 5.845,39$$

3.4 Statistische Schätzverfahren (Konfidenzintervalle)

Mit einer Sicherheitswahrscheinlichkeit von $0,95$, d. h. von 95%, kann davon ausgegangen werden, dass im vorliegenden Fall die Differenz der jährlichen Bruttodurchschnittsgehälter zwischen Männern und Frauen zwischen $-\$1.245,39$ und $+\$5.845,39$ beträgt, d. h. dass Männer innerhalb der zu bewertenden Grundgesamtheiten überwiegend tendenziell höher entlohnt werden als ihre weiblichen Kolleginnen (sogenannte rechtsschiefe Verteilung) zugunsten männlicher Angestellten.

Beispiel 2:

Die angebotenen Portfolios von zwei führenden Herstellern von Sportwetten sollen bezüglich ihrer Suchtgefahr miteinander verglichen werden. Hierzu werden die Suchtpotentiale von $n_1 = 12$ Produkten des Sportwettenanbieters A und $n_2 = 15$ Produkten des Sportwettenanbieters B mit Hilfe des weltweit führenden Tools zur Messung und Bewertung von Suchtrisikopotentialen von Glücksspielprodukten, ASTERIG[9], bemessen.

Für das Portfolio des Anbieters A ergibt sich eine durchschnittliche Punktzahl von $\bar{x}_1 = 90$ bei einer Standartabweichung von $s_1 = 8$ Punkten. Das Portfolio des Anbieters B weist eine durchschnittliche Punktzahl von $\bar{x}_2 = 78$ Punkten aus bei einer Standardabweichung von $s_2 = 6$ Punkten.

Gesucht ist ein 98%-Konfidenzintervall für die Differenz der durchschnittlichen Bewertungspunkte nach ASTERIG $\mu_1 - \mu_2$.

$$\hat{\sigma}_D = \hat{\sigma}_{\mu_1 - \mu_2} = \sqrt{\frac{8^2}{12} + \frac{6^2}{15}} = 2,7809$$

Da $n_1 = 12$ und $n_2 = 15$ kleiner sind als 30, muss hier die Studentverteilung verwendet werden mit

---

[9] Vgl. Wikimedia Foundation Inc. (Hrsg.):
https:// en.wikipedia.org/wiki/ASTERIG [2021-11-13]

$$v = \frac{\left[\frac{8^2}{12} + \frac{6^2}{15}\right]^2}{\frac{\left[\frac{8^2}{12}\right]^2}{12-1} + \frac{\left[\frac{6^2}{15}\right]^2}{15-1}} = 19,953 \approx 20$$

Bei einem Konfidenzintervall von 98% beträgt $(1 - \alpha) = 0,98$ bzw. $\alpha = 0,02$. Damit ergibt sich ein sogenanntes Quartil von $(1 - \frac{\alpha}{2}) = (1 - 0,01) = 0,99$

$\Rightarrow t_{0,99} = 2,528$ bei $v = 20$

Siehe Anhang A, Tabelle zur Studentverteilung – Verteilungsfunktion.

$\Rightarrow$ Konfidenzintervall

$$(\bar{x}_1 - \bar{x}_2) - t\hat{\sigma}_D \leq \mu_1 - \mu_2 \leq (\bar{x}_1 - \bar{x}_2) + t\hat{\sigma}_D$$

mit $(\bar{x}_1 - \bar{x}_2) = 90 - 78 = \$\,12$

$$12 - 2,528 \cdot 2,7809 \leq \mu_1 - \mu_2 \leq 12 + 2,528 \cdot 2,7809$$

$$4,9699 \leq \mu_1 - \mu_2 \leq 19,0301$$

Mit einer Sicherheitswahrscheinlichkeit von 0,98, d. h. von 98%, kann davon ausgegangen werden, dass die Differenzen der durchschnittlichen Bewertungspunkte nach ASTERIG zwischen Sportwettenanbieter A und Sportwettenanbieter B zwischen rd. 4,97 und 19,03 Punkten betragen, d. h. es kann mit einer Irrtumswahrscheinlichkeit von 2% davon ausgegangen werden, dass das Portfolio des Anbieters A deutlich suchtgefährdender ist, als das Portfolio des Anbieters B.

3.4.5 Konfidenzintervall für die Differenz der Anteilswerte von zwei Grundgesamtheiten θ_1 und θ_2

Aus zwei Grundgesamtheiten werden Stichproben in den Umfängen n_1 und n_2 gezogen. Aus diesen beiden voneinander unabhängigen Stichproben ergeben sich die Anteilswerte p_1 und p_2 sowie deren Differenzen $p_1 - p_2$. Können neben der Unabhängigkeit dieser beiden Stichproben auch genügend große Stichprobenumfänge von $n_1 p_1 (1 - p_1) \geq 9$ und $n_2 p_2 (1 - p_2) \geq 9$ gewährleistet werden, so kann davon ausgegangen werden, dass die beiden Zufallsvariablen P_1 und P_2 normalverteilt sind. Gelten zudem die Bedingungen $\frac{n_1}{N_1} < 0,05$ und $\frac{n_2}{N_2} < 0,05$, kann der sogennante Korrekturfaktor $\sqrt{\frac{N-n}{N}}$ entfallen.

Der Erwartungswert der Differenz dieser beiden Zufallsvariablen P_1 und P_2 ergibt sich dann als

$$E(P_1 - P_2) = \theta_1 - \theta_2$$

mit der Varianz

$$Var(P_1 - P_2) = \frac{\theta_1 (1 - \theta_1)}{n_1} + \frac{\theta_2 (1 - \theta_2)}{n_2}$$

θ_1 und θ_2 entsprechen den Anteilswerten innerhalb der beiden hier relevanten Grundgesamtheiten.

Konfidenzintervall: $\left[(p_1 - p_2) - z\hat{\sigma}_D \, ; \, p_1 + p_2) - z\hat{\sigma}_D \right]$

bzw. $(p_1 - p_2) - z\hat{\sigma}_D \leq \theta_1 - \theta_2 \leq (p_1 - p_2) + z\hat{\sigma}_D$

mit $\quad p_1 - p_2 = $ Differenz der Anteilswerte innerhalb der beiden Stichproben

$z = $ Standardnormalverteilung

$$\hat{\sigma}_D = \hat{\sigma}_{\theta_1 - \theta_2} = \sqrt{\frac{p_1(1-p_1)}{n_1} + \frac{p_2(1-p_2)}{n_2}}$$

mit $\quad p_1 = $ Anteilswert in der ersten Stichprobe

$p_2 = $ Anteilswert in der zweiten Stichprobe

Beispiel:

Innerhalb einer Pandemie werden $n_1 = 400$ Bewohner einer Stadt (Gruppe 1) und $n_2 = 350$ Bewohner einer ländlich benachbarten Region (Gruppe 2) nach ihrer Zustimmung zu einer von der Regierung beabsichtigen Impfung befragt. In der Stadt beträgt der Anteil der Zustimmenden 68%, auf dem Land stimmen indes nur 42% zu.

$$p_1 = 0,68$$

$$p_2 = 0,42$$

Gesucht ist ein 98%-Konfidenzintervall für die Differenz der anteiligen Zustimmungen $\theta_1 - \theta_2$.

$$\hat{\sigma}_D = \hat{\sigma}_{\theta_1 - \theta_2} = \sqrt{\frac{0,68(1-0,68)}{400} + \frac{0,42(1-0,42)}{350}} = 0,0352$$

Da $\quad n_1 \cdot p_1(1-p_1) = 400 \cdot 0,68(1-0,68) = 87,04 > 9$

und $\quad n_2 \cdot p_2(1-p_2) = 350 \cdot 0,42(1-0,42) = 85,26 > 9$ sind,

kann die Standardnormalverteilung verwendet werden mit $z = 2,325$.

3.4 Statistische Schätzverfahren (Konfidenzintervalle)

Bei einem Konfidenzintervall von 98% beträgt $(1 - \alpha) = 0,98$ bzw. $\alpha = 0,02$. Damit ergibt sich ein sogenanntes Quartil von $(1 - \frac{\alpha}{2}) = (1 - 0,01) = 0,99 \Rightarrow z_{0,99} = 2,325$

Siehe Anhang A, Tabelle zur Standardnormalverteilung – Verteilungsfunktion.

$\Rightarrow$ Konfidenzintervall

$$(p_1 - p_2) - z\hat{\sigma}_D \leq \theta_1 - \theta_2 \leq (p_1 - p_2) + z\hat{\sigma}_D$$

mit $(p_1 - p_2) = 0,68 - 0,42 = 0,26$

$$0,26 - 2,325 \cdot 0,0352 \leq \theta_1 - \theta_2 \leq 0,26 + 2,325 \cdot 0,0325$$

$$0,1782 \leq \theta_1 - \theta_2 \leq 0,3418$$

Mit einer Sicherheitswahrscheinlichkeit von $0,98$, d. h. von 98%, kann davon ausgegangen werden, dass die Differenz der Anteilswerte der beiden untersuchten Grundgesamtheiten zwischen $0,1782$ und $0,3418$ beträgt, d.h. dass in der untersuchten Stadt zwischen $17,82\%$ und $34,18\%$ mehr Zustimmung zu der geplanten Impfung vorherrscht als in der untersuchten ländlichen Region.

3.5 Bestimmung des notwendigen Stichprobenumfangs

3.5.1 Bestimmung des notwendigen Stichprobenumfangs bei einer Schätzung des arithmetischen Mittels μ

Schätzung des notwendigen Stichprobenumfangs n

$$n = \frac{z^2 \cdot \sigma^2}{(\Delta\mu)^2} \qquad \text{Z.m.Z. bzw. wenn gilt } \frac{n}{N} < 0,05$$

$$n = \frac{z^2 \cdot N \cdot \sigma^2}{(\Delta\mu)^2(N-1) + z^2 \cdot \sigma^2} \qquad \text{Z.o.Z.}$$

$\Delta\mu$ bezeichnet man als den *absoluten Fehler des arithmetischen Mittels*, der ein Maß für die Genauigkeit der Schätzung des arithmetischen Mittels μ darstellt. Die Breite des für μ geschätzten Konfidenzintervalls bestimmt sich durch die Differenz zwischen Ober- und Untergrenze dieses Konfidenzintervalls:

$$2\Delta\mu = 2z\,\sigma_{\bar{x}}$$

bzw. $\quad \Delta\mu = z \cdot \sigma_{\bar{x}} = z \cdot \dfrac{\sigma}{\sqrt{n}}$

bei Z.m.Z. bzw. wenn gilt $\dfrac{n}{N} < 0,05$

Bei Z.o.Z. beträgt der absolute Fehler $\Delta\mu = z \cdot \dfrac{\sigma}{\sqrt{n}} \sqrt{\dfrac{N-n}{N-1}}$

Ist die Varianz der Grundgesamtheit σ^2 bzw. deren Standardabweichung σ unbekannt, so wird sich in der Praxis bekannten Werten aus früheren Erhebungen oder Experteninterviews (Delphi-Studien) bedient oder man schätzt σ^2 bzw. σ aus einer Vorstichprobe, die dann s^2 bzw. s generiert.

3.5 Bestimmung des notwendigen Stichprobenumfangs

Beispiel:

Die durchschnittlichen Ausgaben für ein bestimmtes Gut innerhalb einer definierten Geographie, in der 20.511 Konsumenten dieses Gutes leben, sollen mit einer Sicherheitswahrscheinlichkeit von 95%, d. h. bei einem Signifikanzniveau von 5%, und bei einem akzeptierten absoluten Fehler von $\Delta\mu = \$2,5$ geschätzt werden. Eine Vorstichprobe im Umfang von $n = 100$ Konsumenten liefert eine Standardabweichung von $s = \$28$.

$$\frac{n}{N} = \frac{100}{20.511} = 0,0049 < 0,05 \Rightarrow \text{Z.m.Z.}$$

$$(1 - \alpha) = 0,99 \quad \text{bzw.} \quad \alpha = 0,01$$

Damit ergibt sich ein sogenanntes Quartil von $(1 - \frac{\alpha}{2}) = (1 - 0,005) = 0,995$

$$\Rightarrow z_{0,995} = 2,58$$

Siehe Anhang A, Tabelle zur Standardnormalverteilung – Verteilungsfunktion.

$$\Rightarrow n = \frac{z^2 \cdot \sigma^2}{(\Delta\mu)^2} = \frac{z^2 \cdot s^2}{(\Delta\mu)^2} =$$

$$= \frac{2,58^2 \cdot 28^2}{(2,5)^2} = 834,98 \approx 835$$

Der notwendige Stichprobenumfang beträgt $n = 835$ Personen.

3.5.2 Bestimmung des notwendigen Stichprobenumfangs bei einer Schätzung des Anteilswertes θ

Schätzung des notwendigen Stichprobenumfangs n

$$n = \frac{z^2 \cdot \theta(1-\theta)}{(\Delta\theta)^2}$$ Z.m.Z. bzw. wenn gilt $\frac{n}{N} < 0,05$

$$n = \frac{z^2 \cdot N \cdot \theta(1-\theta)}{(\Delta\theta)^2(N-1) + z^2 \cdot \theta(1-\theta)}$$ Z.o.Z.

$\Delta\theta$ bezeichnet man als den *absoluten Fehler des Anteilswertes*, der ein Maß für die Genauigkeit der Schätzung des Anteilswertes θ darstellt. Die Breite des für θ geschätzten Konfidenzintervalls bestimmt sich durch die Differenz zwischen Ober- und Untergrenze dieses Konfidenzintervalls:

$$2\Delta\theta = 2z\sigma_p$$

bzw. $\Delta\theta = z \cdot \sigma_p = z \cdot \sqrt{\frac{\theta(1-\theta)}{n}}$

bei Z.m.Z. bzw. wenn gilt $\frac{n}{N} < 0,05$

Bei Z.o.Z. beträgt der absolute Fehler $\Delta\theta = z\sqrt{\frac{\theta(1-\theta)}{n}}\sqrt{\frac{N-n}{N-1}}$

Ist der Anteilswert der Grundgesamtheit θ unbekannt, so wird sich in der Praxis bekannten Werten aus früheren Erhebungen oder Experteninterviews (Delphi-Studien) bedient oder man schätzt θ aus einer Vorstichprobe, die dann p generiert. Dabei zeigt sich, dass $\theta(1-\theta)$ höchstens den Wert $0,25$ annehmen kann.

3.5 Bestimmung des notwendigen Stichprobenumfangs

Beispiel:

Der Anteil der gegen COVID-19 Geimpften innerhalb einer bestimmten Stadt, in der zu einem bestimmten Zeitpunkt 231.509 Personen leben, soll mit einer Sicherheitswahrscheinlichkeit von 98%, d.h. bei einem Signifikanzniveau von 2%, und bei einem akzeptierten absoluten Fehler von $\Delta\theta = 0,02$ geschätzt werden. Eine Vorstichprobe im Umfang von $n = 500$ Bewohnern dieser Stadt liefert einen Anteil gegen COVID-19 Geimpften von $p = 0,68$.

$$\frac{n}{N} = \frac{500}{231.509} = 0,0022 < 0,05 \Rightarrow \text{Z.m.Z.}$$

$$(1 - \alpha) = 0,98 \quad \text{bzw.} \quad \alpha = 0,02$$

Damit ergibt sich ein sogenanntes Quartil von $(1 - \frac{\alpha}{2}) = (1 - 0,01) = 0,99$

$$\Rightarrow z_{0,99} = 2,325$$

Siehe Anhang A, Tabelle zur Standardnormalverteilung – Verteilungsfunktion.

$$\Rightarrow n = \frac{z^2 \cdot \theta(1-\theta)}{(\Delta\theta)^2} = \frac{z^2 \cdot p(1-p)}{(\Delta\theta)^2} =$$

$$= \frac{(2,325)^2 \cdot 0,68 \cdot 0,32}{0,02^2} = 2.940,66 \approx 2.941$$

Der notwendige Stichprobenumfang beträgt $n = 2.941$ Personen.

3.6 Statistische Testverfahren

Mit Hilfe von Zufallsstichproben sollen bestimmte Annahmen (Hypothesen) über unbekannte Grundgesamtheiten geprüft werden.

3.6.1 Parametertests

Prüfung von Hypothesen unbekannter Parameter einer oder zweier Grundgesamtheiten.

<u>Grundsätzliches Schema</u> | <u>Praktisches Vorgehen</u>

a. Definition von Nullhypothese (H_0) und Alternativhypothese (H_A) sowie Signifikanzniveau (α)

b. Bestimmung der Prüfgröße

c. Bestimmung der Testverteilung

d. Identifizierung des kritischen Bereichs

e. Berechnung des Wertes der Prüfgröße

f. Entscheidung und Interpretation

3.6 Statistische Testverfahren

3.6.1.1 Einstichprobentest für das arithmetische Mittel bei bekannter Varianz der Grundgesamtheit

a. Nullhypothese $\mu = \mu_o$ (σ bekannt)

Testung eines bestimmten Mittelwertes μ_o unter Verwendung <u>einer</u> Stichprobe (Einstichprobentest).

b. Prüfgröße

$$z = \frac{\bar{x} - \mu_0}{\frac{\sigma}{\sqrt{n}}}$$

c. Testverteilung

z = Standardnormalverteilung unter der Bedingung, dass die Grundgesamtheit normalverteilt oder $n > 30$ ist.

<u>Beispiel:</u>

Der durchschnittliche Stromverbrauch von Herden mit Ceran-Kochfeldern von 500 zufällig ausgewählten 4-Personen-Haushalten betrug in der Vergangenheit durchschnittlich $360\,kWh$ (Kilowattstunden) pro Monat insgesamt, d. h. inklusive der Nutzung eines Backofens, bei einer Standardabweichung von $\sigma = 42\,kWh$.

Nachdem sämtliche Kochfelder mit Induktions-Kochfeldern ausgetauscht wurden, liefert eine Stichprobe im Umfang von $n = 68$ Haushalten einen durchschnittlichen Stromverbrauch von $292\,kWh$ pro Monat.

Lässt sich aufgrund des Ergebnisses dieser Stichprobe darauf schließen, dass sich der durchschnittliche Stromverbrauch in der Grundgesamtheit verändert hat unter der Annahme, dass die Standardabweichung σ unverändert geblieben ist bei einem Signifikanzniveau von $\alpha = 0,01$?

a. Definition von Null- und Alternativhypothese

$H_0: \mu = 360\ kWh$

$H_A: \mu \neq 360\ kWh$

$\alpha = 0,01$

b. Bestimmung der Prüfgröße

$$z = \frac{\bar{x} - \mu_0}{\frac{\sigma}{\sqrt{n}}}$$

c. Bestimmung der Testverteilung

$z =$ Standardnormalverteilung da $n = 68 > 30$

d. Identifizierung des kritischen Bereichs

$\alpha = 0,01$ bzw. $(1 - \alpha) = 0,99$

$\Rightarrow z = 2,58$

3.6 Statistische Testverfahren

Siehe Anhang A, Tabelle zur Standardnormalverteilung – zweiseitige, symmetrische Flächenanteile.

Liegt die Prüfgröße zwischen $z = -2{,}58$ und $z = +2{,}58$, so kann die Nullhypothese H_0 nicht verworfen werden, d. h. es gilt:

Ablehnung von H_0 für $z < -2{,}58$ oder

für $z > +2{,}58$

keine Ablehnung von H_0 für $-2{,}58 \leq z \leq +2{,}58$

e. Berechnung des Wertes der Prüfgröße

$$z = \frac{\bar{x} - \mu_0}{\frac{\sigma}{\sqrt{n}}} = \frac{292 - 360}{\frac{42}{\sqrt{68}}} = -13{,}351$$

f. Entscheidung und Interpretation

Da $z = -13{,}351 < -2{,}58$ ist die Nullhypothese H_0 abzulehnen, d. h. es ist bei einem Signifikanzniveau von $\alpha = 0{,}01$ und einem Stichprobenumfang von $n = 68$ anzunehmen, dass die Verwendung von Induktions-Kochfeldern zu einem signifikant geringerem durchschnittlichen Stromverbrauch führt.

3.6.1.2 Einstichprobentest für das arithmetische Mittel bei unbekannter Varianz der Grundgesamtheit

a. Nullhypothese $\mu = \mu_o$ (σ unbekannt)

Testung eines bestimmten Mittelwertes μ_o unter Verwendung <u>einer</u> Stichprobe (Einstichprobentest).

b. Prüfgröße

$$t = \frac{\bar{x} - \mu_0}{\frac{s}{\sqrt{n}}}$$

c. Testverteilung

$t =$ Student-t-Verteilung mit $v = n - 1$

unter der Bedingung, dass die Grundgesamtheit normalverteilt ist

<u>Beispiel</u>:

Innerhalb einer Produktion eines bestimmten Automobils wird auch die Motorhaube dieses KFZ-Typs hergestellt. Die Stärke dieser gestanzten Motorhauben darf nicht zu dünn sein, da diese ansonsten die Sicherheit der Insassen innerhalb dieses KFZ gefährden würde. Anderseits dürfen diese nicht zu dick sein, da solches den Verbrauch des Automobils negativ beeinflussen würde.

3.6 Statistische Testverfahren

In der Praxis des untersuchten Betriebs ist die Stärke der dort produzierten Motorhauben normalverteilt mit einem Sollwert (Mittelwert) von $\mu = 1,85\,mm$.

Innerhalb einer Stichprobe von $n = 15$ Motorhauben ergibt sich ein arithmetisches Mittel von $\bar{x} = 1,848\,mm$ bei einer Standard- abweichung von $s = 0,0025\,mm$. Auf der Basis eines Signifikanz- niveaus von $\alpha = 0,01$ ist zu prüfen, ob die Maschine, auf der die Motorhauben gefertigt werden, exakt arbeitet.

a. Definition von Null- und Alternativhypothese

$H_0: \mu = 1,85\,mm$

$H_A: \mu \neq 1,85\,mm$

$\alpha = 0,01$

b. Bestimmung der Prüfgröße

$$t = \frac{\bar{x} - \mu_0}{\frac{s}{\sqrt{n}}}$$

c. Bestimmung der Testverteilung

$t =$ Student-t-Verteilung

mit $\nu = n - 1 = 15 - 1 = 14$ Freiheitsgraden

d. Identifizierung des kritischen Bereichs

$\alpha = 0,01$ bzw. $(1 - \alpha) = 0,99$ und $\nu = 14$

$\Rightarrow t = 2,977$

Siehe Anhang A, Tabelle zur Studentverteilung – zweiseitige, symmetrische Flächenanteile.

Liegt die Prüfgröße zwischen $t = -2,977$ und $t = +2,977$, so kann die Nullhypothese H_0 nicht verworfen werden, d. h. es gilt:

Ablehnung von H_0 für $t < -2,977$ oder

für $t > +2,977$

keine Ablehnung von H_0 für $-2,977 \leq t \leq +2,977$

e. Berechnung des Wertes der Prüfgröße

$$t = \frac{\bar{x} - \mu_0}{\frac{s}{\sqrt{n}}} = \frac{1,848 - 1,85}{\frac{0,0025}{\sqrt{15}}} = -3,0984$$

f. Entscheidung und Interpretation

Da $t = -3,0984 < -2,977$ ist die Nullhypothese H_0 abzulehnen, d. h. es kann bei einem Signifikanzniveau von $\alpha = 0,01$ und einem Stichprobenumfang von $n = 15$ davon ausgegangen werden, dass die untersuchte Maschine nicht exakt arbeitet.

3.6 Statistische Testverfahren 155

3.6.1.3 Einstichprobentest für den Anteilswert

a. Nullhypothese $\theta = \theta_0$

Testung eines bestimmten Anteilswertes θ_0 unter Verwendung <u>einer</u> Stichprobe (Einstichprobentest).

b. Prüfgröße

$$z = \frac{p - \theta_0}{\sqrt{\frac{\theta_0(1 - \theta_0)}{n}}}$$

c. Testverteilung

$z =$ Standardnormalverteilung

unter der Bedingung, dass gilt: $n\,\theta_0\,(1 - \theta_0) \geq 9$

Beispiel:

Ein Produzent von Küchenmöbeln lässt sich die Scharniere extern zuliefern. Hierzu vereinbart er mit einem Zulieferer vertraglich, dass der Anteil fehlerhafter Teile, der sogenannte Ausschussanteil, maximal fünf Prozent betragen darf ($\theta \leq 0{,}05$).

Innerhalb einer Qualitätskontrolle wird eine Stichprobe ohne Zurücklegen (Z.o.Z.) im Umfang von $n = 250$ vorgenommen, von denen sich 15 als fehlerhaft erweisen. Zu prüfen ist, ob damit die Bedingungen des zugrundeliegenden Vertrages auf der Basis eines Signifikanzniveaus von $\alpha = 0{,}01$ möglicherweise verletzt sind.

a. Definition von Null- und Alternativhypothese

$H_0: \theta \leq \theta_0 = 0,05$

$H_A: \theta > \theta_0 = 0,05$

$\alpha = 0,01$

b. Bestimmung der Prüfgröße

$$z = \frac{p - \theta_0}{\sqrt{\frac{\theta_0(1-\theta_0)}{n}}}$$

c. Bestimmung der Testverteilung

$z =$ Standardnormalverteilung

da $n\theta_0(1-\theta_0) = 250 \cdot 0,05(1-0,05) = 11,875 > 9$

d. Identifizierung des kritischen Bereichs

$\alpha = 0,01$ bzw. $(1-\alpha) = 0,99$

$\Rightarrow z = 2,325$

Siehe Anhang A, Tabelle zur Standardnormalverteilung – Verteilungsfunktion, da einseitige Fragestellung.

3.6 Statistische Testverfahren

Liegt die Prüfgröße unterhalb von $z = 2,325$, so kann die Nullhypothese H_0 nicht verworfen werden, d. h. es gilt:

Ablehnung von H_0 für $z > 2,325$

keine Ablehnung von H_0 für $z \leq 2,325$

e. Berechnung des Wertes der Prüfgröße

$$z = \frac{p - \theta_0}{\sqrt{\frac{\theta_0(1 - \theta_0)}{n}}} = \frac{0,06 - 0,05}{\sqrt{\frac{0,05(1 - 0,05)}{250}}} = 0,7255$$

mit $p = \dfrac{15}{250} = 0,06$

f. Entscheidung und Interpretation

Da $z = 0,7255 < 2,325$ kann die Nullhypothese H_0 nicht abgelehnt werden. Auf der Basis eines Signifikanzniveaus von $\alpha = 0,01$ und eines Stichprobenumfangs von $n = 250$ lässt das Stichprobenergebnis vermuten, dass der Vertrag seitens des Zulieferers erfüllt ist.

3.6.1.4 Einstichprobentest für die Varianz

a. Nullhypothese $\sigma^2 = \sigma_0^2$

Testung einer bestimmten Varianz σ_0^2 unter Verwendung <u>einer</u> Stichprobe (Einstichprobentest).

b. Prüfgröße

$$\chi^2 = \frac{(n-1)s^2}{\sigma_0^2}$$

c. Testverteilung

χ^2 = Chi-Quadrat-Verteilung mit $v = n - 1$ unter der Bedingung, dass die Grundgesamtheit normalverteilt ist

<u>Beispiel</u>:

Bei vorgeschriebener Lagerung betrug die Standardabweichung der Haltbarkeit eines bestimmten Medikaments in der Vergangenheit $\sigma = 1,5$ Jahre.

Die Haltbarkeit dieses Medikaments verhielt sich stets normalverteilt. Unter Verwendung einer Stichprobe mittels Ziehen ohne Zurücklegen (Z.o.Z.) soll geprüft werden, ob sich infolge von veränderten Lagerbedingungen die Varianz der Haltbarkeit dieses Medikaments erhöht.

3.6 Statistische Testverfahren

Innerhalb einer Testung unter den veränderten Lagerbedingungen liefert eine Stichprobe von $n = 46$ Medikamenten eine Standardabweichung von $s = 2,1$ Jahre.

Die Prüfung der veränderten Lagerbedingungen soll auf der Basis eines Signifikanzniveaus von $\alpha = 0,01$ erfolgen.

a. Definition von Null- und Alternativhypothese

$H_0: \sigma^2 = \sigma_0^2 = 2,25\, Jahre^2$

$H_A: \sigma^2 > \sigma_0^2 = 2,25\, Jahre^2$

$\alpha = 0,01$

Anmerkung: $\sigma = 1,5\, Jahre \Rightarrow \sigma^2 = 2,25\, Jahre^2$

b. Bestimmung der Prüfgröße

$$\chi^2 = \frac{(n-1)s^2}{\sigma_0^2}$$

c. Bestimmung der Testverteilung

$\chi^2 =$ Chi-Quadrat-Verteilung mit $v = n - 1 = 45$ Freiheitsgraden

d. Identifizierung des kritischen Bereichs

$\alpha = 0,01$ bzw. $(1 - \alpha) = 0,99$ und $\nu = 45$

$\Rightarrow \chi^2 = 69,957$

Siehe Anhang A, Tabelle zur Chi-Quadrat-Verteilung – Verteilungsfunktion, da einseitige Fragestellung.

Liegt die Prüfgröße unterhalb von $\chi^2 = 69,957$, so kann die Nullhypothese H_0 nicht verworfen werden, d. h. es gilt:

Ablehnung von H_0 für $\chi^2 > 69,957$

keine Ablehnung von H_0 für $\chi^2 \leq 69,957$

e. Berechnung des Wertes der Prüfgröße

$$\chi^2 = \frac{(n-1)s^2}{\sigma_0^2} = \frac{(46-1) \cdot 2,1^2}{1,5^2} = 88,2$$

f. Entscheidung und Interpretation

Da $\chi^2 = 88,2 > 69,957$, ist die Nullhypothese H_0 abzulehnen.

Auf der Basis eines Signifikanzniveaus von $\alpha = 0,01$ und eines Stichprobenumfangs von $n = 46$ lässt das Stichprobenergebnis vermuten, dass die veränderten Lagerbedingungen die Varianz der Haltbarkeit des untersuchten Medikaments signifikant erhöht.

3.6.1.5 Zweistichprobentest für die Differenz zweier arithmetischer Mittel bei bekannten Varianzen der Grundgesamtheiten

a. Nullhypothese $\mu_1 = \mu_2$ mit σ_1, σ_2 bekannt

Testung der Gleichheit der Mittelwerte zweier Grundgesamtheiten unter Verwendung von <u>zwei</u> Stichproben (Zweistichprobentest).

b. Prüfgröße

$$z = \frac{\bar{x}_1 - \bar{x}_2}{\sqrt{\frac{\sigma_1^2}{n_1} + \frac{\sigma_2^2}{n_2}}}$$

c. Testverteilung

$z = $ Standardnormalverteilung

unter den Bedingungen, dass

- die beiden untersuchten Grundgesamtheiten normalverteilt sind oder die Umfänge beider Stichproben hinreichend groß sind mit $n_1 > 30$ und $n_2 > 30$,

- die beiden Stichproben voneinander unabhängig sind.

Beispiel:

Aus einer Produktion von Zulieferteilen zur Herstellung von Automobilen werden zwei Proben entnommen von unterschiedlichen Maschinen, mit denen diese Teile hergestellt werden.

Von Maschine I werden $n_1 = 50$ Teile entnommen, die durchschnittlich $\bar{x}_1 = 63\,g$ schwer sind. Aus regelmäßigen Qualitätsprüfungen ist bekannt, dass die Standardabweichung aller auf Maschine I bisher hergestellten Einheiten $6\,g$ beträgt.

Von Maschine II werden $n_2 = 55$ Teile entnommen, die durchschnittlich $\bar{x}_2 = 66\,g$ schwer sind. Hier beträgt die Standardabweichung aller auf Maschine II bisher hergestellten Einheiten $5\,g$.

Auf der Basis eines Signifikanzniveaus von $\alpha = 0,05$ soll geprüft werden, ob ein signifikanter Unterschied zwischen den durchschnittlichen Outputqualitäten beider Maschinen besteht.

a. Definition von Null- und Alternativhypothese

$H_0: \mu_1 = \mu_2$

$H_A: \mu_1 \neq \mu_2$

$\alpha = 0,05$

b. Bestimmung der Prüfgröße

$$z = \frac{\bar{x}_1 - \bar{x}_2}{\sqrt{\dfrac{\sigma_1^2}{n_1} + \dfrac{\sigma_2^2}{n_2}}}$$

3.6 Statistische Testverfahren

c. Bestimmung der Testverteilung

$z =$ Standardnormalverteilung

da $n_1 = 50 > 30$ und $n_2 = 55 > 30$

d. Identifizierung des kritischen Bereichs

$\alpha = 0,05$ bzw. $(1 - \alpha) = 0,95$

$\Rightarrow z = 1,96$

Siehe Anhang A, Tabelle zur Standardnormalverteilung – zweiseitige, symmetrische Flächenanteile.

Liegt die Prüfgröße zwischen $z = -1,96$ und $z = +1,96$, so kann die Nullhypothese H_0 nicht verworfen werden, d. h. es gilt:

Ablehnung von H_0 für $z < -1,96$ oder

für $z > +1,96$

keine Ablehnung von H_0 für $-1,96 \leq z \leq +1,96$

e. Berechnung des Wertes der Prüfgröße

$$z = \frac{\bar{x}_1 - \bar{x}_2}{\sqrt{\dfrac{\sigma_1^2}{n_1} + \dfrac{\sigma_2^2}{n_2}}} = \frac{63 - 66}{\sqrt{\dfrac{36}{50} + \dfrac{25}{55}}} = -2,768$$

f. Entscheidung und Interpretation

Da $z = -2,768 < -1,96$, lässt sich die Nullhypothese H_0 nicht verwerfen, d. h. es ist bei einem Signifikanzniveau von $\alpha = 0,05$ und den beiden zugrunde gelegten Stichprobenumfängen von $n_1 = 50$ und $n_2 = 55$ anzunehmen, dass auf beiden Maschinen signifikant unterschiedliche Qualitäten produziert werden.

3.6.1.6 Zweistichprobentest für die Differenz zweier arithmetischer Mittel bei unbekannten Varianzen der Grundgesamtheiten unter der Annahme, dass deren Varianzen ungleich sind

a. Nullhypothese $\mu_1 = \mu_2$ mit σ_1, σ_2 unbekannt und $\sigma_1 \neq \sigma_2$

Testung der Gleichheit der Mittelwerte zweier Grundgesamtheiten unter Verwendung von zwei Stichproben (Zweistichprobentest).

b. Prüfgröße

$$z = \frac{\bar{x}_1 - \bar{x}_2}{\sqrt{\dfrac{s_1^2}{n_1} + \dfrac{s_2^2}{n_2}}}$$

3.6 Statistische Testverfahren

c. Testverteilung

$z = $ Standardnormalverteilung

unter den Bedingungen, dass

- die beiden untersuchten Grundgesamtheiten normalverteilt sind oder die Umfänge beider Stichproben hinreichend groß sind mit $n_1 > 30$ und $n_2 > 30$,

- die beiden Stichproben voneinander unabhängig sind.

Beispiel:

Ein Familienbetrieb füllt Tee unter Verwendung von zwei Maschinen in Beuteln zu $100\,g$ ab.

Zur Sicherung des auf den Beuteln ausgezeichneten Füllgewichts werden von beiden Maschinen pro Woche $n_1 = n_2 = 50$ Beutel entnommen und der jeweils beinhaltete Tee gewogen.

Die Beutel, die auf Maschine I abgefüllt wurden, enthielten bei der zuletzt vorgenommenen Stichprobe im Durchschnitt $\bar{x}_1 = 101\,g$ Tee bei einer Standardabweichung von $s_1 = 3\,g$.

Die Beutel, die auf Maschine II abgefüllt wurden, enthielten indes durchschnittlich $\bar{x}_2 = 103\,g$ Tee bei einer Standardabweichung von $s_2 = 4\,g$.

Auf der Basis eines Signifikanzniveaus von $\alpha = 0,03$ soll geprüft werden, ob ein signifikanter Unterschied zwischen den durch- schnittlichen Füllgewichten beider Maschinen besteht.

a. Definition von Null- und Alternativhypothese

$H_0: \mu_1 = \mu_2$

$H_A: \mu_1 \neq \mu_2$

$\alpha = 0,03$

b. Bestimmung der Prüfgröße

$$z = \frac{\bar{x}_1 - \bar{x}_2}{\sqrt{\dfrac{s_1^2}{n_1} + \dfrac{s_2^2}{n_2}}}$$

c. Bestimmung der Testverteilung

z = Standardnormalverteilung

da $n_1 = n_2 = 50 > 30$

d. Identifizierung des kritischen Bereichs

$\alpha = 0,03$ bzw. $(1 - \alpha) = 0,97$

$\Rightarrow z = 2,17$

Siehe Anhang A, Tabelle zur Standardnormalverteilung – zweiseitige, symmetrische Flächenanteile.

3.6 Statistische Testverfahren

Liegt die Prüfgröße zwischen $z = -2,17$ und $z = +2,17$, so kann die Nullhypothese H_0 nicht verworfen werden, d. h. es gilt:

Ablehnung von H_0 für $z < -2,17$ oder

für $z > +2,17$

keine Ablehnung von H_0 für $-2,17 \leq z \leq +2,17$

e. Berechnung des Wertes der Prüfgröße

$$z = \frac{\bar{x}_1 - \bar{x}_2}{\sqrt{\frac{s_1^2}{n_1} + \frac{s_2^2}{n_2}}} = \frac{101 - 102}{\sqrt{\frac{9}{50} + \frac{16}{50}}} = -1,4142$$

f. Entscheidung und Interpretation

Da $z = -1,4142 > -2,17$ und $< +2,17$ ist, kann die Nullhypothese H_0 nicht abgelehnt werden, d. h. bei einem Signifikanzniveau von $\alpha = 0,03$ und den beiden zugrunde gelegten Stichprobenumfängen von $n_1 = n_2 = 50$ ist anzunehmen, dass die durchschnittlichen Füllgewichte bei beiden Maschinen signifikant gleich sind.

3.6.1.7 Zweistichprobentest für die Differenz zweier arithmetischer Mittel bei unbekannten Varianzen der Grundgesamtheiten unter der Annahme, dass deren Varianzen gleich sind

a. Nullhypothese $\mu_1 = \mu_2$ mit σ_1, σ_2 unbekannt

und $\sigma_1 = \sigma_2$ (Varianzhomogenität)

Testung der Gleichheit der Mittelwerte zweier Grundgesamtheit unter Verwendung von zwei Stichproben (Zweistichprobentest).

b. Prüfgröße

$$t = \frac{\bar{x}_1 - \bar{x}_2}{s \cdot \sqrt{\frac{n_1 + n_2}{n_1 n_2}}}$$

mit $\quad s = \sqrt{\dfrac{(n_1 - 1)s_1^2 + (n_2 - 1)s_2^2}{n_1 + n_2 - 2}}$

c. Testverteilung

t = Student-t-Verteilung mit $v = n_1 + n_2 - 2$

unter den Bedingungen, dass

- die beiden untersuchten Grundgesamtheiten normalverteilt sind oder die Umfänge beider Stichproben hinreichend groß sind mit $n_1 > 30$ und $n_2 > 30$,

3.6 Statistische Testverfahren

- die beiden Stichproben voneinander unabhängig sind.

Beispiel:

Innerhalb eines milchverarbeitenden Betriebs wird ein besonderes energetisches Getränk, das auf Milch basiert, auf zwei unterschiedlichen Maschinen zu jeweils einem Liter in Flaschen abgefüllt.

Zur Qualitätskontrolle des Füllgewichtes werden von beiden Maschinen wöchentlich $n_1 = n_2 = 51$ Flaschen entnommen und deren Inhalte gemessen.

In der Vergangenheit fiel auf, dass die Maschine I tendenziell eine größere Menge abfüllt als die Maschine II, was nunmehr auf der Basis eines Signifikanzniveaus von $\alpha = 0,01$ geprüft werden soll.

Die beiden aktuellen Stichproben liefern die folgenden Messergebnisse:

Maschine I : $\bar{x}_1 = 1,052\ Liter$ bei einer Standardabweichung von
$s_1 = 0,0040\ Liter$

Maschine II : $\bar{x}_2 = 1,048\ Liter$ bei einer Standardabweichung von
$s_2 = 0,0040\ Liter$

a. Definition von Null- und Alternativhypothese

$H_0:\ \mu_1 = \mu_2$

$H_A:\ \mu_1 > \mu_2$

$\alpha = 0,01$

b. Bestimmung der Prüfgröße

$$t = \frac{\bar{x}_1 - \bar{x}_2}{s \cdot \sqrt{\dfrac{n_1 + n_2}{n_1 n_2}}}$$

mit $\quad s = \sqrt{\dfrac{(n_1 - 1) s_1^2 + (n_2 - 1) s_2^2}{n_1 + n_2 - 2}}$

c. Bestimmung der Testverteilung

$t = $ Student-t-Verteilung

mit $\quad v = n_1 + n_2 - 2 = 51 + 51 - 2 = 100$ Freiheitsgraden

d. Identifizierung des kritischen Bereichs

$\alpha = 0{,}01 \quad$ bzw. $\quad (1 - \alpha) = 0{,}99 \quad$ und $\quad v = 100$

$\Rightarrow t = 2{,}364$

Siehe Anhang A, Tabelle zur Studentverteilung – Verteilungsfunkion, da einseitige Fragestellung.

Ist die Prüfgröße kleiner als $t = -2{,}364$, so kann die Nullhypothese H_0 nicht verworfen werden, d. h. es gilt:

3.6 Statistische Testverfahren

Ablehnung von H_0 für $t > 2,364$

keine Ablehnung von H_0 für $t \leq 2,364$

e. Berechnung des Wertes der Prüfgröße

$$t = \frac{\bar{x}_1 - \bar{x}_2}{s \cdot \sqrt{\frac{n_1 + n_2}{n_1 n_2}}} = \frac{1,052 - 1,048}{0,004 \cdot \sqrt{\frac{51 + 51}{51 \cdot 51}}} = 5,0498$$

mit $s = \sqrt{\frac{(n_1 - 1)s_1^2 + (n_2 - 1)s_2^2}{n_1 + n_2 - 2}} =$

$$= \sqrt{\frac{(51 - 1) \cdot 0,004^2 + (51 - 1) \cdot 0,004^2}{51 + 51 - 2}} = 0,004$$

f. Entscheidung und Interpretation

Da $t = 5,0498 > 2,364$, ist die Nullhypothese H_0 abzulehnen, d.h. bei einem Signifikanzniveau von $\alpha = 0,01$ und den beiden zugrunde gelegten Stichprobenumfängen von $n_1 = n_2 = 51$ ist anzunehmen, dass das durchschnittliche Füllgewicht der Maschine I signifikant höher ist als das der Maschine II.

3.6.1.8 Zweistichprobentest für die Differenz zweier Anteilswerte

a. Nullhypothese $\theta_1 = \theta_2$

Testung der Gleichheit gleicher Anteilswerte zweier Grundgesamtheiten unter Verwendung von zwei Stichproben (Zweistichprobentest).

b. Prüfgröße

$$z = \frac{p_1 - p_2}{\sqrt{p(1-p)}\sqrt{\frac{n_1 + n_2}{n_1 n_2}}}$$

mit $\quad p = \dfrac{n_1 p_1 + n_2 p_2}{n_1 + n_2}$

c. Testverteilung

$z =$ Standardnormalverteilung

unter den Bedingungen, dass

- gilt: $n_1 \theta_1 (1 - \theta_1) \geq 9$ und $n_2 \theta_2 (1 - \theta_2) \geq 9$,

- die beiden Stichproben voneinander unabhängig sind.

3.6 Statistische Testverfahren

Beispiel:

Ein Produzent von Küchenmöbeln lässt sich die Scharniere von zwei unterschiedlichen Produzenten zuliefern. Zur Überprüfung der Qualität werden von den zugelieferten Scharnieren zwei Stichproben mit Ziehen ohne Zurücklegen (Z.o.Z.) im Umfang von $n_1 = 250$ und $n_2 = 300$ entnommen.

Die Stichprobe $n_1 = 250$, die von den zugelieferten Scharnieren des Zulieferers I entnommen wurde, weist 15 fehlerhafte Teile aus, was einem Ausschussanteil von $p_1 = \dfrac{15}{250} = 0,06$ (6%) entspricht.

Die Stichprobe $n_2 = 300$, die von den zugelieferten Scharnieren des Zulieferers II stammen, weist 17 fehlerhafte Teile aus, was einem Ausschussanteil von $p_2 = \dfrac{17}{300} = 0,0567$ (5,67%) entspricht.

Zu prüfen ist, ob die Anteile fehlerhafter Scharniere (Ausschussanteile) bei den beiden Zulieferern signifikant voneinander abweichen. Geprüft werden soll auf der Basis eines Signifikanzniveaus von $\alpha = 0,01$.

a. Definition von Null- und Alternativhypothese

$H_0: \ \theta_1 = \theta_2$

$H_A: \ \theta_1 \neq \theta_2$

$\alpha = 0,01$

b. Bestimmung der Prüfgröße

$$z = \frac{p_1 - p_2}{\sqrt{p(1-p)}\sqrt{\dfrac{n_1 + n_2}{n_1 n_2}}}$$

mit $p = \dfrac{n_1 p_1 + n_2 p_2}{n_1 + n_2}$

c. Bestimmung der Testverteilung

$z = $ Standardnormalverteilung

da gilt: $n_1 p_1 (1 - p_1) = 250 \cdot 0{,}06 \cdot (1 - 0{,}06) = 14{,}1$
was vermuten lässt, dass auch $n_1 \theta_1 (1 - \theta_1) \geq 9$
(Bedingung für die Grundgesamtheit) erfüllt sein dürfte.

Ferner gilt: $n_2 p_2 (1 - p_2) = 300 \cdot 0{,}0567 \cdot (1 - 0{,}0567) = 16{,}05$
was vermuten lässt, dass auch $n_2 \theta_2 (1 - \theta_2) \geq 9$
(Bedingung für die Grundgesamtheit) erfüllt sein dürfte.

d. Identifizierung des kritischen Bereichs

$\alpha = 0{,}01$ bzw. $(1 - \alpha) = 0{,}99$

$\Rightarrow z = 2{,}58$

Siehe Anhang A, Tabelle zur Standardnormalverteilung – Verteilungsfunktion, zweiseitige, symmetrische Flächenanteile.

Liegt die Prüfgröße zwischen $z = -2{,}58$ und $z = +2{,}58$, so kann die Nullhypothese H_0 nicht verworfen werden, d. h. es gilt:

3.6 Statistische Testverfahren

Ablehnung von H_0 für $z < -2,58$

oder für $z > +2,58$

keine Ablehnung von H_0 für $-2,58 \leq z \leq +2,58$

e. Berechnung des Wertes der Prüfgröße

$$z = \frac{p_1 - p_2}{\sqrt{p(1-p)}\sqrt{\frac{n_1 + n_2}{n_1 n_2}}} = \frac{0,06 - 0,0567}{\sqrt{0,0582(1 - 0,0582)}\sqrt{\frac{250 + 300}{250 \cdot 300}}} =$$

$$= 0,1646$$

mit $\quad p = \dfrac{n_1 p_1 + n_2 p_2}{n_1 + n_2} = \dfrac{250 \cdot 0,06 + 300 \cdot 0,0567}{250 + 300} = 0,0582$

f. Entscheidung und Interpretation

Da $z = 0,1646 > -2,58$ und $< +2,58$ ist, kann die Nullhypothese H_0 nicht abgelehnt werden, d. h. bei einem Signifikanzniveau von $\alpha = 0,01$ und den beiden zugrunde gelegten Stichprobenumfängen von $n_1 = 250$ und $n_2 = 300$ ist anzunehmen, dass die Anteile fehlerhafter Scharniere (Ausschussanteile) bei beiden Zulieferer signifikant gleich sind.

3.6.1.9 Zweistichprobentest für den Quotienten zweier Varianzen

a. Nullhypothese $\sigma_1^2 = \sigma_2^2$

Testung der Gleichheit der Varianz zweier Grundgesamtheit unter Verwendung von zwei Stichproben (Zweistichprobentest).

b. Prüfgröße

$$F = \frac{s_1^2}{s_2^2}$$

c. Testverteilung

$F = F$-Verteilung mit $v_1 = n_1 - 1$ und $v_2 = n_2 - 1$

unter den Bedingungen, dass

- die beiden untersuchten Grundgesamtheiten normalverteilt sind oder die Umfänge beider Stichproben hinreichend groß sind mit $n_1 > 30$ und $n_2 > 30$,

- die beiden Stichproben voneinander unabhängig sind.

3.6 Statistische Testverfahren

Beispiel:

Zur Messung eines möglichen Zusammenhangs zwischen der Nutzung eines bestimmten Pestizids innerhalb der Landwirtschaft auf das Artensterben soll exemplarisch die Streuung der Lebensdauer einer bestimmten Ameisenart erfasst werden

a) innerhalb einer Landwirtschaft A, in der dieses Pestizid nicht genutzt wird im Vergleich

b) zu einer Landwirtschaft B, in der dieses Pestizid eingesetzt wird

Empirische Daten aus vergangenen Messungen zeigen, dass in beiden untersuchten Grundgesamtheiten die Lebensdauern dieser Ameisen sich normal im Sinne einer Gauß-Verteilung verteilen, d. h. dass sich bei additiven Überlagerungen von vielen kleinen unabhängigen Zufallseffekten zu einem Gesamteffekt approximativ eine Normalverteilung nach Gauß[10] ergibt, insofern kein einzelner Effekt einen dominierenden Einfluss auf die Varianz ausübt (zentraler Grenzwert nach Lindeberg[11] und Lévy[12]).

Eine Stichprobe von $n_1 = 101$ Ameisen aus der Landwirtschaft A liefert eine Standardabweichung von $s_1 = 2,6$ Jahren Lebenszeit, während eine Stichprobe von $n_2 = 151$ Ameisen aus der Landwirtschaft B eine Standardabweichung von $s_2 = 2,1$ Jahren ausweist.

Auf der Basis eines Signifikanzniveaus von $\alpha = 0,05$ soll untersucht werden, ob die Streuung der Lebensdauer der untersuchten Ameisen innerhalb der Landwirtschaft A größer ist als in der Landwirtschaft B.

---

[10] Johann Carl Friedrich Gauß (1777-1855) war ein deutscher Mathematiker.
[11] Jarl Waldemar Lindeberg (1876-1932) war ein finnischer Mathematiker.
[12] Paul Pierre Lévy (1886-1971) war ein französicher Mathematiker.

a. Definition von Null- und Alternativhypothese

$H_0:\ \sigma_1^2 = \sigma_2^2$

$H_A:\ \sigma_1^2 > \sigma_2^2$

$\alpha = 0,05$

b. Bestimmung der Prüfgröße

$F = \dfrac{s_1^2}{s_2^2}$

c. Bestimmung der Testverteilung

$F = F$-Verteilung

mit $v_1 = n_1 - 1 = 101 - 1 = 100$ Freiheitsgraden und
$v_2 = n_2 - 1 = 151 - 1 = 150$ Freiheitsgraden

d. Identifizierung des kritischen Bereichs

$\alpha = 0,05$ bzw. $(1 - \alpha) = 0,95$

$\Rightarrow F = 1,34$

Siehe Anhang A, Tabelle zur F-Verteilung – Verteilungsfunktion mit $\alpha = 0,05$.

3.6 Statistische Testverfahren

Liegt die Prüfgröße unterhalb von $F = 1,34$, so kann die Nullhypothese H_0 nicht verworfen werden, d. h. es gilt:

Ablehnung von H_0 für $F > 1,34$

keine Ablehnung von H_0 für $F < 1,34$

e. Berechnung des Wertes der Prüfgröße

$$F = \frac{s_1^2}{s_2^2} = \frac{2,6^2}{2,1^2} = 1,5329$$

f. Entscheidung und Interpretation

Da $F = 1,5329 > 1,34$ ist die Nullhypothese H_0 abzulehnen, d. h. bei einem Signifikanzniveau von $\alpha = 0,05$ und den beiden zugrunde gelegten Stichprobenumfängen von $n_1 = 101$ und $n_2 = 151$ ist anzunehmen, dass die Streuung der Lebensdauer der hier untersuchten Ameisenart durch den Einsatz dieses Pestizids signifikant verkürzt wird.

3.6.2 Verteilungstests (Chi-Quadrat-Tests)

Prüfung von Hypothesen unbekannter Verteilungen einer Grundgesamtheit.

3.6.2.1 Chi-Quadrat-Anpassungstest

Bei Anpassungstests wird geprüft, ob empirische Daten mit einer theoretischen Verteilung (approximativ) angepasst sind, d. h. ob die aufgrund einer Stichprobe beobachete Verteilung (approximativ) konform oder widersprüchlich ist mit der angenommenen (unbekannten) Verteilung der Grundgesamtheit.

Anpassungstests überprüfen die Güte der Anpassung einer empirischen Verteilung auf Basis einer Stichprobe an eine theoretische (unbekannte) Verteilung, die für die Grundgesamtheit angenommen wird.

3.6.2.1.1 Chi-Quadrat-Anpassungstest für eine diskrete Verteilung der Grundgesamtheit

a. Nullhypothese

Testung einer Stichprobe, die aus einer Grundgesamtheit stammt mit unbekannter Verteilung.

b. Prüfgröße

$$\chi^2 = \sum_{i=1}^{k} \frac{(h_i^o - h_i^e)^2}{h_i^e}$$

3.6 Statistische Testverfahren

mit

h_i^o beobachtete (observed) absolute Häufigkeit eines Merkmals in seiner i-ten Ausprägung ($i = 1, ..., k$)

h_i^e erwartete (expected) absolute Häufigkeit eines Merkmals in seiner i-ten Ausprägung ($i = 1, ..., k$)

$k =$ Anzahl der Klassen

c. Testverteilung

$\chi^2 =$ Chi-Quadrat-Verteilung mit $v = k - m - 1$

$k \;=\;$ Anzahl der Klassen

$m \;=\;$ Anzahl der geschätzten Parameter

Bedingung: $h_i^e \geq 5$ $i = 1, ..., k$

Beispiel:

Innerhalb eines Bürogebäudes existieren vier Aufzüge. Zur Optimierung der Steuerung dieser Aufzüge werden die Personen erfasst, die jeweils innerhalb eines Intervalls von zwei Minuten dieses Bürogebäude betreten und einen Aufzug in Ansprich nehmen wollen.

Die diskrete Verteilung der entsprechenden Messung in Form einer Stichprobe mittels Ziehen ohne Zurücklegen (Z.o.Z.) ist in der nachfolgenden (absoluten) Häufigkeitsverteilung wiedergegeben:

i	Anzahl der Personen x_i	Klassenbreiten x'_i	Anzahl der 2-Minuten-Intervalle mit x_i relevanten Personen; h_i^o
1	0	0	5
2	1	1	8
3	2	2	12
4	3	3	16
5	4	4	8
6	5 – 7	6	4
7	≥ 8	–	0

Auf einem Signifikanzniveau von $\alpha = 0,01$ soll geprüft werden, ob die Ankünfte der Personen, die einen Aufzug nutzen möchten, poisson- verteilt sind.

a. Definition von Null- und Alternativhypothese

H_0 : Die Ankünfte der Personen, die einen Aufzug nutzen möchten, sind poissonverteilt.

H_A : Die Ankünfte der Personen, die einen Aufzug nutzen möchten, sind nicht poissonverteilt.

3.6 Statistische Testverfahren

$\alpha = 0,01$

b. Bestimmung der Prüfgröße

$$\chi^2 = \sum_{i=1}^{k} \frac{(h_i^o - h_i^e)^2}{h_i^e}$$

c. Bestimmung der Testverteilung

$\chi^2 =$ Chi-Quadrat-Verteilung

mit $v = k - m - 1 =$ Freiheitsgraden

Zur Bestimmung der erwarteten absoluten Häufigkeiten h_i^e, ist der Parameter μ der Poisson-Verteilung zu schätzen (vgl. Kapitel 3.3.1). Hierzu eignet sich das arithmetische Mittel der Stichprobe $\bar{x}$, das einen erwartungstreuen Schätzwert $\hat{\mu}$ für μ bildet:

$$\hat{\mu} = \bar{x} = \frac{\sum_{i=1}^{k} x_i h_i^o}{\sum_{i=1}^{k} h_i^o} = \frac{136}{53} = 2,566$$

mit $\sum_{i=1}^{k} x_i h_o = (0 \cdot 5) + (1 \cdot 8) + (2 \cdot 12) + (3 \cdot 16) + (4 \cdot 8) + (6 \cdot 4) =$

$= 136$

Bei der Klasse "5 – 7" unter Verwendung der Klassenmitte x_i' (vgl. Kapitel 2.2.1).

$$\sum_{i=1}^{k} h_i^o = 5 + 8 + 12 + 16 + 8 + 4 + 0 = 53$$

$$\Rightarrow \hat{\mu} = \bar{x} = \frac{136}{53} = 2,566$$

Mit Hilfe der Wahrscheinlichkeitsfunktion der Poisson-Verteilung (siehe Anhang A) lassen sich mit $\hat{\mu} = 2,566 \approx 2,6$ die einzelnen Wahrscheinlichkeiten (approximativ) schätzen (siehe nachfolgende Tabelle):

i	x_i	x_i'	h_i^o	$f_P(x_i/2,6)$
1	0	0	5	0,0743
2	1	1	8	0,1931
3	2	2	12	0,2510
4	3	3	16	0,2176
5	4	4	8	0,1414
6	5 – 7	6	4	0,0735 + 0,0319 + 0,0118 = = 0,1172
7	≥ 8	–	0	0,0038 + 0,0011 + 0,0003 + +0,0001 = 0,0053[13]

---

[13] $1 - 0,0743 - 0,1931 - 0,2510 - 0,2176 - 0,1414 - 0,1172 = 0,0054 \approx 0,0053$ (Rundungsfehler). Siehe hierzu auch Anhang A, Tabelle zur Poisson-Verteilung – Verteilungsfunkton. Für $\mu = 2,6$ und $x = 7$ ergibt sich ein Wert von $0,9947 \cdot (1 - 0,9947) = 0,0053$.

3.6 Statistische Testverfahren

Bei der Interpretation der $f_p(x_i/\mu)$-Werte als relative Häufigkeiten, ergeben sich aus der Multiplikation mit $n = \sum_{i=1}^{k} h_i^o = 53$ die gesuchten erwarteten absoluten Häufigkeiten h_i^e:

i	x_i	h_i^o	$h_i^e = 53 \cdot f_p(x_i/2{,}6)$
1	0	5	3,9379
2	1	8	10,2343
3	2	12	13,3030
4	3	16	11,5328
5	4	8	7,4942
6	5−7	4	6,2116
7	≥ 8	0	0,2809
Σ	−	53	≈ 53[14]

---

[14] Rundungsfehler

Da die Anwendung der Chi-Quadrat-Verteilung als Testverteilung bedingt, dass $h_i^e \geq 5$ für alle $i = 1, ..., k$ zu sein hat (siehe oben), werden die Klassen 1 und 2 sowie 6 und 7 zusammengefasst:

i	x_i	h_i^o	$h_i^e = 53$
1	≤ 1	$5+8 = 13$	$3,9379 + 10,2343 = 14,1722$
2	2	12	13,3030
3	3	16	11,5328
4	4	8	7,4942
5	≥ 5	$4+0 = 4$	$6,2116 + 0,2809 = 6,4925$
Σ	–	53	≈ 53[15]

d. Identifizierung des kritischen Bereichs

$\alpha = 0{,}01$ bzw. $(1 - \alpha) = 0{,}99$ und $v = 5 - 1 - 1 = 3$

Anmerkungen:

- Durch das Zusammenfassen von Klassen aufgrund der Bedingung $h_i^e \geq 5$, ergeben sich letztendlich nicht sieben Klassen, sondern fünf Klassen, d.h. $k = 5$.

---

[15] Rundungsfehler

3.6 Statistische Testverfahren

- $m = 1$, da hier infolge der Poisson-Verteilung nur der Parameter μ zu schätzen ist.

- Da $v = 3 > 1$ ist, ist keine Stetigkeitskorrektur (Yates-Korrektur) durchzuführen.

$\Rightarrow \chi^2 = 11{,}345$

Siehe Anhang A, Tabelle zur Chi-Quadrat-Verteilung – Verteilungsfunktion.

Liegt die Prüfgröße unterhalb von $\chi^2 = 11{,}345$, so kann die Nullhypothese H_0 nicht verworfen werden, d. h. es gilt:

Ablehnung von H_0 für $\chi^2 > 11{,}345$

keine Ablehnung von H_0 für $\chi^2 \leq 11{,}345$

e. Berechnung des Wertes der Prüfgröße

$$\chi^2 = \sum_{i=1}^{k} \frac{(h_i^o - h_i^e)^2}{h_i^e} =$$

$$= \frac{(13 - 14{,}1722)^2}{14{,}1722} + \frac{(12 - 13{,}3030)^2}{13{,}3030} + \frac{(16 - 11{,}5328)^2}{11{,}5328} +$$

$$+ \frac{(8 - 7{,}4942)^2}{7{,}4942} + \frac{(4 - 6{,}4925)^2}{6{,}4925} = 2{,}9460$$

f. Entscheidung und Interpretation

Da $\chi^2 = 2,9460 < 11,345$, kann die Nullhypothese H_0 nicht abgelehnt werden. Auf der Basis eines Signifikanzniveaus von $\alpha = 0,01$ und eines Stichprobenumfangs von $n = 53$, lässt das Stichprobenergebnis vermuten, dass die das Bürogebäude betretenden Personen, die einen Aufzug nutzen möchten, poissonverteilt sind.

3.6.2.1.2 Chi-Quadrat-Anpassungstest für eine stetige Verteilung der Grundgesamtheit

Ist das Merkmal stetig oder kommt ein diskretes Merkmal in sehr vielen Ausprägungen vor, so sind die Merkmalsausprägungen in k Intervallen zu klassifizieren.

Beispiel:

Auf einem Signifikanzniveau von $\alpha = 0,05$ soll geprüft werden, ob die Lebensdauer eines gefährdeten Schmetterlings normalverteilt ist. Hierzu werden $n = 100$ Schmetterlinge beobachtet. Die nachfolgende Tabelle gibt das Untersuchungsergebnis wieder:

3.6 Statistische Testverfahren

i	Lebensdauer in Tagen x_i	Anzahl der Schmetterlinge, h_i^o
1	≤ 14	8
2	> 14 bis ≤ 18	17
3	> 18 bis ≤ 22	25
4	> 22 bis ≤ 26	30
5	> 26 bis ≤ 30	18
6	> 30	2
Σ	–	100

Die genaue Beobachtung innerhalb dieser Stichprobe von $n = 100$ Schmetterlingen weist eine durchschnittliche Lebensdauer von $\bar{x} = 21,48$ Tagen bei einer Standardabweichung von $s = 5,26$ Tagen aus.

a. Definition von Null- und Alternativhypothese

   H_o : Die Lebensdauer dieses Schmetterlings ist normalverteilt.

   H_A : Die Lebensdauer des Schmetterlings ist nicht normalverteilt.

   $\alpha = 0,05$

b. Bestimmung der Prüfgröße

$$\chi^2 = \sum_{i=1}^{k} \frac{(h_i^o - h_i^e)^2}{h_i^e}$$

c. Bestimmung der Testverteilung

χ^2 = Chi-Quadrat-Verteilung

mit $\nu = k - m - 1$ = Freiheitsgraden

Als erwartungstreue Schätzwerte für die beiden unbekannten Parameter μ und σ^2 der Normalverteilung (vgl. Kapitel 3.3.2) dienen das arithmetische Mittel aus der Stichprobenuntersuchung $\bar{x}$ sowie die Varianz s^2:

$\hat{\mu} = \bar{x} = 21,48$ Tage

$\hat{\sigma}^2 = s^2 = (5,26)^2 = 27,6676$ Tage^2

Mit Hilfe der Verteilungsfunkton der Normalverteilung (siehe Anhang A, Tabelle zur Standardnormalverteilung – Verteilungsfunktion) lassen sich mit $\hat{\mu} = 21,48$ und $\hat{\sigma}^2 = 27,6676$ die Werte der Verteilungsfunktion der Normalverteilung für die oberen Klassengrenzen x_i^o, d. h. $F_n(x_i^o / 21,48; 27,6676)$ bestimmen.

Zur Verwendung der Standardnormalverteilung gilt die folgende Beziehung (vgl. Kapitel 3.3.2):

3.6 Statistische Testverfahren

$F_n(x/\mu;\sigma^2) = F_N(z)$

mit $z = \dfrac{x - \mu}{\sigma}$

bzw. $F_n(x_i^o/\mu;\sigma^2) = F_N(z_i^o)$

mit $z_i^o = \dfrac{x_i^o - \mu}{\sigma}$ für $i = 1,\ldots,k$

i	x_i^o	$z_i^o = \dfrac{x_i^o - 21{,}48}{5{,}26}$	$F_N(z_i^o)$
1	14	$-1{,}422$	$1 - 0{,}9225 = 0{,}0775$
2	18	$-0{,}662$	$1 - 0{,}7460 = 0{,}2540$
3	22	$0{,}099$	$0{,}5394$
4	26	$0{,}859$	$0{,}8048$
5	30	$1{,}620$	$0{,}9474$
6	∞	∞	$1{,}0000$

Die erwarteten <u>relativen</u> Häufigkeiten f_i^e ergeben sich aus der Bildung der folgenden Differenzen:

$f_i^e = F_N(z_i^o) - F_N(z_{i-1}^o)$

mit $F_N(z_{i-1}^o) = F_N(z_0^o) = 0$

Die erwarteten <u>absoluten</u> Häufigkeiten h_i^e ergeben sich wie folgt:

$$h_i^e = n \cdot f_i^e$$

mit n = Stichprobenumfang

Für das hier betrachtete Beispiel gilt:

i	h_i^o	f_i^e	$h_i^e = 100 \cdot f_i^e$
1	8	$0,0775 - 0 = 0,0775$	$7,75$
2	17	$0,2540 - 0,0775 = 0,1765$	$17,65$
3	25	$0,5394 - 0,2540 = 0,2854$	$28,54$
4	30	$0,8048 - 0,5394 = 0,2654$	$26,54$
5	18	$0,9474 - 0,8048 = 0,1426$	$14,26$
6	2	$1,0000 - 0,9474 = 0,0526$	$5,26$
Σ	100	$1,0000$	$100,00$

$h_i^e \geq 5$ ist für alle Klassen i mit $i = 1, ..., 6$ erfüllt, so dass keine Klassen zusammenzufassen sind.

3.6 Statistische Testverfahren

d. Identifizierung des kritischen Bereichs

$\alpha = 0,05$ bzw. $(1 - \alpha) = 0,95$ und $v = 6 - 2 - 1 = 3$

Anmerkungen:

- $m = 2$, da hier infolge der (Standard-)Normalverteilung die beiden Parameter μ und σ^2 zu schätzen sind.

- Da $v = 3 > 1$ ist, ist keine Stetigkeitskorrektur (Yates-Korrektur) durchzuführen.

$\Rightarrow \chi^2 = 7,815$

Siehe Anhang A, Tabelle zur Chi-Quadrat-Verteilung – Verteilungsfunktion.

Liegt die Prüfgröße unterhalb von $\chi^2 = 7,815$, so kann die Nullhypothese H_0 nicht verworfen werden, d. h. es gilt:

Ablehnung von H_0 für $\chi^2 > 7,815$

keine Ablehnung von H_0 für $\chi^2 \leq 7,815$

e. Berechnung des Wertes der Prüfgröße

$$\chi^2 = \sum_{i=1}^{k} \frac{(h_i^o - h_i^e)^2}{h_i^e} =$$

$$= \frac{(8 - 7,75)^2}{7,75} + \frac{(17 - 17,65)^2}{17,65} + \frac{(25 - 28,54)^2}{28,54} +$$

$$+ \frac{(30 - 26,54)^2}{26,54} + \frac{(18 - 14,26)^2}{14,26} + \frac{(2 - 5,26)^2}{5,26} =$$

$$= 3,9235$$

f. Entscheidung und Interpretation

Da $\chi^2 = 3,9235 < 7,815$, kann die Nullhypothese H_0 nicht abgelehnt werden. Auf der Basis eines Signifikanzniveaus von $\alpha = 0,05$ und eines Stichprobenumfangs von $n = 100$, lässt das Stichproben- ergebnis vermuten, dass die Lebensdauer dieses Schmetterlings normalverteilt ist.

3.6 Statistische Testverfahren

3.6.2.2 Chi-Quadrat-Unabhängigkeitstest

Unter Verwendung dieses Tests lässt sich prüfen, ob zwei Merkmale stochastisch unabhängig voneinander sind. Er greift auch bei qualitativen (nominal- oder ordinalskalierten) Merkmalen.

a. Nullhypothese

Testung zweier Merkmale von zwei Stichproben, die aus einer oder aus zwei unterschiedlichen Grundgesamtheiten stammen.

b. Prüfgröße

$$\chi^2 = \sum_{i=1}^{r} \sum_{j=1}^{s} \frac{(h_{ij}^o - h_{ij}^e)^2}{h_{ij}^e}$$

mit

h_{ij}^o beobachtete (observed) absolute Häufigkeit der Kombination zweier Merkmale. Das erste Merkmal in seiner i-ten Ausprägung ($i = 1, ..., r$) und das zweite Merkmal in seiner j-ten Ausprägung ($j = 1, ..., s$).

$$h_{i.}^o = \sum_{j=1}^{s} h_{ij}^o \qquad i = 1, ..., r$$

$$h_{.j}^o = \sum_{i=1}^{r} h_{ij}^o \qquad j = 1, ..., s$$

$$h_{..}^o = \sum_{i=1}^{r} h_{i.}^o = \sum_{j=1}^{s} h_{.j}^o = n \qquad i = 1, ..., r \text{ und } j = 1, ..., s$$

h_{ij}^e erwartete (expected) absolute Häufigkeit der Kombination zweier Merkmale. Das erste Merkmal in seiner i-ten Ausprägung ($i = 1, ..., r$) und das zweite Merkmal in seiner j-ten Ausprägung ($j = 1, ..., s$).

$$h_{ij}^e = \frac{h_{i.}^o \cdot h_{.j}^o}{n} \qquad i = 1, ..., r \text{ und } j = 1, ..., s$$

c. Testverteilung

χ^2 = Chi-Quadrat-Verteilung mit $v = (r-1)(s-1)$

r: Anzahl der i-ten Merkmalsausprägung

s: Anzahl der j-ten Merkmalsausprägung

Bedingung: $h_{ij}^e \geq 5 \qquad i = 1, ..., r$ und $j = 1, ..., s$

Beispiel:

Es soll geprüft werden, ob die Nachfrage nach einem bestimmten Produkt von der Farbe der Verpackung dieses Produktes in Zusammenhang mit dem Geschlecht steht. Beide Merkmale sind nominalskaliert. Folgende Beobachtungen bzgl. des Kaufverhaltens von $n = 100$ Probanden sind in der nachfolgenden Kontingenztabelle[16] zusammengefasst:

---

[16] Kontingenztabellen sind Tabellen, die die absoluten oder relativen Häufigkeiten von Kombinatonen bestimmter Merkmalsausprägungen aufzeigen.

3.6 Statistische Testverfahren

Farbe (A) \ Geschlecht (B)	männlich (B1)	weiblich (B2)	divers (B3)	Σ
rot (A1)	$h^o_{11} = 10$	$h^o_{12} = 16$	$h^o_{13} = 2$	$h^o_{1.} = 28$
blau (A2)	$h^o_{21} = 22$	$h^o_{22} = 9$	$h^o_{23} = 2$	$h^o_{2.} = 33$
grün (A3)	$h^o_{31} = 8$	$h^o_{32} = 14$	$h^o_{33} = 2$	$h^o_{3.} = 24$
gelb (A4)	$h^o_{41} = 6$	$h^o_{42} = 9$	$h^o_{43} = 0$	$h^o_{4.} = 15$
Σ	$h^o_{.1} = 46$	$h^o_{.2} = 48$	$h^o_{.3} = 6$	$h^o_{..} = n = 100$

Das Signifikanzniveau dieses Chi-Quadrat-Unabhängigkeitstest soll $\alpha = 0{,}05$ betragen.

a. Definition von Null- und Alternativhypothese

H_0 : Die beiden Merkmale "Farbe der Verpackung des untersuchten Produkts" (A) und "Geschlecht des Nachfragers" (B) sind voneinander unabhängig.

H_A : Die beiden Merkmale "Farbe der Verpackung des untersuchten Produkts" (A) und "Geschlecht des Nachfragers" (B) sind voneinander abhängig.

$\alpha = 0,05$

b. Bestimmung der Prüfgröße

$$\chi^2 = \sum_{i=1}^{r} \sum_{j=1}^{s} \frac{(h_{ij}^o - h_{ij}^e)^2}{h_{ij}^e}$$

c. Bestimmung der Testverteilung

χ^2 = Chi-Quadrat-Verteilung

mit $v = (r-1)(s-1)$ Freiheitsgraden

Zur Bestimmung der erwarteten absoluten Häufigkeiten h_{ij}^e, ist bekannt, dass der **Anteil** der Elemente mit der Merkmalsausprägung
A_i mit $i = 1, ..., 3$ $f(A_i) = \dfrac{h_{i\cdot}^o}{n}$ mit $i = 1, ..., r$
beträgt und der **Anteil** der Elemente mit der Merkmalsausprägung
B_j mit $j = 1, ..., 4$ $f(B_j) = \dfrac{h_{\cdot j}^o}{n}$ mit $j = 1, ..., s$
umfasst.

Die relativen Häufigkeiten $f(A_i)$ und $f(B_j)$ lassen sich wiederum als Wahrscheinlichkeiten interpretieren, so dass bei Unabhängigkeit der beiden untersuchten Merkmale nach dem Multiplikationssatz für zwei stochastisch unabhängige Ereignisse A und B gilt (vgl. Kapitel 3.1.2):

3.6 Statistische Testverfahren

$$W(A \cap B) = W(A) \cdot W(B)$$

bzw.

$$W(A \cap B) = f(A_i \cap B_j) =$$

$$= f(A_i) \cdot f(B_j) = \frac{h_{i.}^o}{n} \cdot \frac{h_{.j}^o}{n}$$

$$\Rightarrow h_{ij}^e = n \cdot W(A \cap B) = n \cdot f(A_i \cap B_j) =$$

$$= n \cdot \frac{h_{i.}^o h_{.j}^o}{n^2} = \frac{h_{i.}^o h_{.j}^o}{n}$$

mit $i = 1, ..., r$ und $j = 1, ..., s$

Farbe (A) \ Geschlecht (B)	männlich (B1)	weiblich (B2)	divers (B3)	Σ
rot (A1)	$h_{11}^e =$ $= \frac{28 \cdot 46}{100} =$ $= 12{,}88$	$h_{12}^e =$ $= \frac{28 \cdot 48}{100} =$ $= 13{,}44$	$h_{13}^e =$ $= \frac{28 \cdot 6}{100} =$ $= 1{,}68$	$h_{1.}^e = 28$
blau (A2)	$h_{21}^e =$ $= \frac{33 \cdot 46}{100} =$ $= 15{,}18$	$h_{22}^e =$ $= \frac{33 \cdot 48}{100} =$ $= 15{,}84$	$h_{23}^e =$ $= \frac{33 \cdot 6}{100} =$ $= 1{,}98$	$h_{2.}^e = 33$
grün (A3)	$h_{31}^e =$ $= \frac{24 \cdot 46}{100} =$ $= 11{,}04$	$h_{32}^e =$ $= \frac{24 \cdot 48}{100} =$ $= 11{,}52$	$h_{33}^e =$ $= \frac{24 \cdot 6}{100} =$ $= 1{,}44$	$h_{3.}^e = 24$
gelb (A4)	$h_{41}^e =$ $= \frac{15 \cdot 46}{100} =$ $= 6{,}90$	$h_{42}^e =$ $= \frac{15 \cdot 48}{100} =$ $= 7{,}20$	$h_{43}^e =$ $= \frac{15 \cdot 6}{100} =$ $= 0{,}90$	$h_{4.}^e = 15$
Σ	$h_{.1}^e = 46$	$h_{.2}^e = 48$	$h_{.3}^e = 6$	$h_{..}^e = 100$

Da die Anwendung der Chi-Quadrat-Verteilung als Testverteilung bedingt, dass $h_{ij}^e \geq 5$ für alle $i = 1, ..., r$ und $j = 1, ..., s$ zu sein hat (siehe oben), müssen Zeilen und/oder Spalten ggf. geeignet zusammengefasst werden.

3.6 Statistische Testverfahren

Im vorliegenden Fall sind sämtliche h^e_{i3}-Werte mit $i = 1, ..., 4$ kleiner 5 ist, so dass hier jeweils die Bedingung $h^e_{ij} \geq 5$ verletzt wird. Da in der Untersuchung 48 weibliche Probanden und 46 männliche Teilnehmer vertreten sind, sollen im Folgenden die diversen Personen auf die männlichen und weiblichen Probanden gleichverteilt werden:

Farbe (A) \ Geschlecht (B)	männlich + divers	weiblich	Σ
rot	$h^o_{11} = 11$ $h^e_{11} = 13{,}72$	$h^o_{12} = 17$ $h^e_{12} = 14{,}28$	28
blau	$h^o_{21} = 23$ $h^e_{21} = 16{,}17$	$h^o_{22} = 10$ $h^e_{22} = 16{,}83$	33
grün	$h^o_{31} = 9$ $h^e_{31} = 11{,}76$	$h^o_{32} = 15$ $h^e_{32} = 12{,}24$	24
gelb	$h^o_{41} = 6$ $h^e_{41} = 7{,}35$	$h^o_{42} = 9$ $h^e_{42} = 7{,}65$	15
Σ	49	51	100

d. Identifizierung des kritischen Bereichs

$\alpha = 0,05$ bzw. $(1 - \alpha) = 0,95$

und $v = (r-1)(s-1) = (2-1)(4-1) = 1 \cdot 3 = 3$

Anmerkungen:

- Durch das Zusammenfassen von männlichen und diversen Probanden aufgrund der Bedingung $h_{ij}^e \geq 5$, ergeben sich bei dem Merkmal "Geschlecht" letztendlich statistisch nicht drei Ausprägungen, sondern zwei, d. h. $r = 2$.

- Da $v = 3 > 1$ ist, ist keine Stetigkeitskorrektur (Yates-Korrektur) durchzuführen.

$\Rightarrow \chi^2 = 7,815$

Siehe Anhang A, Tabelle zur Chi-Quadrat-Verteilung – Verteilungsfunktion.

Liegt die Prüfgröße unterhalb von $\chi^2 = 7,815$, so kann die Nullhypothese H_0 nicht verworfen werden, d. h. es gilt:

Ablehnung von H_0 für $\chi^2 > 7,815$

keine Ablehnung von H_0 für $\chi^2 \leq 7,815$

3.6 Statistische Testverfahren

e. Berechnung des Wertes der Prüfgröße

$$\chi^2 = \sum_{i=1}^{r} \sum_{j=1}^{s} \frac{(h_{ij}^o - h_{ij}^e)^2}{h_{ij}^e} =$$

$$= \frac{(11 - 13,72)^2}{13,72} + \frac{(17 - 14,28)^2}{14,28} + \frac{(23 - 16,17)^2}{16,17} +$$

$$+ \frac{(10 - 16,83)^2}{16,83} + \frac{(9 - 11,76)^2}{11,76} + \frac{(15 - 12,24)^2}{12,24} + \frac{(6 - 7,35)^2}{7,35} +$$

$$+ \frac{(9 - 7,65)^2}{7,65} = 8,4704$$

f. Entscheidung und Interpretation

Da $\chi^2 = 8,4704 > 7,815$, ist die Nullhypothese H_0 abzulehnen. Auf der Basis eines Signifikanzniveaus von $\alpha = 0,05$ und eines Stichprobenumfangs von $n = 100$, lässt das Stichprobenergebnis vermuten, dass die geschlechtsspezifische Nachfrage dieses Produktes nicht von der Farbe seiner Verpackung abhängt.

3.6.2.3 Chi-Quadrat-Homogenitätstest

Mittels dieses Test lässt sich prüfen, ob zwei oder mehr Zufallsstichproben diskreter Merkmale derselben Verteilung bzw. einer homogenen Grundgesamtheit entstammen.

a. Nullhypothese

Testung von zwei oder mehr Stichproben (Zwei- oder Mehrstichprobentest), die hypothetisch aus einer (homogenen) Grundgesamtheit stammen.

b. Prüfgröße

$$\chi^2 = \sum_{i=1}^{r} \sum_{j=1}^{s} \frac{\left(h_{ij}^o - \frac{h_{i.}^o h_{.j}^o}{n}\right)^2}{\frac{h_{i.}^o h_{.j}^o}{n}}$$

mit

h_{ij}^o beobachtete (observed) absolute Häufigkeit der Kombination zweier Merkmale. Das erste Merkmal in seiner i-ten Ausprägung ($i = 1, ..., r$) und das zweite Merkmal in seiner j-ten Ausprägung ($j = 1, ..., s$).

$$h_{i.}^o = \sum_{j=1}^{s} h_{ij}^o \qquad i = 1, ..., r$$

$$h_{.j}^o = \sum_{i=1}^{r} h_{ij}^o \qquad j = 1, ..., s$$

3.6 Statistische Testverfahren

$$h^o_{..} = \sum_{i=1}^{r} h^o_{i.} = \sum_{j=1}^{s} h^o_{.j} = n \qquad i = 1, ..., r \text{ und } j = 1, ..., s$$

h^e_{ij} erwartete (expected) absolute Häufigkeit der Kombination zweier Merkmale. Das erste Merkmal in seiner i-ten Ausprägung ($i = 1, ..., r$) und das zweite Merkmal in seiner j-ten Ausprägung ($j = 1, ..., s$).

$$h^e_{ij} = \frac{h^o_{i.} \cdot h^o_{.j}}{n} \qquad i = 1, ..., r \text{ und } j = 1, ..., s$$

c. Testverteilung

$\chi^2 =$ Chi-Quadrat-Verteilung mit $v = (r-1)(s-1)$

r: Anzahl der i-ten Merkmalsausprägung

s: Anzahl der j-ten Merkmalsausprägung

Bedingung: $h^e_{ij} \geq 5 \qquad i = 1, ..., r \text{ und } j = 1, ..., s$

Beispiel:

Zur Beobachtung der Populationen von Vögeln wird auch das Vorkommen von fünf bestimmter, vom Aussterben bedrohter Vögel von zwei weltweit führenden biologischen Instituten beobachtet. Innerhalb von zwei Stichproben dieser beiden Institute während des gleichen Zeitraums, ergaben sich die folgenden beobachteten absoluten Häufigkeiten:

Vogelart i	Beobachtungs-stichprobe des Instituts A	Beobachtungs-stichprobe des Instituts B	Σ
1	$h^o_{11} = 18$	$h^o_{12} = 12$	$h^o_{1.} = 30$
2	$h^o_{21} = 9$	$h^o_{22} = 10$	$h^o_{2.} = 19$
3	$h^o_{31} = 9$	$h^o_{32} = 8$	$h^o_{3.} = 17$
4	$h^o_{41} = 12$	$h^o_{42} = 11$	$h^o_{4.} = 23$
5	$h^o_{51} = 15$	$h^o_{52} = 17$	$h^o_{5.} = 32$
Σ	$h^o_{.1} = 63$	$h^o_{.2} = 58$	$n = 121$

Auf einem Signifikanzniveau von $\alpha = 0,05$ soll geprüft werden, ob sich die Untersuchungsergebnisse signifikant unterscheiden. Anders ausgedrückt, soll untersucht werden, ob die beiden Untersuchungsergebnisse der beiden Institute homogen sind, d. h. ob sie als Beobachtungsstichproben aus derselben Grundgesamtheit angesehen werden können.

a. Definition von Null- und Alternativhypothese

H_0 : Die Untersuchungsergebnisse sind homogen.

H_A : Die Untersuchungsergebnisse sind heterogen.

$\alpha = 0,05$

3.6 Statistische Testverfahren

b. Bestimmung der Prüfgröße

$$\chi^2 = \sum_{i=1}^{r} \sum_{j=1}^{s} \frac{\left(h_{ij}^o - \frac{h_{i.}^o h_{.j}^o}{n}\right)^2}{\frac{h_{i.}^o h_{.j}^o}{n}}$$

c. Bestimmung der Testverteilung

χ^2 = Chi-Quadrat-Verteilung

mit $v = (r-1)(s-1)$ Freiheitsgraden

Zur Bestimmung der erwarteten absoluten Häufigkeiten h_i^e lassen sich die Summen je betrachteter Vogelart i, $h_{i.}^o$, wie folgt relativieren:

$h_{.1}^o : h_{.2}^o = 63 : 58 = 1,0862 : 1$

Alternativ lässt sich auch die bereits bekannte Formel (siehe Kapitel 3.6.2.2) nutzen:

$$h_{ij}^e = \frac{h_{i.}^o h_{.j}^o}{n}$$

mit $i = 1, ..., r$ und $j = 1, ..., s$

i	Beobachtungen des Instituts A	Beobachtungen des Instituts B	Σ
1	$h_{11}^e = \dfrac{30 \cdot 63}{121} =$ $= 15,62$	$h_{12}^e = \dfrac{30 \cdot 58}{121} =$ $= 14,38$	$h_{1.}^e = 30$
2	$h_{21}^e = \dfrac{19 \cdot 63}{121} =$ $= 9,89$	$h_{22}^e = \dfrac{19 \cdot 58}{121} =$ $= 9,11$	$h_{2.}^e = 19$
3	$h_{31}^e = \dfrac{17 \cdot 63}{121} =$ $= 8,85$	$h_{32}^e = \dfrac{17 \cdot 58}{121} =$ $= 8,15$	$h_{3.}^e = 17$
4	$h_{41}^e = \dfrac{23 \cdot 63}{121} =$ $= 11,98$	$h_{42}^e = \dfrac{23 \cdot 58}{121} =$ $= 11,02$	$h_{4.}^e = 23$
5	$h_{51}^e = \dfrac{32 \cdot 63}{121} =$ $= 16,66$	$h_{52}^e = \dfrac{32 \cdot 58}{121} =$ $= 15,34$	$h_{5.}^e = 32$
Σ	$h_{.1}^e = 63$	$h_{.2}^e = 58$	$h_{..}^e = 121$

Die Bedingung $h_{ij}^e \geq 5$ ist für alle $i = 1, ..., r$ und $j = 1, ..., s$ erfüllt, so dass die Chi-Quadrat-Verteilung als Testverteilung (unmittelbar) angewendet werden darf.

3.6 Statistische Testverfahren

Anmerkung:

- Da $v = 4 > 1$ ist, ist keine Stetigkeitskorrektur (Yates-Korrektur) durchzuführen.

d. Identifizierung des kritischen Bereichs

$\alpha = 0,05$ bzw. $(1 - \alpha) = 0,95$

und $v = (r - 1)(s - 1) = (5 - 1)(2 - 1) = 4 \cdot 1 = 4$

$\Rightarrow \chi^2 = 9,488$

Siehe Anhang A, Tabelle zur Chi-Quadrat-Verteilung – Verteilungsfunktion.

Liegt die Prüfgröße unterhalb von $\chi^2 = 9,488$, so kann die Nullhypothese H_0 nicht verworfen werden, d. h. es gilt:

Ablehnung von H_0 für $\chi^2 > 9,488$

keine Ablehnung von H_0 für $\chi^2 \leq 9,488$

e. Berechnung des Wertes der Prüfgröße

$$\chi^2 = \sum_{i=1}^{r} \sum_{j=1}^{s} \frac{\left(h_{ij}^o - \frac{h_{i.}^o h_{.j}^o}{n}\right)^2}{\frac{h_{i.}^o h_{.j}^o}{n}} = \sum_{i=1}^{r} \sum_{j=1}^{s} \frac{(h_{ij}^o - (h_{ij}^e)^2}{h_{ij}^e} =$$

$$= \frac{(18 - 15,62)^2}{15,62} + \frac{(12 - 14,38)^2}{14,38} + \frac{(9 - 9,89)^2}{9,89} +$$

$$+ \frac{(10 - 9,11)^2}{9,11} + \frac{(9 - 8,85)^2}{8,85} + \frac{(8 - 8,15)^2}{8,15} +$$

$$+ \frac{(12 - 11,98)^2}{11,98} + \frac{(11 - 11,02)^2}{11,02} + \frac{(15 - 16,66)^2}{16,66} +$$

$$+ \frac{(17 - 15,34)^2}{15,34} = 1,2738$$

f. Entscheidung und Interpretation

Da $\chi^2 = 1,2738 < 9,488$, kann die Nullhypothese H_0 nicht abgelehnt werden. Auf der Basis eines Signifikanzniveaus von $\alpha = 0,05$ und eines Stichprobenumfangs von $n = 121$, lässt das Stichprobener- gebnis vermuten, dass die beiden unabhängig voneinander erzielten Untersuchungsergebnisse homogen sind, d. h. sie sich nicht signifikant voneinander unterscheiden.

3.6.3 Yates-Korrektur

Bei $v = 1$ Freiheitsgrad ist eine Stetigkeitskorrektur (Yates[17] –Korrektur) durchzuführen:

$$\chi^2_{korr} = \sum_{i=1}^{k} \frac{(|h_i^o - h_i^e| - 0,5)^2}{h_i^e}$$

bzw.

$$\chi^2_{korr} = \sum_{i=1}^{r} \sum_{j=1}^{s} \frac{\left(|h_{ij}^o - h_{ij}^e| - 0,5\right)^2}{h_{ij}^e}$$

Beispiel:

... gemäß des Beispiels von Kapitel 3.6.2.3 reduziert auf zwei Vogelarten:

Vogelart i	Beobachtungs-stichprobe des Institut A	Beobachtungs-stichprobe des Institut B	Σ
1	$h_{11}^o = 18$	$h_{12}^o = 12$	$h_{1.}^o = 30$
2	$h_{21}^o = 9$	$h_{22}^o = 10$	$h_{2.}^o = 19$
Σ	$h_{.1}^o = 27$	$h_{.2}^o = 22$	$n = 49$

---

[17] Frank Yates (1902 - 1994) war ein englischer Statistiker.

b. und e. Bestimmung und Berechnung der Prüfgröße

$$\chi^2_{korr} = \sum_{i=1}^{r} \sum_{j=1}^{s} \frac{\left(|h^o_{ij} - h^e_{ij}| - 0,5\right)^2}{h^e_{ij}}$$

unter Verwendung der Yates-Korrektur,

da $v = (r-1)(s-1) = (2-1)(2-1) = 1$ ist.

$$h^e_{ij} = \frac{h^o_{i.} h^o_{.j}}{n}$$

mit $i = 1, ..., r$ und $j = 1, ..., s$

i	Beobachtungen des Instituts A	Beobachtungen des Instituts B	Σ
1	$h^e_{11} = \dfrac{30 \cdot 27}{49} =$ $= 16,53$	$h^e_{12} = \dfrac{30 \cdot 22}{49} =$ $= 13,47$	$h^e_{1.} = 30$
2	$h^e_{21} = \dfrac{19 \cdot 27}{49} =$ $= 10,47$	$h^e_{22} = \dfrac{19 \cdot 22}{49} =$ $= 8,53$	$h^e_{2.} = 19$
Σ	$h^e_{.1} = 27$	$h^e_{.2} = 22$	$h^e_{..} = 49$

mit $h^e_{ij} \geq 5$ für alle $i = 1, ..., r$ und $j = 1, ..., s$

3.6 Statistische Testverfahren

$$\chi^2_{korr} = \sum_{i=1}^{r} \sum_{j=1}^{s} \frac{\left(|h^o_{ij} - h^e_{ij}| - 0,5\right)^2}{h^e_{ij}}$$

$$= \frac{(|18 - 16,53| - 0,5)^2}{16,53} + \frac{(|12 - 13,47| - 0,5)^2}{13,47} +$$

$$+ \frac{(|9 - 10,47| - 0,5)^2}{10,47} + \frac{(|10 - 8,53| - 0,5)^2}{8,53} =$$

$$= 0,0569 + 0,0699 + 0,0899 + 0,1103 = 0,3270$$

d. Identifizierung des kritischen Bereichs

$\alpha = 0,05$ bzw. $(1 - \alpha) = 0,95$

und $v = (r - 1)(s - 1) = (2 - 1)(2 - 1) = 1$

$\Rightarrow \chi^2 = 3,841$

Siehe Anhang A, Tabelle zur Chi-Quadrat-Verteilung – Verteilungsfunktion.

Ablehnung von H_0 für $\chi^2 > 3,841$

keine Ablehnung von H_0 für $\chi^2 \leq 3,841$

f. Entscheidung und Interpretation

Da $\chi^2 = 0,3270 < 3,841$ ist, kann die Nullhypothese H_0 nicht abgelehnt werden. Das Stichprobenergebnis lässt unter den Prüfbedingungen ($\alpha = 0,05$ und $n = 49$) vermuten, dass die beiden unabhängig voneinander erzielten Untersuchungsergebnisse homogen sind, d. h. sie sich nicht signifikant voneinander unterscheiden.

Kapitel 4

Wahrscheinlichkeitsrechnung

4.1 Begriffe und Definitionen

Definition:

Die Wahrscheinlichkeitsrechnung bildet die Grundlage der induktiven Statistik.

Viele Ereignisse wirtschaftlicher Entscheidungen sind nicht streng determiniert (vorherbestimmbar), sondern sind stochastisch, d. h. vom Zufall bestimmt.

Grundlegende Begriffe

(1) *Zufallsexperiment*

Vorgang, der nach einer bestimmten Vorschrift ausgeführt wird und beliebig oft wiederholbar ist, dessen Ergebnis jedoch vom Zufall abhängt, d. h. im Voraus nicht eindeutig bestimmbar ist.

Beispiel:

Glücksspiele wie Lotto oder Roulette.

(2) *Elementarereignis / Ereignis / Ereignisraum*

Bei jedem Zufallsexperiment existiert eine Reihe möglicher elementarer Ergebnisse, sogenannte Elementarereignisse oder Realisationen. Ein Ereignis umfasst jede beliebige Teilmenge des Ereignisraumes S.

Beispiel:

Einmaliges Werfen eines Würfels.

Dieses Zufallsexperiment umfasst sechs mögliche
Elementarereignisse: $e_1 = 1$, $e_2 = 2$, ..., $e_6 = 6$

Die Menge aller Elementarereignisse umfasst den sogenannten Ereignisraum S.

4.2 Wahrscheinlichkeitsbegriffe

Die Wahrscheinlichkeit ist ein Maß zur Quantifizierung der Sicherheit beziehungsweise Unsicherheit des Eintretens eines bestimmten Ereignisses im Rahmen eines Zufallsexperiments.

4.2.1 Der klassische Wahrscheinlichkeitsbegriff

Sind alle Elementarereignisse gleichwahrscheinlich, so bestimmt sich die Wahrscheinlichkeit, dass bei einem bestimmten Zufallsexperiment das Ereignis A eintritt, aus folgendem Quotienten:

$$W(A) = \frac{\text{Zahl der günstigsten Fälle}}{\text{Zahl aller gleichwahrscheinlichen Fälle}}$$

mit $A = \{\text{Menge aller günstigen Fälle}\}$

Beispiel:

Wie groß ist die Wahrscheinlichkeit des Ereignisses A, beim Werfen eines (einwandfreien) Würfels eine „6" zu werfen?

$$W(A) = \frac{1}{6}$$

4.2 Wahrscheinlichkeitsbegriffe

Anmerkung:
Die praktische Bedeutung des klassischen Wahrscheinlichkeitsbegriffs ist begrenzt, da dieser nur bei gleichwahrscheinlichen Ereignissen angewendet werden kann.

4.2.2 Der statistische Wahrscheinlichkeitsbegriff

Bei der statistischen Definition der Wahrscheinlichkeit geht man von einem Zufallsexperiment aus, das aus einer gegen Unendlich strebenden Folge voneinander unabhängiger Versuche besteht.

$$W(A) = \lim_{n \to \infty} \frac{h_n(A)}{n} = \lim_{n \to \infty} f_n(A)$$

mit: n = Anzahl der Versuche / Beobachtungen

h_n = absolute Häufigkeit des Ereignisses A

f_n = relative Häufigkeit des Ereignisses A

Beispiel:

Wie groß ist die Wahrscheinlichkeit, das Ereignis „Kopf" mit einer Münze, die über zwei Seiten („Kopf" und „Zahl") verfügt, zu werfen?

Es ist anzunehmen, dass sich $f_n(A)$ immer mehr dem Wert $0,5$ nähert, wenn die Würfe unendlich fortgesetzt würden. Würde man dabei feststellen, dass $f_n(A)$ immer weniger von dem Wert $0,5$ abweicht, hätte man es hier mit einer „idealen Münze" zu tun. Bei dieser ist die Wahrscheinlichkeit für das Ereignis „Kopf" genauso groß wie die Wahrscheinlichkeit für das Ereignis „Zahl".

4.2.3 Der subjektive Wahrscheinlichkeitsbegriff

Insbesondere bei der praktischen Entscheidungsfindung werden Wahrscheinlichkeiten in der Regel weder unter Verwendung des klassischen noch mit Hilfe des statistischen Wahrscheinlichkeits- begriffs bestimmt. Man bedient sich meist den subjektiven Wahrscheinlichkeiten von Experten; meist unter Anwendung der sogenannten *Delphi-Methode*. Subjektive Wahrscheinlichkeiten finden in den Wirtschaftswissenschaften häufig bei Entscheidungsmodellen unter Unsicherheit Anwendung.

4.2.4 Axiome der Wahrscheinlichkeitsrechnung

Der axiomatische Wahrscheinlichkeitsbegriff möchte nicht das Wesen der Wahrscheinlichkeiten erklären, sondern definiert die mathematischen Eigenschaften von Wahrscheinlichkeiten in Form von drei Axiomen.

1. Axiom:

Die Wahrscheinlichkeit $W(A)$ des Ereignisses A eines Zufallsexperimentes ist eine eindeutig bestimmte, reelle, nichtnegative Zahl zwischen Null und Eins:

$$0 \leq W(A) \leq 1 \text{ mit } W(A) \in \text{reellen Zahlen und } A \subset S$$

Anmerkung:

$W(A)$ ist nicht negativ.

Beispiel:

Wie groß ist die Wahrscheinlichkeit bei einmaligem Würfeln, die Zahl 5 zu werfen?

$$W(5) = \frac{1}{6} = 0,166$$

4.2 Wahrscheinlichkeitsbegriffe

2. Axiom:

Die Wahrscheinlichkeit für das Eintreten aller Ereignisse innerhalb eines Zufallsexperimentes, d. h. für den gesamten Ereignisraum S, ist eins:

$$W(S) = 1$$

Beispiel:

Man betrachte einen Würfelwurf innerhalb des Ereignisraums S mit $S = \{1, 2, 3, 4, 5, 6\}$, wobei $e_1 = 1, e_2 = 2, e_3 = 3, e_4 = 4, e_5 = 5,$ und $e_6 = 6$ sind.

$$W(S) = \frac{6}{6} = 1$$

3. Axiom:

Schließen sich zwei Ereignisse A und B eines Zufallsexperiments gegenseitig aus, so gilt:

$$W(A \cup B) = W(A) + W(B) \text{ mit } A \cap B = \{\ \}$$

Beispiel:

Wie groß ist die Wahrscheinlichkeit bei einmaligem Würfeln eine "2" oder eine "5" zu werfen?

$$W(e_1 \cup e_2) \text{ mit } e_1 = 2 \text{ und } e_2 = 5 = \frac{1}{6} + \frac{1}{6} = \frac{2}{6}$$

$$W(e_1 \cap e_2) = \{\ \}$$

4.3 Sätze der Wahrscheinlichkeitsrechnung

4.3.1 Der Satz der komplementären Ereignisse

Die Summe der Wahrscheinlichkeiten des zufälligen Ereignisses A und des zu A komplementären Ereignisses $\overline{A}$ ($=$ Ereignis Nicht-A) ist gleich eins:

$$W(A \cup \overline{A}) = W(A) + W(\overline{A}) = 1$$

Beispiel:

Wie groß ist die Wahrscheinlichkeit, dass bei einem Wurf von zwei Würfeln die Augensumme beider Würfel nicht 4 beträgt?

$\Rightarrow$ 2 Würfel à 6 Werte, d. h. es gibt 36 gleichwahrscheinliche Elementarereignisse (i, j), wobei $i = 1, ..., 6$ und $j = 1, ..., 6$ sind.

Da die Elementarergebnisse (i, j) gleichwahrscheinlich sind, gilt:

$$W(i, j) = \frac{1}{36} \text{ mit } \sum_{i=1}^{6} \sum_{j=1}^{6} W(i, j) = 1$$

Das Ereignis A, dass die Augensumme beider Würfel 4 ist, setzt sich aus drei Elementarereignissen zusammen:

$$A = \{(1, 3) \cup (2, 2) \cup (3, 1)\}$$

4.3 Sätze der Wahrscheinlichkeitsrechnung

$\Rightarrow \quad W(A) = W(1,3) + W(2,2) + W(3,1) = \dfrac{1}{36} + \dfrac{1}{36} + \dfrac{1}{36} = \dfrac{1}{12}$

$\Rightarrow \quad W(\overline{A}) = 1 - W(A) = 1 - \dfrac{1}{12} = \dfrac{11}{12}$

4.3.2 Der Multiplikationssatz bei Unabhängigkeit der Ereignisse

Treten die Ereignisse A und B <u>unabhängig voneinander</u> ein, so gilt:

$$W(A \cap B) = W(A) \cdot W(B)$$

Beispiel:

Eine Münze, auf deren eine Seite ein Wappen abgebildet ist, wird zweimal geworfen. Wie groß ist die Wahrscheinlichkeit, zweimal Wappen zu erhalten?

Jeder Wurf erfolgt neu und daher unabhängig voneinander.

$\Rightarrow \quad W(A) = 0,5 \quad$ mit $\ A = $ Wappen und

$\overline{A} = $ Nicht-Wappen

$\Rightarrow \quad W(A_1 \cap A_2) = W(A_1) \cdot W(A_2) = 0,5 \cdot 0,5 = 0,25$

Die Wahrscheinlichkeit zweimal hintereinander Wappen zu werfen, beträgt $0,25$; die Gegenwahrscheinlichkeit $0,75$.

4.3.3 Der Additionssatz

(1) Die Ereignisse A und B schließen sich nicht gegenseitig aus.

Sind A und B zwei beliebige Ereignisse eines Zufallsexperiments, die sich nicht gegenseitig ausschließen, so berechnet sich die additive (gemeinsame) Wahrscheinlichkeit des Ereignisses $W(A \cup B)$ mit:

$$W(A \cup B) = W(A) + W(B) - W(A \cap B)$$

Die Wahrscheinlichkeit, dass entweder A oder B oder $A \cap B$, d. h. A und B gemeinsam auftreten, ergibt sich aus der Addition von $W(A)$ und $W(B)$ abzüglich der Wahrscheinlichkeit für das gemeinsame Auftreten von A und B.

(2) A und B schließen sich gegenseitig aus.

Für den Fall, dass sich die Ereignisse A und B gegenseitig ausschließen, gilt:

$$W(A \cup B) = W(A) + W(B)$$

Beispiel:
Wie groß ist die Wahrscheinlichkeit, dass bei einem Wurf von zwei gleichen Münzen, auf deren jeweils eine Seite ein Wappen und auf der anderen Seite eine Zahl abgebildet sind, wenigstens eine Münze Wappen zeigt?

4.3 Sätze der Wahrscheinlichkeitsrechnung

1. Schritt: Ereignisraum S

$$S = \{ww, wz, zw, zz\} \text{ mit } w = \text{Wappen und } z = \text{Zahl}$$

$$W(ww) = W(wz) = W(zw) = W(zz) = \frac{1}{4}$$

Alle Ereignisse sind gleichwahrscheinlich.

2. Schritt: Ausschließlichkeit / Nicht-Ausschließlichkeit

$A = $ Ereignis, dass die 1. Münze Wappen zeigt $= \{ww, wz\}$

$B = $ Ereignis, dass die 2. Münze Wappen zeigt $= \{ww, zw\}$

$\Rightarrow$ Die Ereignisse A und B schließen sich nicht gegenseitig aus, wenn die 1. und 2. Münze Wappen zeigt $\{ww\}$.

3. Schritt: Additionssatz

$$W(A \cup B) = W(A) + W(B) - W(A \cap B)$$

4. Schritt: Berechnung

$$W(A \cup B) = \underbrace{\frac{1}{4} + \frac{1}{4}}_{W(A)} + \underbrace{\frac{1}{4} + \frac{1}{4}}_{W(B)} - \underbrace{\frac{1}{4}}_{W(ww)} = \frac{3}{4} = 0{,}75$$

4.3.4 Die bedingte Wahrscheinlichkeit

Oft ist die Wahrscheinlichkeit, dass ein Ereignis A eintritt, *bedingt*, d. h. abhängig vom Eintreten eines anderen Ereignisses B. Die Wahrscheinlichkeit für A unter der Voraussetzung, dass ein (anderes) Ereignis B eintritt, wird als *bedingte Wahrscheinlichkeit* des Ereignisses A unter der Bedingung B, $W(A/B)$ bezeichnet, mit:

$$W(A/B) = \frac{W(A \cap B)}{W(B)}$$

Beispiel:

Betrachtet wird ein Würfelwurf. Die Ergebnismenge $A = \{1, 3, 5\}$ umfasst alle ungeraden Zahlen und die Ergebnismenge B umfasst die folgende Zahlenmenge $B = \{3, 5, 6\}$

$$W(A) = \frac{3}{6} = \frac{1}{2}$$

$$W(B) = \frac{3}{6} = \frac{1}{2}$$

$$A \cap B = \{3, 5\}$$

$$W(A \cap B) = \frac{2}{6} = \frac{1}{3}$$

$$W(A/B) = \frac{W(A \cap B)}{W(B)} = \frac{\frac{1}{3}}{\frac{1}{2}} = \frac{2}{3}$$

4.3.5 Die stochastische Unabhängigkeit

Ein Ereignis A ist dann von Ereignis B *stochastisch* (unter Berücksichtigung des Zufalls) *unabhängig*, wenn das Eintreten von A von dem Eintreten oder Nichteintreten des Ereignisses B nicht abhängt. Dann gilt:

$$W(A/B) = W(A/\overline{B})$$

Beispiel:

Betrachtet wird ein Würfelwurf. Das Ereignis A umfasst alle Würfe mit geraden Augenzahlen und das Ereignis B beschreibt alle Würfe mit Augenzahlen, die kleiner als 5 sind. Geprüft werden soll, ob das Ereignis A stochastisch unabhängig von dem Ereignis B ist.

Ereignis $A = \{2, 4, 6\}$ $\quad\quad\quad\quad \overline{A} = \{1, 3, 5\}$

$W(A) = \dfrac{3}{6} = \dfrac{1}{2}$ $\quad\quad\quad\quad W(\overline{A}) = \dfrac{3}{6} = \dfrac{1}{2}$

Ereignis $B = \{1, 2, 3, 4\}$ $\quad\quad\quad\quad \overline{B} = \{5, 6\}$

$W(B) = \dfrac{4}{6} = \dfrac{2}{3}$ $\quad\quad\quad\quad W(\overline{B}) = \dfrac{2}{6} = \dfrac{1}{3}$

$A \cap B = \{2, 4\}$

$W(A \cap B) = \dfrac{2}{6} = \dfrac{1}{3}$

$$W(A/B) = \frac{W(A \cap B)}{W(B)} = \frac{2/6}{2/3} = \frac{3}{6} = \frac{1}{2}$$

$$W(A/\overline{B}) = \frac{W(A \cap \overline{B})}{W(\overline{B})} = \frac{1/6}{1/3} = \frac{1}{2}$$

$\Rightarrow$ Die beiden Ereignisse A und B sind stochastisch voneinander unabhängig.

4.3.6 Der Multiplikationssatz in allgemeiner Form

Soll der Multiplikationssatz zu Punkt 4.3.2 allgemein gelten, d. h. das Ereignis B wird bedingt durch das Ereignis A, so gilt:

$$W(A \cap B) = W(A) \cdot W(B/A) = W(B) \cdot W(A/B)$$

Beispiel:

Die Wahrscheinlichkeit aus einem Kartenspiel (32 Karten mit 4 Königen) einen König zu ziehen ist: $W(A) = \frac{4}{32} = \frac{1}{8}$. Ist die gezogene Karte ein König, so ist die Wahrscheinlichkeit, wieder einen König zu ziehen: $W(B) = \frac{3}{31}$. Die Wahrscheinlichkeit, zwei Könige mit zwei Karten zu ziehen, beträgt daher:

$$W(A \cap B) = W(A) \cdot W(B/A) = \frac{1}{8} \cdot \frac{3}{31} \approx 0{,}012 \mathrel{\widehat{=}} 1{,}2\%$$

4.3.7 Das Theorem der totalen Wahrscheinlichkeit

$A_1, A_2, ..., A_n$ seien sich gegenseitig ausschließende Ereignisse, die einen Ereignisraum S vollständig ausfüllen, so dass gilt:

$$A_1 \cup A_2 \cup ... \cup A_n = S \text{ und } A_i \cap A_j = \{\ \} \text{ mit } i,j = 1,...,n;\ i \neq j$$

dann lässt sich jedes beliebige Ereignis E als Vereinigung von sich gegenseitig ausschließenden Ereignissen darstellen:

$$E = (E \cap A_1) \cup (E \cap A_2) \cup ... \cup (E \cap A_n)$$

(1) Anwendung des <u>Additionssatzes</u> für sich gegenseitig ausschließende Ereignisse:

$$\Rightarrow W(E) = W(E \cap A_1) + ... + W(E \cap A_n)$$

(2) Anwendung des <u>allgemeinen Multiplikationssatzes</u> bei Abhängigkeit der Ereignisse:

$$\Rightarrow W(E) = W(A_1) \cdot W(E/A_1) + ... + W(A_n) \cdot W(E/A_n)$$

$$\Leftrightarrow W(E) = \sum_{i=1}^{n} W(A_i) \cdot W(E/A_i)$$

Beispiel:

In einem Betrieb werden täglich 2.000 Stücke eines Produktes hergestellt. Davon liefert Maschine M_1 800 Stücke mit 9% Ausschuss- anteil, M_2 700 Stücke mit 7% Ausschussanteil und M_3 500 Stücke mit 4% Ausschussanteil.

Zufällig wird eine Mengeneinheit ausgewählt. Wie groß ist die Wahrscheinlichkeit, dass die ausgewählte Mengeneinheit fehlerhaft ist?

A_i ($i = 1, 2, 3$) beschreibt das Ereignis, dass ein Stück von Maschine M_i hergestellt wurde.

E_i beschreibt die Anzahl der auf Maschine M_i gefertigten Stücke.

Es lassen sich die folgenden Wahrscheinlichkeiten berechnen:

$$W_1(A_1) = \frac{800}{2.000} = 0,40 \text{ und } W_1(E_1/A_1) = \frac{9}{100} = 0,09$$

$$W_2(A_2) = \frac{700}{2.000} = 0,35 \text{ und } W_2(E_2/A_2) = \frac{7}{100} = 0,07$$

$$W_3(A_3) = \frac{500}{2.000} = 0,25 \text{ und } W_3(E_3/A_3) = \frac{4}{100} = 0,04$$

Ereignis E berechnet sich als:

$$E = (E \cap A_1) \cup (E \cap A_2) \cup (E \cap A_3)$$

$$W(E) = \sum_{i=1}^{3} W_i(A_i) \cdot W_i(E_i/A_i) =$$

$$= 0,4 \cdot 0,09 + 0,35 \cdot 0,07 + 0,25 \cdot 0,04 =$$

$$= 0,0705$$

A: Die Wahrscheinlichkeit, dass ein ausgewähltes Stück fehlerhaft ist, liegt bei $7,05\%$.

4.3.8 Das Theorem von Bayes (Bayes'sche Regel)

Mit Hilfe des *Bayes'schen Theorems* lässt sich die bedingte Wahrscheinlichkeit für ein beliebiges Ereignis A_j aus den möglichen Ereignissen $A_1, A_2, ..., A_n$ des Ereignisraumes S ermitteln unter der Voraussetzung, dass ein bestimmtes Ereignis E eingetreten ist:

$$W(A_j/E) = \frac{W(A_j \cap E)}{W(E)} = \frac{W(A_j) \cdot W(E/A_j)}{\sum_{i=1}^{n} W(A_i) \cdot W(E/A_i)}$$

mit:

$$A_1 \cup A_2 \cup ... \cup A_n = S \text{ und } A_i \cap A_j = \{\} \text{ mit } i, j = 1, ..., n; i \neq j$$

Da sich die Wahrscheinlichkeit für das Eintreten des Ereignisses A_j auf ein zuvor eingetretenes Ereignis bezieht, $W(A_j/E)$, d. h. faktisch erst <u>nach</u> dem Ereignis von E berechnen lässt, nennt man die Wahrscheinlichkeit $W(A_i/E)$ auch die *a posteriori-Wahrscheinlichkeit*. Die nicht-bedingte Wahrscheinlichkeit $W(A_j)$ wird entsprechend als *a priori-Wahrscheinlichkeit* bezeichnet.

Beispiel:

Eine Tagesproduktion von 1.000 ME eines Produktes verteilt sich wie folgt auf drei Maschinen, M_1 100 ME, M_2 400 ME und M_3 500 ME. Die relativen Fehlerhäufigkeiten (*Fehlerquoten*) betragen bei M_1 0,05 (5 %), bei M_2 0,04 (4 %) und bei M_3 0,02 (2 %).

Aus einer Tagesproduktion wird ein Stück zufällig ausgewählt. Dabei wird festgestellt, dass dieses Stück fehlerhaft ist.

Wie groß ist die Wahrscheinlichkeit, dass diese fehlerhafte Mengeneinheit (ME) auf Maschine M_1 bzw. M_2 bzw. M_3 gefertigt wurde?

A_j: ME wurde auf Maschine M_j hergestellt; $j = 1, 2, 3$

E: ME ist fehlerhaft.

Theorem von Bayes

$$W(A_j/E) = \frac{W(A_j \cap E)}{W(E)} = \frac{W(A_j) \cdot W(E/A_j)}{\sum_{i=1}^{n} W(A_i) \cdot W(E/A_i)}$$

$$W(A_1) = \frac{100}{1.000} = 0,1$$

$$W(A_2) = \frac{400}{1.000} = 0,4$$

$$W(A_3) = \frac{500}{1.000} = 0,5$$

$$\Rightarrow W(A_1/E) = \frac{0,1 \cdot 0,05}{0,1 \cdot 0,05 + 0,4 \cdot 0,04 + 0,5 \cdot 0,02} =$$

$$= \frac{0,1 \cdot 0,05}{0,031} \approx 0,16$$

$$\Rightarrow W(A_2/E) = \frac{0,4 \cdot 0,04}{0,031} \approx 0,52$$

$$\Rightarrow W(A_3/E) = \frac{0,5 \cdot 0,02}{0,031} \approx 0,32$$

Die Wahrscheinlichkeit, dass die gezogene, fehlerhafte ME von Maschine M_2 stammt, ist mit ca. $0,52$ ($= 52\,\%$) am größten.

4.3.9 Übersicht der Wahrscheinlichkeitsberechnung von sich ausschließenden und sich nicht ausschließenden Ereignissen

	$\cup \Rightarrow +$ oder	$\cap \Rightarrow \times$ und
Ereignisse A und B schließen sich gegenseitig aus $\Rightarrow$ keine gemeinsamen Elemente $\Rightarrow$ **Unabhängigkeit** der Ereignisse	$W(A \cup B) =$ $= W(A) + W(B)$ siehe 4.3.3 (2)	$W(A \cap B) =$ $= W(A) \cdot W(B)$ siehe 4.3.2
Ereignisse A und B schließen sich <u>nicht</u> gegenseitig aus $\Rightarrow$ es existieren gemeinsame Elemente $\Rightarrow$ **Abhängigkeit** der Ereignisse	$W(A \cup B) =$ $= W(A) + W(B)$ $- W(A \cap B)$ siehe 4.3.3 (1)	$W(A \cap B) =$ $= W(A) \cdot W(B/A)$ $= W(B) \cdot W(A/B)$ siehe 4.3.6

4.4 Zufallsvariable

4.4.1 Der Begriff der Zufallsvariablen

Definition:

Ändert sich eine Variable auf nicht vorhersehbare Weise, d. h. nimmt die Variable ihre Werte nur in Abhängigkeit vom Zufall an, so spricht man von einer *Zufallsvariablen*. Zufallsvariablen werden in der Regel mit großen Buchstaben X, Y, Z symbolisiert, während man deren Ausprägungen entsprechend mit kleinen Buchstaben kennzeichnet.

Beispiel:

Beim Zufallsexperiment „Zweimaliges Werfen einer Münze", auf deren eine Seite ein Wappen abgebildet ist, ist die Häufigkeit des Ereignisses Wappen vom Zufall abhängig. Die Ausprägungen dieser Zufallsvariablen X, $X = $ Anzahl Wappen beim zweimaligen Werfen einer Münze, können sein $x = 0 \lor x = 1 \lor x = 2$.

4.4.2 Die Wahrscheinlichkeitsfunktion diskreter Zufallsvariablen

Jedem Wert einer Zufallsvariablen X mit der speziellen Ausprägung x_i lässt sich eine Wahrscheinlichkeit $W(X = x_i)$ zuordnen. Die Funktion $f(x_i)$, die für jede Ausprägung der Zufallsvariablen die Wahrscheinlichkeit ihrer Realisation angibt, bezeichnet man als Wahrscheinlichkeitsfunktion der Zufallsvariablen X:

$$f(x_i) = W(X = x_i)$$

Sie besitzt die Eigenschaften: $f(x_i) \geq 0$ und $\sum_{i=1}^{n} f(x_i) = 1$

mit $i = 1, ..., n$

4.4 Zufallsvariable

Beispiel:

Eine Münze, die über zwei Seiten „Kopf" (K) und „Zahl" (Z) verfügt, wird zweimal hintereinander geworfen. Wie groß ist die Wahrscheinlichkeit, dass mindestens einmal Kopf geworfen wird?

Die verschiedenen Möglichkeiten, welche sich aus einem zweimaligen Münzwurf ergeben, lauten: KK, KZ, ZK, ZZ.

Elementarereignis e_i mit $i = 1,...,4$	Wahrscheinlichkeit $W(e_i)$	Anzahl Kopf x	Wahrscheinlichkeit $W(X = x_i) = f(x)$
$e_1 = ZZ$	$W(e_1) = \dfrac{1}{4} = 0,25$	$x_1 = 0$	$f(x_1) = 0,25$
$e_2 = KZ$	$W(e_2) = \dfrac{1}{4} = 0,25$	$x_2 = 1$	$f(x_2) = 0,50$
$e_3 = ZK$	$W(e_3) = \dfrac{1}{4} = 0,25$		
$e_4 = KK$	$W(e_4) = \dfrac{1}{4} = 0,25$	$x_3 = 2$	$f(x_3) = 0,25$
			$f(x_1) + f(x_2) +$ $+ f(x_3) = 1$

Die Wahrscheinlichkeit, dass mindestens einmal Kopf geworfen wird, liegt bei:

$$W(e_2) + W(e_3) + W(e_4) = 0,25 + 0,25 + 0,25 = 0,75$$

4.4.3 Die Verteilungsfunktion diskreter Zufallsvariablen

Der Funktionswert einer Verteilungsfunktion $F(x)$ von einer Zufallsvariablen X gibt die Wahrscheinlichkeit dafür an, dass die Zufallsvariable X höchstens den Wert x_i annimmt:

$$F(x) = W(X \leq x_i)$$

Die Verteilungsfunktion diskreter Zufallsvariablen besitzt folgende *Eigenschaften*:

(1) für ein beliebiges x: $\qquad 0 \leq F(x) \leq 1$

(2) unmögliches Ereignis: $\qquad \lim\limits_{x \to -\infty} F(x) = 0$
bzw. $x \to 0$

(3) sicheres Ereignis: $\qquad \lim\limits_{x \to \infty} F(x) = 1$

Beispiel:

Zu dem Beispiel aus 4.4.2:

4.4 Zufallsvariable

$F(x) = W(X \leq x_i)$

x_i	$F(x) = W(X \leq x)$
$x_1 = 0$	0,25
$x_2 = 1$	0,75
$x_3 = 2$	1,00

Verteilungsfunktion graphisch

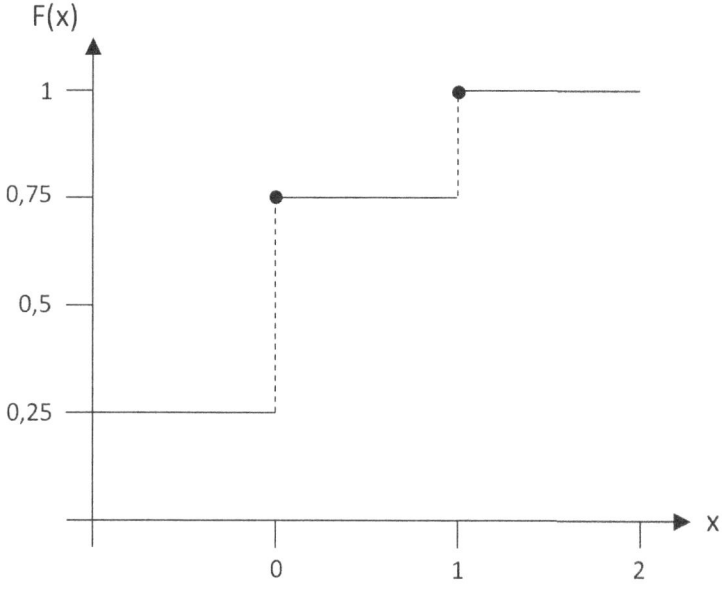

4.4.4 Wahrscheinlichkeitsdichte und Verteilungsfunktion stetiger Zufallsvariablen

(1) Die Wahrscheinlichkeitsdichte (Dichtefunktion)

Nimmt die betrachtete Zufallsvariable X nicht nur diskrete Merkmalsausprägungen sondern (in einem bestimmten Intervall) jeden beliebigen Wert aus dem Bereich der reellen Zahlen an, so wird die Wahrscheinlichkeitsverteilung zur sogenannten Wahrscheinlichkeitsdichte oder mit anderen Worten zu einer Dichtefunktion.
Die Dichtefunktion besitzt die Eigenschaften:

$$f(x) \geq 0 \text{ und } \int_{x_{min}}^{x_{max}} f(x)dx = 1$$

Beispiel:

Die täglichen Kasseneinnahmen eines Einzelhändlers schwanken zwischen $x_{min} = \$0$ und $x_{max} = \$10.000 = \$10K$. Die Variable x besitzt per definitionem 1 Mio Ausprägungen in Cent und entspricht damit de facto einer stetigen Zufallsvariablen. Die Wahrscheinlichkeits- verteilung der Zufallsvariablen X lasse sich durch folgende Dichtefunktion wiedergeben:

$f(x) = -0,006x^2 + 0,06x$
$f'(x) = -0,012x + 0,06 = 0$
$\Rightarrow x_{max} = 5$

$f(5) = 0,15$
$f(x) = 0$
$\Rightarrow x = 0 \ \lor \ x = 10$

Die Funktion $f(x) = -0,006x^2 + 0,06x$ ist ex definitione eine Dichtefunktion, wenn die Fläche unterhalb der Funktion zwischen x_{min} und x_{max} gleich eins ist.

4.4 Zufallsvariable

$$\int_{x_{min}}^{x_{max}} f(x)dx = \int_{0}^{10} (-0,006x^2 + 0,06x)dx =$$

$$= \left[-0,006 \cdot \frac{1}{3}x^3 + 0,06 \cdot \frac{1}{2} \cdot x^2 \right]_{0}^{10} =$$

$$= (-0,002 \cdot 10^3 + 0,03 \cdot 10^2) - 0 = -2 + 3 = 1$$

Die Wahrscheinlichkeit dafür, dass die stetige Zufallsvariable X einen Wert x annimmt, der im Intervall $[a, b]$ liegt, entspricht der entsprechenden Fläche unter der betrachteten Dichtefunktion $f(x)$ in den Grenzen a und b:

$$W(a \leq X \leq b) = \int_{a}^{b} f(x)dx$$

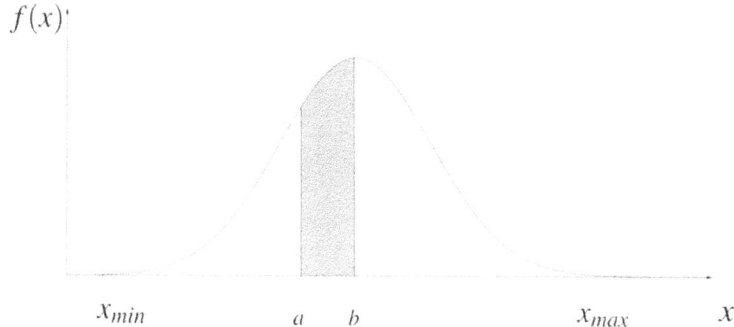

Anmerkung: Bei stetigen Zufallsvariablen ist die Wahrscheinlichkeit dafür, dass die Zufallsvariable X irgend einen speziellen Wert x annimmt, immer gleich Null:

$$W(X = x) = 0$$

so dass gilt: $W(a \leq X \leq b) = W(a < x < b)$

Beispiel:

Die stetige Zufallsvariable X erfasse die Verspätung einer U-Bahn an einer bestimmten Haltestelle und habe folgende Dichtefunktion in [Minuten]:

$$f(x) = \begin{cases} 0{,}5 - 0{,}125x & \text{für } 0 \leq x \leq 4 \text{ [Minuten]} \\ 0 & \text{für } \quad x > 4 \text{ [Minuten]} \end{cases}$$

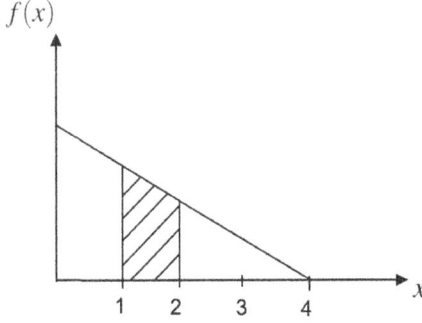

$f(x)$ ist eine Dichtefunktion, denn es gilt:

(1) $f(x) \geq 0$ für alle x

4.4 Zufallsvariable

(2) $\int\limits_{x_{min}}^{x_{max}} f(x)dx = \int\limits_{0}^{4}(0,5-0,125x)dx =$

$= \left[0,5x - 0,0625 \cdot x^2\right]_0^4 =$

$= 2 - 1 = 1$

Wie groß ist die Wahrscheinlichkeit, dass die U-Bahn sich um ein bis zwei Minuten verspätet?

$W(1 \leq x \leq 2) =$ entsprechende Fläche unter der Dichtefunktion

$f(x) = \int\limits_{1}^{2} f(x)dx = \int\limits_{1}^{2}(0,5-0,125x)dx =$

$= \left[0,5x - 0,125 \cdot \frac{1}{2}x^2\right]_1^2 = 0,75 - 0,4375 = 0,3125 = 31,25\,\%$

(2) Die Verteilungsfunktion

Die Verteilungsfunktion einer stetigen Zufallsvariablen X, $F(x)$, ist eine stetige Funktion:

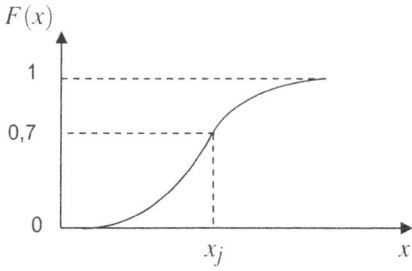

Interpretation: $x_j : F(x_j) = 0,7$ gibt die Wahrscheinlichkeit an, dass die Zufallsvariable höchstens die Realisation x_j annimmt.

Eigenschaften der Verteilungsfunktion $F(x)$:

(1) $0 \leq F(x) \leq 1$

(2) $F(x)$ ist monoton steigend, d. h. für $x_1 \leq x_2$ gilt $F(x_1) \leq F(x_2)$

(3) $\lim\limits_{x \to \infty} F(x) = 1$

(4) $\lim\limits_{x \to -\infty} F(x) = 0$
bzw. $x \to 0$

(5) $F(x)$ ist stetig für alle x

(6) Durch die 1. Ableitung der *Verteilungsfunktion* $F(x)$ erhält man ex definitione die Dichtefunktion (= Wahrscheinlichkeitsfunktion) $f(x)$.

Für die Dichtefunktion aus dem Beispiel „Verspätung einer U-Bahn" (siehe Abschnitt 4.4.4)

$$f(x) = \begin{cases} 0,5 - 0,125x & \text{für } 0 \leq x \leq 4 \text{ [Minuten]} \\ 0 & \text{für } \quad x > 4 \text{ [Minuten]} \end{cases}$$

erhält man folgende Verteilungsfunktion

$$F(x) = \begin{cases} 0 & \text{für } x < 0 \\ 0,5x - 0,125 \cdot \frac{1}{2}x^2 & \text{für } 0 \leq x \leq 4 \\ 1 & \text{für } \quad x > 4 \end{cases}$$

Beispiel: Zufallsvariable X = Verspätung einer U-Bahn

Wie groß ist die Wahrscheinlichkeit, dass sich die U-Bahn um ein bis zwei Minuten verspätet?

$$W(1 \leq x \leq 2) = F(2) - F(1) =$$
$$= (0,5 \cdot 2 - 0,0625 \cdot 2^2) - (0,5 \cdot 1 - 0,0625 \cdot 1^2) =$$
$$= 0,75 - 0,4375 = 0,3125 = 31,25\%$$

4.4.5 Erwartungswert und Varianz von Zufallsvariablen

Wie die Häufigkeitsverteilungen der deskriptiven Statistik lassen sich die Wahrscheinlichkeitsverteilungen von Zufallsvariablen durch Maßzahlen (Parameter) charakterisieren.

(1) Erwartungswert $E(X)$

- für <u>diskrete</u> Zufallsvariablen:

$$E(X) = \sum_i x_i \cdot W(X = x_i) = \sum_i x_i \cdot f(x_i)$$

- für <u>stetige</u> Zufallsvariablen:

$$E(X) = \int_{-\infty}^{\infty} x \cdot f(x) dx$$

bzw. für ein Intervall $[x_u \,;\, x_o]$ gilt $E(X) = \int_{x_u}^{x_o} x \cdot f(x) dx$

(2) Varianz $Var(X)$

- für diskrete Zufallsvariablen:

$$Var(X) = \sum_i [x_i - E(X)]^2 \, f(x_i) =$$

$$= \sum_i x_i^2 \, f(x_i) - [E(X)]^2$$

- für stetige Zufallsvariablen:

$$Var(X) = \int_{-\infty}^{\infty} [x - E(X)]^2 \, f(x)dx =$$

$$= \int_{-\infty}^{\infty} x^2 \, f(x)dx - [E(X)]^2$$

bzw. für ein Intervall $[x_u \, ; \, x_o]$ gilt

$$\int_{x_u}^{x_o} [x - E(X)]^2 \, f(x)dx =$$

$$= \int_{x_u}^{x_o} x^2 \, f(x)dx - [E(X)]^2$$

4.4 Zufallsvariable

Beispiel 1:

Zufallsexperiment „Dreimaliges Werfen einer Münze", auf deren eine Seite ein Wappen abgebildet ist:

$X =$ „Anzahl Wappen" $\Rightarrow$ diskrete Zufallsvariable

$E(X) =$ die „Anzahl Wappen", die bei einer größeren Anzahl von Versuchen im Durchschnitt zu erwarten ist

$$E(X) = \sum_i x_i f(x_i) =$$

$$= 0 \cdot 0,125 + 1 \cdot 0,375 + 2 \cdot 0,375 + 3 \cdot 0,125 = 1,5$$

Im Durchschnitt ist je Versuch, d. h. beim „Dreimaligen Werfen einer Münze", 1,5mal Wappen zu erwarten.

$$Var(X) = \sum_i x_i^2 f(x_i) - [E(X)]^2 =$$

$$= 0^2 \cdot 0,125 + 1^2 \cdot 0,375 + 2^2 \cdot 0,375 + 3^2 \cdot 0,125 - 1,5^2 = 0,75$$

Beispiel 2:

Verspätung einer U-Bahn an einer bestimmten Haltestelle in [Minuten].

$X =$ „Verspätung" in [Minuten] $\Rightarrow$ stetige Zufallsvariable

(1) $f(x) = \begin{cases} 0,5 - 0,125x & \text{für } 0 \leq x \leq 4 \\ 0 & \text{für } x > 4 \end{cases}$

(2) $E(X) = \int\limits_{x_u}^{x_o} x \cdot f(x)dx = \int\limits_{0}^{4} x \cdot (0,5 - 0,125x)dx =$

$= \int\limits_{0}^{4}(0,5x - 0,125x^2)dx = \left[0,5 \cdot \frac{1}{2}x^2 - 0,125 \cdot \frac{1}{3}x^3\right]_{0}^{4} =$

$= F(4) - F(0) = 1,\overline{3}$ [Minuten]

Im Durchschnitt ist mit einer Verspätung von etwa $1,33$ Minuten zu rechnen.

$Var(x) = \int\limits_{x_u}^{x_o} x^2 \cdot f(x)dx - [E(X)]^2 =$

$= \int\limits_{0}^{4} x^2 \cdot (0,5 - 0,125x)dx - (1,3333)^2 =$

$= \int\limits_{0}^{4}(0,5x^2 - 0,125x^3)dx - (1,3333)^2 =$

$= \left[0,5 \cdot \frac{1}{3}x^3 - 0,125 \cdot \frac{1}{4}x^4\right]_{0}^{4} - 1,3333^2 =$

$= F(4) - F(0) - 1,3333^2 = 0,889$ [Minuten²]

Standardabweichung $= \sqrt{0,889} = 0,9429$ [Minuten]

Anhang A
Statistische Tabellen

Binomialverteilung – Wahrscheinlichkeitsfunktion

$$f_B(x \mid n;\ \theta) = \begin{cases} \binom{n}{x} \theta^x (1-\theta)^{n-x} & \text{für } x = 0, 1, ..., n \quad 0 < \theta < 1 \\ 0 & \text{sonst} \end{cases}$$

n	x	θ							
		0,01	0,05	0,10	0,15	0,20	0,30	0,40	0,50
1	0	0,9900	0,9500	0,9000	0,8500	0,8000	0,7000	0,6000	0,5000
	1	0,0100	0,0500	0,1000	0,1500	0,2000	0,3000	0,4000	0,5000
2	0	0,9801	0,9025	0,8100	0,7225	0,6400	0,4900	0,3600	0,2500
	1	0,0198	0,0950	0,1800	0,2550	0,3200	0,4200	0,4800	0,5000
	2	0,0001	0,0025	0,0100	0,0225	0,0400	0,0900	0,1600	0,2500
3	0	0,9703	0,8574	0,7290	0,6141	0,5120	0,3430	0,2160	0,1250
	1	0,0294	0,1354	0,2430	0,3251	0,3840	0,4410	0,4320	0,3750
	2	0,0003	0,0071	0,0270	0,0574	0,0960	0,1890	0,2880	0,3750
	3	0,0000	0,0001	0,0010	0,0034	0,0080	0,0270	0,0640	0,1250
4	0	0,9606	0,8145	0,6561	0,5220	0,4096	0,2401	0,1296	0,0625
	1	0,0388	0,1715	0,2916	0,3685	0,4096	0,4116	0,3456	0,2500
	2	0,0006	0,0135	0,0486	0,0975	0,1536	0,2646	0,3456	0,3750
	3	0,0000	0,0005	0,0036	0,0115	0,0256	0,0756	0,1536	0,2500
	4	0,0000	0,0000	0,0001	0,0005	0,0016	0,0081	0,0256	0,0625
5	0	0,9510	0,7738	0,5905	0,4437	0,3277	0,1681	0,0778	0,0313
	1	0,0480	0,2036	0,3281	0,3915	0,4096	0,3602	0,2592	0,1563
	2	0,0010	0,0214	0,0729	0,1382	0,2048	0,3087	0,3456	0,3125
	3	0,0000	0,0011	0,0081	0,0244	0,0512	0,1323	0,2304	0,3125
	4	0,0000	0,0000	0,0005	0,0022	0,0064	0,0284	0,0768	0,1563
	5	0,0000	0,0000	0,0000	0,0001	0,0003	0,0024	0,0102	0,0313
6	0	0,9415	0,7351	0,5314	0,3771	0,2621	0,1176	0,0467	0,0156
	1	0,0571	0,2321	0,3543	0,3993	0,3932	0,3025	0,1866	0,0938
	2	0,0014	0,0305	0,0984	0,1762	0,2458	0,3241	0,3110	0,2344
	3	0,0000	0,0021	0,0146	0,0415	0,0819	0,1852	0,2765	0,3125
	4	0,0000	0,0001	0,0012	0,0055	0,0154	0,0595	0,1382	0,2344
	5	0,0000	0,0000	0,0001	0,0004	0,0015	0,0102	0,0369	0,0938
	6	0,0000	0,0000	0,0000	0,0000	0,0001	0,0007	0,0041	0,0156
7	0	0,9321	0,6983	0,4783	0,3206	0,2097	0,0824	0,0280	0,0078
	1	0,0659	0,2573	0,3720	0,3960	0,3670	0,2471	0,1306	0,0547
	2	0,0020	0,0406	0,1240	0,2097	0,2753	0,3177	0,2613	0,1641
	3	0,0000	0,0036	0,0230	0,0617	0,1147	0,2269	0,2903	0,2734
	4	0,0000	0,0002	0,0026	0,0109	0,0287	0,0972	0,1935	0,2734

A Statistische Tabellen

Binomialverteilung – Wahrscheinlichkeitsfunktion

n	x	θ							
		0,60	0,70	0,75	0,80	0,85	0,90	0,95	0,99
1	0	0,4000	0,3000	0,2500	0,2000	0,1500	0,1000	0,0500	0,0100
	1	0,6000	0,7000	0,7500	0,8000	0,8500	0,9000	0,9500	0,9900
2	0	0,1600	0,0900	0,0625	0,0400	0,0225	0,0100	0,0025	0,0001
	1	0,4800	0,4200	0,3750	0,3200	0,2550	0,1800	0,0950	0,0198
	2	0,3600	0,4900	0,5625	0,6400	0,7225	0,8100	0,9025	0,9801
3	0	0,0640	0,0270	0,0156	0,0080	0,0034	0,0010	0,0001	0,0000
	1	0,2880	0,1890	0,1406	0,0960	0,0574	0,0270	0,0071	0,0003
	2	0,4320	0,4410	0,4219	0,3840	0,3251	0,2430	0,1354	0,0294
	3	0,2160	0,3430	0,4219	0,5120	0,6141	0,7290	0,8574	0,9703
4	0	0,0256	0,0081	0,0039	0,0016	0,0005	0,0001	0,0000	0,0000
	1	0,1536	0,0756	0,0469	0,0256	0,0115	0,0036	0,0005	0,0000
	2	0,3456	0,2646	0,2109	0,1536	0,0975	0,0486	0,0135	0,0006
	3	0,3456	0,4116	0,4219	0,4096	0,3685	0,2916	0,1715	0,0388
	4	0,1296	0,2401	0,3164	0,4096	0,5220	0,6561	0,8145	0,9606
5	0	0,0102	0,0024	0,0010	0,0003	0,0001	0,0000	0,0000	0,0000
	1	0,0768	0,0284	0,0146	0,0064	0,0022	0,0005	0,0000	0,0000
	2	0,2304	0,1323	0,0879	0,0512	0,0244	0,0081	0,0011	0,0000
	3	0,3456	0,3087	0,2637	0,2048	0,1382	0,0729	0,0214	0,0010
	4	0,2592	0,3602	0,3955	0,4096	0,3915	0,3281	0,2036	0,0480
	5	0,0778	0,1681	0,2373	0,3277	0,4437	0,5905	0,7738	0,9510
6	0	0,0041	0,0007	0,0002	0,0001	0,0000	0,0000	0,0000	0,0000
	1	0,0369	0,0102	0,0044	0,0015	0,0004	0,0001	0,0000	0,0000
	2	0,1382	0,0595	0,0330	0,0154	0,0055	0,0012	0,0001	0,0000
	3	0,2765	0,1852	0,1318	0,0819	0,0415	0,0146	0,0021	0,0000
	4	0,3110	0,3241	0,2966	0,2458	0,1762	0,0984	0,0305	0,0014
	5	0,1866	0,3025	0,3560	0,3932	0,3993	0,3543	0,2321	0,0571
	6	0,0467	0,1176	0,1780	0,2621	0,3771	0,5314	0,7351	0,9415
7	0	0,0016	0,0002	0,0001	0,0000	0,0000	0,0000	0,0000	0,0000
	1	0,0172	0,0036	0,0013	0,0004	0,0001	0,0000	0,0000	0,0000
	2	0,0774	0,0250	0,0115	0,0043	0,0012	0,0002	0,0000	0,0000
	3	0,1935	0,0972	0,0577	0,0287	0,0109	0,0026	0,0002	0,0000
	4	0,2903	0,2269	0,1730	0,1147	0,0617	0,0230	0,0036	0,0000

Binomialverteilung – Wahrscheinlichkeitsfunktion

n	x	θ							
		0,01	0,05	0,10	0,15	0,20	0,30	0,40	0,50
7	5	0,0000	0,0000	0,0002	0,0012	0,0043	0,0250	0,0774	0,1641
	6	0,0000	0,0000	0,0000	0,0001	0,0004	0,0036	0,0172	0,0547
	7	0,0000	0,0000	0,0000	0,0000	0,0000	0,0002	0,0016	0,0078
8	0	0,9227	0,6634	0,4305	0,2725	0,1678	0,0576	0,0168	0,0039
	1	0,0746	0,2793	0,3826	0,3847	0,3355	0,1977	0,0896	0,0313
	2	0,0026	0,0515	0,1488	0,2376	0,2936	0,2965	0,2090	0,1094
	3	0,0001	0,0054	0,0331	0,0839	0,1468	0,2541	0,2787	0,2188
	4	0,0000	0,0004	0,0046	0,0185	0,0459	0,1361	0,2322	0,2734
	5	0,0000	0,0000	0,0004	0,0026	0,0092	0,0467	0,1239	0,2188
	6	0,0000	0,0000	0,0000	0,0002	0,0011	0,0100	0,0413	0,1094
	7	0,0000	0,0000	0,0000	0,0000	0,0001	0,0012	0,0079	0,0313
	8	0,0000	0,0000	0,0000	0,0000	0,0000	0,0001	0,0007	0,0039
9	0	0,9135	0,6302	0,3874	0,2316	0,1342	0,0404	0,0101	0,0020
	1	0,0830	0,2985	0,3874	0,3679	0,3020	0,1556	0,0605	0,0176
	2	0,0034	0,0629	0,1722	0,2597	0,3020	0,2668	0,1612	0,0703
	3	0,0001	0,0077	0,0446	0,1069	0,1762	0,2668	0,2508	0,1641
	4	0,0000	0,0006	0,0074	0,0283	0,0661	0,1715	0,2508	0,2461
	5	0,0000	0,0000	0,0008	0,0050	0,0165	0,0735	0,1672	0,2461
	6	0,0000	0,0000	0,0001	0,0006	0,0028	0,0210	0,0743	0,1641
	7	0,0000	0,0000	0,0000	0,0000	0,0003	0,0039	0,0212	0,0703
	8	0,0000	0,0000	0,0000	0,0000	0,0000	0,0004	0,0035	0,0176
	9	0,0000	0,0000	0,0000	0,0000	0,0000	0,0000	0,0003	0,0020
10	0	0,9044	0,5987	0,3487	0,1969	0,1074	0,0282	0,0060	0,0010
	1	0,0914	0,3151	0,3874	0,3474	0,2684	0,1211	0,0403	0,0098
	2	0,0042	0,0746	0,1937	0,2759	0,3020	0,2335	0,1209	0,0439
	3	0,0001	0,0105	0,0574	0,1298	0,2013	0,2668	0,2150	0,1172
	4	0,0000	0,0010	0,0112	0,0401	0,0881	0,2001	0,2508	0,2051
	5	0,0000	0,0001	0,0015	0,0085	0,0264	0,1029	0,2007	0,2461
	6	0,0000	0,0000	0,0001	0,0012	0,0055	0,0368	0,1115	0,2051
	7	0,0000	0,0000	0,0000	0,0001	0,0008	0,0090	0,0425	0,1172
	8	0,0000	0,0000	0,0000	0,0000	0,0001	0,0014	0,0106	0,0439
	9	0,0000	0,0000	0,0000	0,0000	0,0000	0,0001	0,0016	0,0098
	10	0,0000	0,0000	0,0000	0,0000	0,0000	0,0000	0,0001	0,0010
11	0	0,8953	0,5688	0,3138	0,1673	0,0859	0,0198	0,0036	0,0005
	1	0,0995	0,3293	0,3835	0,3248	0,2362	0,0932	0,0266	0,0054
	2	0,0050	0,0867	0,2131	0,2866	0,2953	0,1998	0,0887	0,0269
	3	0,0002	0,0137	0,0710	0,1517	0,2215	0,2568	0,1774	0,0806
	4	0,0000	0,0014	0,0158	0,0536	0,1107	0,2201	0,2365	0,1611

A Statistische Tabellen

Binomialverteilung – Wahrscheinlichkeitsfunktion

n	x	θ							
		0,60	0,70	0,75	0,80	0,85	0,90	0,95	0,99
7	5	0,2613	0,3177	0,3115	0,2753	0,2097	0,1240	0,0406	0,0020
	6	0,1306	0,2471	0,3115	0,3670	0,3960	0,3720	0,2573	0,0659
	7	0,0280	0,0824	0,1335	0,2097	0,3206	0,4783	0,6983	0,9321
8	0	0,0007	0,0001	0,0000	0,0000	0,0000	0,0000	0,0000	0,0000
	1	0,0079	0,0012	0,0004	0,0001	0,0000	0,0000	0,0000	0,0000
	2	0,0413	0,0100	0,0038	0,0011	0,0002	0,0000	0,0000	0,0000
	3	0,1239	0,0467	0,0231	0,0092	0,0026	0,0004	0,0000	0,0000
	4	0,2322	0,1361	0,0865	0,0459	0,0185	0,0046	0,0004	0,0000
	5	0,2787	0,2541	0,2076	0,1468	0,0839	0,0331	0,0054	0,0001
	6	0,2090	0,2965	0,3115	0,2936	0,2376	0,1488	0,0515	0,0026
	7	0,0896	0,1977	0,2670	0,3355	0,3847	0,3826	0,2793	0,0746
	8	0,0168	0,0576	0,1001	0,1678	0,2725	0,4305	0,6634	0,9227
9	0	0,0003	0,0000	0,0000	0,0000	0,0000	0,0000	0,0000	0,0000
	1	0,0035	0,0004	0,0001	0,0000	0,0000	0,0000	0,0000	0,0000
	2	0,0212	0,0039	0,0012	0,0003	0,0000	0,0000	0,0000	0,0000
	3	0,0743	0,0210	0,0087	0,0028	0,0006	0,0001	0,0000	0,0000
	4	0,1672	0,0735	0,0389	0,0165	0,0050	0,0008	0,0000	0,0000
	5	0,2508	0,1715	0,1168	0,0661	0,0283	0,0074	0,0006	0,0000
	6	0,2508	0,2668	0,2336	0,1762	0,1069	0,0446	0,0077	0,0001
	7	0,1612	0,2668	0,3003	0,3020	0,2597	0,1722	0,0629	0,0034
	8	0,0605	0,1556	0,2253	0,3020	0,3679	0,3874	0,2985	0,0830
	9	0,0101	0,0404	0,0751	0,1342	0,2316	0,3874	0,6302	0,9135
10	0	0,0001	0,0000	0,0000	0,0000	0,0000	0,0000	0,0000	0,0000
	1	0,0016	0,0001	0,0000	0,0000	0,0000	0,0000	0,0000	0,0000
	2	0,0106	0,0014	0,0004	0,0001	0,0000	0,0000	0,0000	0,0000
	3	0,0425	0,0090	0,0031	0,0008	0,0001	0,0000	0,0000	0,0000
	4	0,1115	0,0368	0,0162	0,0055	0,0012	0,0001	0,0000	0,0000
	5	0,2007	0,1029	0,0584	0,0264	0,0085	0,0015	0,0001	0,0000
	6	0,2508	0,2001	0,1460	0,0881	0,0401	0,0112	0,0010	0,0000
	7	0,2150	0,2668	0,2503	0,2013	0,1298	0,0574	0,0105	0,0001
	8	0,1209	0,2335	0,2816	0,3020	0,2759	0,1937	0,0746	0,0042
	9	0,0403	0,1211	0,1877	0,2684	0,3474	0,3874	0,3151	0,0914
	10	0,0060	0,0282	0,0563	0,1074	0,1969	0,3487	0,5987	0,9044
11	0	0,0000	0,0000	0,0000	0,0000	0,0000	0,0000	0,0000	0,0000
	1	0,0007	0,0000	0,0000	0,0000	0,0000	0,0000	0,0000	0,0000
	2	0,0052	0,0005	0,0001	0,0000	0,0000	0,0000	0,0000	0,0000
	3	0,0234	0,0037	0,0011	0,0002	0,0000	0,0000	0,0000	0,0000
	4	0,0701	0,0173	0,0064	0,0017	0,0003	0,0000	0,0000	0,0000

Binomialverteilung – Wahrscheinlichkeitsfunktion

n	x	θ							
		0,01	0,05	0,10	0,15	0,20	0,30	0,40	0,50
11	5	0,0000	0,0001	0,0025	0,0132	0,0388	0,1321	0,2207	0,2256
	6	0,0000	0,0000	0,0003	0,0023	0,0097	0,0566	0,1471	0,2256
	7	0,0000	0,0000	0,0000	0,0003	0,0017	0,0173	0,0701	0,1611
	8	0,0000	0,0000	0,0000	0,0000	0,0002	0,0037	0,0234	0,0806
	9	0,0000	0,0000	0,0000	0,0000	0,0000	0,0005	0,0052	0,0269
	10	0,0000	0,0000	0,0000	0,0000	0,0000	0,0000	0,0007	0,0054
	11	0,0000	0,0000	0,0000	0,0000	0,0000	0,0000	0,0000	0,0005
12	0	0,8864	0,5404	0,2824	0,1422	0,0687	0,0138	0,0022	0,0002
	1	0,1074	0,3413	0,3766	0,3012	0,2062	0,0712	0,0174	0,0029
	2	0,0060	0,0988	0,2301	0,2924	0,2835	0,1678	0,0639	0,0161
	3	0,0002	0,0173	0,0852	0,1720	0,2362	0,2397	0,1419	0,0537
	4	0,0000	0,0021	0,0213	0,0683	0,1329	0,2311	0,2128	0,1208
	5	0,0000	0,0002	0,0038	0,0193	0,0532	0,1585	0,2270	0,1934
	6	0,0000	0,0000	0,0005	0,0040	0,0155	0,0792	0,1766	0,2256
	7	0,0000	0,0000	0,0000	0,0006	0,0033	0,0291	0,1009	0,1934
	8	0,0000	0,0000	0,0000	0,0001	0,0005	0,0078	0,0420	0,1208
	9	0,0000	0,0000	0,0000	0,0000	0,0001	0,0015	0,0125	0,0537
	10	0,0000	0,0000	0,0000	0,0000	0,0000	0,0002	0,0025	0,0161
	11	0,0000	0,0000	0,0000	0,0000	0,0000	0,0000	0,0003	0,0029
	12	0,0000	0,0000	0,0000	0,0000	0,0000	0,0000	0,0000	0,0002
13	0	0,8775	0,5133	0,2542	0,1209	0,0550	0,0097	0,0013	0,0001
	1	0,1152	0,3512	0,3672	0,2774	0,1787	0,0540	0,0113	0,0016
	2	0,0070	0,1109	0,2448	0,2937	0,2680	0,1388	0,0453	0,0095
	3	0,0003	0,0214	0,0997	0,1900	0,2457	0,2181	0,1107	0,0349
	4	0,0000	0,0028	0,0277	0,0838	0,1535	0,2337	0,1845	0,0873
	5	0,0000	0,0003	0,0055	0,0266	0,0691	0,1803	0,2214	0,1571
	6	0,0000	0,0000	0,0008	0,0063	0,0230	0,1030	0,1968	0,2095
	7	0,0000	0,0000	0,0001	0,0011	0,0058	0,0442	0,1312	0,2095
	8	0,0000	0,0000	0,0000	0,0001	0,0011	0,0142	0,0656	0,1571
	9	0,0000	0,0000	0,0000	0,0000	0,0001	0,0034	0,0243	0,0873
	10	0,0000	0,0000	0,0000	0,0000	0,0000	0,0006	0,0065	0,0349
	11	0,0000	0,0000	0,0000	0,0000	0,0000	0,0001	0,0012	0,0095
	12	0,0000	0,0000	0,0000	0,0000	0,0000	0,0000	0,0001	0,0016
	13	0,0000	0,0000	0,0000	0,0000	0,0000	0,0000	0,0000	0,0001
14	0	0,8687	0,4877	0,2288	0,1028	0,0440	0,0068	0,0008	0,0001
	1	0,1229	0,3593	0,3559	0,2539	0,1539	0,0407	0,0073	0,0009
	2	0,0081	0,1229	0,2570	0,2912	0,2501	0,1134	0,0317	0,0056
	3	0,0003	0,0259	0,1142	0,2056	0,2501	0,1943	0,0845	0,0222

A Statistische Tabellen

Binomialverteilung – Wahrscheinlichkeitsfunktion

n	x	θ							
		0,60	0,70	0,75	0,80	0,85	0,90	0,95	0,99
11	5	0,1471	0,0566	0,0268	0,0097	0,0023	0,0003	0,0000	0,0000
	6	0,2207	0,1321	0,0803	0,0388	0,0132	0,0025	0,0001	0,0000
	7	0,2365	0,2201	0,1721	0,1107	0,0536	0,0158	0,0014	0,0000
	8	0,1774	0,2568	0,2581	0,2215	0,1517	0,0710	0,0137	0,0002
	9	0,0887	0,1998	0,2581	0,2953	0,2866	0,2131	0,0867	0,0050
	10	0,0266	0,0932	0,1549	0,2362	0,3248	0,3835	0,3293	0,0995
	11	0,0036	0,0198	0,0422	0,0859	0,1673	0,3138	0,5688	0,8953
12	0	0,0000	0,0000	0,0000	0,0000	0,0000	0,0000	0,0000	0,0000
	1	0,0003	0,0000	0,0000	0,0000	0,0000	0,0000	0,0000	0,0000
	2	0,0025	0,0002	0,0000	0,0000	0,0000	0,0000	0,0000	0,0000
	3	0,0125	0,0015	0,0004	0,0001	0,0000	0,0000	0,0000	0,0000
	4	0,0420	0,0078	0,0024	0,0005	0,0001	0,0000	0,0000	0,0000
	5	0,1009	0,0291	0,0115	0,0033	0,0006	0,0000	0,0000	0,0000
	6	0,1766	0,0792	0,0401	0,0155	0,0040	0,0005	0,0000	0,0000
	7	0,2270	0,1585	0,1032	0,0532	0,0193	0,0038	0,0002	0,0000
	8	0,2128	0,2311	0,1936	0,1329	0,0683	0,0213	0,0021	0,0000
	9	0,1419	0,2397	0,2581	0,2362	0,1720	0,0852	0,0173	0,0002
	10	0,0639	0,1678	0,2323	0,2835	0,2924	0,2301	0,0988	0,0060
	11	0,0174	0,0712	0,1267	0,2062	0,3012	0,3766	0,3413	0,1074
	12	0,0022	0,0138	0,0317	0,0687	0,1422	0,2824	0,5404	0,8864
13	0	0,0000	0,0000	0,0000	0,0000	0,0000	0,0000	0,0000	0,0000
	1	0,0001	0,0000	0,0000	0,0000	0,0000	0,0000	0,0000	0,0000
	2	0,0012	0,0001	0,0000	0,0000	0,0000	0,0000	0,0000	0,0000
	3	0,0065	0,0006	0,0001	0,0000	0,0000	0,0000	0,0000	0,0000
	4	0,0243	0,0034	0,0009	0,0001	0,0000	0,0000	0,0000	0,0000
	5	0,0656	0,0142	0,0047	0,0011	0,0001	0,0000	0,0000	0,0000
	6	0,1312	0,0442	0,0186	0,0058	0,0011	0,0001	0,0000	0,0000
	7	0,1968	0,1030	0,0559	0,0230	0,0063	0,0008	0,0000	0,0000
	8	0,2214	0,1803	0,1258	0,0691	0,0266	0,0055	0,0003	0,0000
	9	0,1845	0,2337	0,2097	0,1535	0,0838	0,0277	0,0028	0,0000
	10	0,1107	0,2181	0,2517	0,2457	0,1900	0,0997	0,0214	0,0003
	11	0,0453	0,1388	0,2059	0,2680	0,2937	0,2448	0,1109	0,0070
	12	0,0113	0,0540	0,1029	0,1787	0,2774	0,3672	0,3512	0,1152
	13	0,0013	0,0097	0,0238	0,0550	0,1209	0,2542	0,5133	0,8775
14	0	0,0000	0,0000	0,0000	0,0000	0,0000	0,0000	0,0000	0,0000
	1	0,0001	0,0000	0,0000	0,0000	0,0000	0,0000	0,0000	0,0000
	2	0,0005	0,0000	0,0000	0,0000	0,0000	0,0000	0,0000	0,0000
	3	0,0033	0,0002	0,0000	0,0000	0,0000	0,0000	0,0000	0,0000

Binomialverteilung – Wahrscheinlichkeitsfunktion

n	x	θ							
		0,01	0,05	0,10	0,15	0,20	0,30	0,40	0,50
14	4	0,0000	0,0037	0,0349	0,0998	0,1720	0,2290	0,1549	0,0611
	5	0,0000	0,0004	0,0078	0,0352	0,0860	0,1963	0,2066	0,1222
	6	0,0000	0,0000	0,0013	0,0093	0,0322	0,1262	0,2066	0,1833
	7	0,0000	0,0000	0,0002	0,0019	0,0092	0,0618	0,1574	0,2095
	8	0,0000	0,0000	0,0000	0,0003	0,0020	0,0232	0,0918	0,1833
	9	0,0000	0,0000	0,0000	0,0000	0,0003	0,0066	0,0408	0,1222
	10	0,0000	0,0000	0,0000	0,0000	0,0000	0,0014	0,0136	0,0611
	11	0,0000	0,0000	0,0000	0,0000	0,0000	0,0002	0,0033	0,0222
	12	0,0000	0,0000	0,0000	0,0000	0,0000	0,0000	0,0005	0,0056
	13	0,0000	0,0000	0,0000	0,0000	0,0000	0,0000	0,0001	0,0009
	14	0,0000	0,0000	0,0000	0,0000	0,0000	0,0000	0,0000	0,0001
15	0	0,8601	0,4633	0,2059	0,0874	0,0352	0,0047	0,0005	0,0000
	1	0,1303	0,3658	0,3432	0,2312	0,1319	0,0305	0,0047	0,0005
	2	0,0092	0,1348	0,2669	0,2856	0,2309	0,0916	0,0219	0,0032
	3	0,0004	0,0307	0,1285	0,2184	0,2501	0,1700	0,0634	0,0139
	4	0,0000	0,0049	0,0428	0,1156	0,1876	0,2186	0,1268	0,0417
	5	0,0000	0,0006	0,0105	0,0449	0,1032	0,2061	0,1859	0,0916
	6	0,0000	0,0000	0,0019	0,0132	0,0430	0,1472	0,2066	0,1527
	7	0,0000	0,0000	0,0003	0,0030	0,0138	0,0811	0,1771	0,1964
	8	0,0000	0,0000	0,0000	0,0005	0,0035	0,0348	0,1181	0,1964
	9	0,0000	0,0000	0,0000	0,0001	0,0007	0,0116	0,0612	0,1527
	10	0,0000	0,0000	0,0000	0,0000	0,0001	0,0030	0,0245	0,0916
	11	0,0000	0,0000	0,0000	0,0000	0,0000	0,0006	0,0074	0,0417
	12	0,0000	0,0000	0,0000	0,0000	0,0000	0,0001	0,0016	0,0139
	13	0,0000	0,0000	0,0000	0,0000	0,0000	0,0000	0,0003	0,0032
	14	0,0000	0,0000	0,0000	0,0000	0,0000	0,0000	0,0000	0,0005
	15	0,0000	0,0000	0,0000	0,0000	0,0000	0,0000	0,0000	0,0000
20	0	0,8179	0,3585	0,1216	0,0388	0,0115	0,0008	0,0000	0,0000
	1	0,1652	0,3774	0,2702	0,1368	0,0576	0,0068	0,0005	0,0000
	2	0,0159	0,1887	0,2852	0,2293	0,1369	0,0278	0,0031	0,0002
	3	0,0010	0,0596	0,1901	0,2428	0,2054	0,0716	0,0123	0,0011
	4	0,0000	0,0133	0,0898	0,1821	0,2182	0,1304	0,0350	0,0046
	5	0,0000	0,0022	0,0319	0,1028	0,1746	0,1789	0,0746	0,0148
	6	0,0000	0,0003	0,0089	0,0454	0,1091	0,1916	0,1244	0,0370
	7	0,0000	0,0000	0,0020	0,0160	0,0545	0,1643	0,1659	0,0739
	8	0,0000	0,0000	0,0004	0,0046	0,0222	0,1144	0,1797	0,1201
	9	0,0000	0,0000	0,0001	0,0011	0,0074	0,0654	0,1597	0,1602
	10	0,0000	0,0000	0,0000	0,0002	0,0020	0,0308	0,1171	0,1762

A Statistische Tabellen

Binomialverteilung – Wahrscheinlichkeitsfunktion

n	x	θ							
		0,60	0,70	0,75	0,80	0,85	0,90	0,95	0,99
14	4	0,0136	0,0014	0,0003	0,0000	0,0000	0,0000	0,0000	0,0000
	5	0,0408	0,0066	0,0018	0,0003	0,0000	0,0000	0,0000	0,0000
	6	0,0918	0,0232	0,0082	0,0020	0,0003	0,0000	0,0000	0,0000
	7	0,1574	0,0618	0,0280	0,0092	0,0019	0,0002	0,0000	0,0000
	8	0,2066	0,1262	0,0734	0,0322	0,0093	0,0013	0,0000	0,0000
	9	0,2066	0,1963	0,1468	0,0860	0,0352	0,0078	0,0004	0,0000
	10	0,1549	0,2290	0,2202	0,1720	0,0998	0,0349	0,0037	0,0000
	11	0,0845	0,1943	0,2402	0,2501	0,2056	0,1142	0,0259	0,0003
	12	0,0317	0,1134	0,1802	0,2501	0,2912	0,2570	0,1229	0,0081
	13	0,0073	0,0407	0,0832	0,1539	0,2539	0,3559	0,3593	0,1229
	14	0,0008	0,0068	0,0178	0,0440	0,1028	0,2288	0,4877	0,8687
15	0	0,0000	0,0000	0,0000	0,0000	0,0000	0,0000	0,0000	0,0000
	1	0,0000	0,0000	0,0000	0,0000	0,0000	0,0000	0,0000	0,0000
	2	0,0003	0,0000	0,0000	0,0000	0,0000	0,0000	0,0000	0,0000
	3	0,0016	0,0001	0,0000	0,0000	0,0000	0,0000	0,0000	0,0000
	4	0,0074	0,0006	0,0001	0,0000	0,0000	0,0000	0,0000	0,0000
	5	0,0245	0,0030	0,0007	0,0001	0,0000	0,0000	0,0000	0,0000
	6	0,0612	0,0116	0,0034	0,0007	0,0001	0,0000	0,0000	0,0000
	7	0,1181	0,0348	0,0131	0,0035	0,0005	0,0000	0,0000	0,0000
	8	0,1771	0,0811	0,0393	0,0138	0,0030	0,0003	0,0000	0,0000
	9	0,2066	0,1472	0,0917	0,0430	0,0132	0,0019	0,0000	0,0000
	10	0,1859	0,2061	0,1651	0,1032	0,0449	0,0105	0,0006	0,0000
	11	0,1268	0,2186	0,2252	0,1876	0,1156	0,0428	0,0049	0,0000
	12	0,0634	0,1700	0,2252	0,2501	0,2184	0,1285	0,0307	0,0004
	13	0,0219	0,0916	0,1559	0,2309	0,2856	0,2669	0,1348	0,0092
	14	0,0047	0,0305	0,0668	0,1319	0,2312	0,3432	0,3658	0,1303
	15	0,0005	0,0047	0,0134	0,0352	0,0874	0,2059	0,4633	0,8601
20	0	0,0000	0,0000	0,0000	0,0000	0,0000	0,0000	0,0000	0,0000
	1	0,0000	0,0000	0,0000	0,0000	0,0000	0,0000	0,0000	0,0000
	2	0,0000	0,0000	0,0000	0,0000	0,0000	0,0000	0,0000	0,0000
	3	0,0000	0,0000	0,0000	0,0000	0,0000	0,0000	0,0000	0,0000
	4	0,0003	0,0000	0,0000	0,0000	0,0000	0,0000	0,0000	0,0000
	5	0,0013	0,0000	0,0000	0,0000	0,0000	0,0000	0,0000	0,0000
	6	0,0049	0,0002	0,0000	0,0000	0,0000	0,0000	0,0000	0,0000
	7	0,0146	0,0010	0,0002	0,0000	0,0000	0,0000	0,0000	0,0000
	8	0,0355	0,0039	0,0008	0,0001	0,0000	0,0000	0,0000	0,0000
	9	0,0710	0,0120	0,0030	0,0005	0,0000	0,0000	0,0000	0,0000
	10	0,1171	0,0308	0,0099	0,0020	0,0002	0,0000	0,0000	0,0000

Binomialverteilung – Wahrscheinlichkeitsfunktion

n	x	θ							
		0,01	0,05	0,10	0,15	0,20	0,30	0,40	0,50
20	11	0,0000	0,0000	0,0000	0,0000	0,0005	0,0120	0,0710	0,1602
	12	0,0000	0,0000	0,0000	0,0000	0,0001	0,0039	0,0355	0,1201
	13	0,0000	0,0000	0,0000	0,0000	0,0000	0,0010	0,0146	0,0739
	14	0,0000	0,0000	0,0000	0,0000	0,0000	0,0002	0,0049	0,0370
	15	0,0000	0,0000	0,0000	0,0000	0,0000	0,0000	0,0013	0,0148
	16	0,0000	0,0000	0,0000	0,0000	0,0000	0,0000	0,0003	0,0046
	17	0,0000	0,0000	0,0000	0,0000	0,0000	0,0000	0,0000	0,0011
	18	0,0000	0,0000	0,0000	0,0000	0,0000	0,0000	0,0000	0,0002
	19	0,0000	0,0000	0,0000	0,0000	0,0000	0,0000	0,0000	0,0000
	20	0,0000	0,0000	0,0000	0,0000	0,0000	0,0000	0,0000	0,0000
30	0	0,7397	0,2146	0,0424	0,0076	0,0012	0,0000	0,0000	0,0000
	1	0,2242	0,3389	0,1413	0,0404	0,0093	0,0003	0,0000	0,0000
	2	0,0328	0,2586	0,2277	0,1034	0,0337	0,0018	0,0000	0,0000
	3	0,0031	0,1270	0,2361	0,1703	0,0785	0,0072	0,0003	0,0000
	4	0,0002	0,0451	0,1771	0,2028	0,1325	0,0208	0,0012	0,0000
	5	0,0000	0,0124	0,1023	0,1861	0,1723	0,0464	0,0041	0,0001
	6	0,0000	0,0027	0,0474	0,1368	0,1795	0,0829	0,0115	0,0006
	7	0,0000	0,0005	0,0180	0,0828	0,1538	0,1219	0,0263	0,0019
	8	0,0000	0,0001	0,0058	0,0420	0,1106	0,1501	0,0505	0,0055
	9	0,0000	0,0000	0,0016	0,0181	0,0676	0,1573	0,0823	0,0133
	10	0,0000	0,0000	0,0004	0,0067	0,0355	0,1416	0,1152	0,0280
	11	0,0000	0,0000	0,0001	0,0022	0,0161	0,1103	0,1396	0,0509
	12	0,0000	0,0000	0,0000	0,0006	0,0064	0,0749	0,1474	0,0806
	13	0,0000	0,0000	0,0000	0,0001	0,0022	0,0444	0,1360	0,1115
	14	0,0000	0,0000	0,0000	0,0000	0,0007	0,0231	0,1101	0,1354
	15	0,0000	0,0000	0,0000	0,0000	0,0002	0,0106	0,0783	0,1445
	16	0,0000	0,0000	0,0000	0,0000	0,0000	0,0042	0,0489	0,1354
	17	0,0000	0,0000	0,0000	0,0000	0,0000	0,0015	0,0269	0,1115
	18	0,0000	0,0000	0,0000	0,0000	0,0000	0,0005	0,0129	0,0806
	19	0,0000	0,0000	0,0000	0,0000	0,0000	0,0001	0,0054	0,0509
	20	0,0000	0,0000	0,0000	0,0000	0,0000	0,0000	0,0020	0,0280
	21	0,0000	0,0000	0,0000	0,0000	0,0000	0,0000	0,0006	0,0133
	22	0,0000	0,0000	0,0000	0,0000	0,0000	0,0000	0,0002	0,0055
	23	0,0000	0,0000	0,0000	0,0000	0,0000	0,0000	0,0000	0,0019
	24	0,0000	0,0000	0,0000	0,0000	0,0000	0,0000	0,0000	0,0006
	25	0,0000	0,0000	0,0000	0,0000	0,0000	0,0000	0,0000	0,0001
	26	0,0000	0,0000	0,0000	0,0000	0,0000	0,0000	0,0000	0,0000

A Statistische Tabellen

Binomialverteilung – Wahrscheinlichkeitsfunktion

n	x	θ							
		0,60	0,70	0,75	0,80	0,85	0,90	0,95	0,99
20	11	0,1597	0,0654	0,0271	0,0074	0,0011	0,0001	0,0000	0,0000
	12	0,1797	0,1144	0,0609	0,0222	0,0046	0,0004	0,0000	0,0000
	13	0,1659	0,1643	0,1124	0,0545	0,0160	0,0020	0,0000	0,0000
	14	0,1244	0,1916	0,1686	0,1091	0,0454	0,0089	0,0003	0,0000
	15	0,0746	0,1789	0,2023	0,1746	0,1028	0,0319	0,0022	0,0000
	16	0,0350	0,1304	0,1897	0,2182	0,1821	0,0898	0,0133	0,0000
	17	0,0123	0,0716	0,1339	0,2054	0,2428	0,1901	0,0596	0,0010
	18	0,0031	0,0278	0,0669	0,1369	0,2293	0,2852	0,1887	0,0159
	19	0,0005	0,0068	0,0211	0,0576	0,1368	0,2702	0,3774	0,1652
	20	0,0000	0,0008	0,0032	0,0115	0,0388	0,1216	0,3585	0,8179
30	0	0,0000	0,0000	0,0000	0,0000	0,0000	0,0000	0,0000	0,0000
	1	0,0000	0,0000	0,0000	0,0000	0,0000	0,0000	0,0000	0,0000
	2	0,0000	0,0000	0,0000	0,0000	0,0000	0,0000	0,0000	0,0000
	3	0,0000	0,0000	0,0000	0,0000	0,0000	0,0000	0,0000	0,0000
	4	0,0000	0,0000	0,0000	0,0000	0,0000	0,0000	0,0000	0,0000
	5	0,0000	0,0000	0,0000	0,0000	0,0000	0,0000	0,0000	0,0000
	6	0,0000	0,0000	0,0000	0,0000	0,0000	0,0000	0,0000	0,0000
	7	0,0000	0,0000	0,0000	0,0000	0,0000	0,0000	0,0000	0,0000
	8	0,0002	0,0000	0,0000	0,0000	0,0000	0,0000	0,0000	0,0000
	9	0,0006	0,0000	0,0000	0,0000	0,0000	0,0000	0,0000	0,0000
	10	0,0020	0,0000	0,0000	0,0000	0,0000	0,0000	0,0000	0,0000
	11	0,0054	0,0001	0,0000	0,0000	0,0000	0,0000	0,0000	0,0000
	12	0,0129	0,0005	0,0000	0,0000	0,0000	0,0000	0,0000	0,0000
	13	0,0269	0,0015	0,0002	0,0000	0,0000	0,0000	0,0000	0,0000
	14	0,0489	0,0042	0,0006	0,0000	0,0000	0,0000	0,0000	0,0000
	15	0,0783	0,0106	0,0019	0,0002	0,0000	0,0000	0,0000	0,0000
	16	0,1101	0,0231	0,0054	0,0007	0,0000	0,0000	0,0000	0,0000
	17	0,1360	0,0444	0,0134	0,0022	0,0001	0,0000	0,0000	0,0000
	18	0,1474	0,0749	0,0291	0,0064	0,0006	0,0000	0,0000	0,0000
	19	0,1396	0,1103	0,0551	0,0161	0,0022	0,0001	0,0000	0,0000
	20	0,1152	0,1416	0,0909	0,0355	0,0067	0,0004	0,0000	0,0000
	21	0,0823	0,1573	0,1298	0,0676	0,0181	0,0016	0,0000	0,0000
	22	0,0505	0,1501	0,1593	0,1106	0,0420	0,0058	0,0001	0,0000
	23	0,0263	0,1219	0,1662	0,1538	0,0828	0,0180	0,0005	0,0000
	24	0,0115	0,0829	0,1455	0,1795	0,1368	0,0474	0,0027	0,0000
	25	0,0041	0,0464	0,1047	0,1723	0,1861	0,1023	0,0124	0,0000
	26	0,0012	0,0208	0,0604	0,1325	0,2028	0,1771	0,0451	0,0002

Binomialverteilung – Wahrscheinlichkeitsfunktion

n	x	θ							
		0,01	0,05	0,10	0,15	0,20	0,30	0,40	0,50
50	0	0,6050	0,0769	0,0052	0,0003	0,0000	0,0000	0,0000	0,0000
	1	0,3056	0,2025	0,0286	0,0026	0,0002	0,0000	0,0000	0,0000
	2	0,0756	0,2611	0,0779	0,0113	0,0011	0,0000	0,0000	0,0000
	3	0,0122	0,2199	0,1386	0,0319	0,0044	0,0000	0,0000	0,0000
	4	0,0015	0,1360	0,1809	0,0661	0,0128	0,0001	0,0000	0,0000
	5	0,0001	0,0658	0,1849	0,1072	0,0295	0,0006	0,0000	0,0000
	6	0,0000	0,0260	0,1541	0,1419	0,0554	0,0018	0,0000	0,0000
	7	0,0000	0,0086	0,1076	0,1575	0,0870	0,0048	0,0000	0,0000
	8	0,0000	0,0024	0,0643	0,1493	0,1169	0,0110	0,0002	0,0000
	9	0,0000	0,0006	0,0333	0,1230	0,1364	0,0220	0,0005	0,0000
	10	0,0000	0,0001	0,0152	0,0890	0,1398	0,0386	0,0014	0,0000
	11	0,0000	0,0000	0,0061	0,0571	0,1271	0,0602	0,0035	0,0000
	12	0,0000	0,0000	0,0022	0,0328	0,1033	0,0838	0,0076	0,0001
	13	0,0000	0,0000	0,0007	0,0169	0,0755	0,1050	0,0147	0,0003
	14	0,0000	0,0000	0,0002	0,0079	0,0499	0,1189	0,0260	0,0008
	15	0,0000	0,0000	0,0001	0,0033	0,0299	0,1223	0,0415	0,0020
	16	0,0000	0,0000	0,0000	0,0013	0,0164	0,1147	0,0606	0,0044
	17	0,0000	0,0000	0,0000	0,0005	0,0082	0,0983	0,0808	0,0087
	18	0,0000	0,0000	0,0000	0,0001	0,0037	0,0772	0,0987	0,0160
	19	0,0000	0,0000	0,0000	0,0000	0,0016	0,0558	0,1109	0,0270
	20	0,0000	0,0000	0,0000	0,0000	0,0006	0,0370	0,1146	0,0419
	21	0,0000	0,0000	0,0000	0,0000	0,0002	0,0227	0,1091	0,0598
	22	0,0000	0,0000	0,0000	0,0000	0,0001	0,0128	0,0959	0,0788
	23	0,0000	0,0000	0,0000	0,0000	0,0000	0,0067	0,0778	0,0960
	24	0,0000	0,0000	0,0000	0,0000	0,0000	0,0032	0,0584	0,1080
	25	0,0000	0,0000	0,0000	0,0000	0,0000	0,0014	0,0405	0,1123
	26	0,0000	0,0000	0,0000	0,0000	0,0000	0,0006	0,0259	0,1080
	27	0,0000	0,0000	0,0000	0,0000	0,0000	0,0002	0,0154	0,0960
	38	0,0000	0,0000	0,0000	0,0000	0,0000	0,0001	0,0084	0,0788
	29	0,0000	0,0000	0,0000	0,0000	0,0000	0,0000	0,0043	0,0598
	30	0,0000	0,0000	0,0000	0,0000	0,0000	0,0000	0,0020	0,0419
	31	0,0000	0,0000	0,0000	0,0000	0,0000	0,0000	0,0009	0,0270
	32	0,0000	0,0000	0,0000	0,0000	0,0000	0,0000	0,0003	0,0160
	33	0,0000	0,0000	0,0000	0,0000	0,0000	0,0000	0,0001	0,0087
	34	0,0000	0,0000	0,0000	0,0000	0,0000	0,0000	0,0000	0,0044
	35	0,0000	0,0000	0,0000	0,0000	0,0000	0,0000	0,0000	0,0020
	40	0,0000	0,0000	0,0000	0,0000	0,0000	0,0000	0,0000	0,0000
	45	0,0000	0,0000	0,0000	0,0000	0,0000	0,0000	0,0000	0,0000
	50	0,0000	0,0000	0,0000	0,0000	0,0000	0,0000	0,0000	0,0000

A Statistische Tabellen

Binomialverteilung – Wahrscheinlichkeitsfunktion

n	x	θ							
		0,60	0,70	0,75	0,80	0,85	0,90	0,95	0,99
50	0	0,0000	0,0000	0,0000	0,0000	0,0000	0,0000	0,0000	0,0000
	1	0,0000	0,0000	0,0000	0,0000	0,0000	0,0000	0,0000	0,0000
	2	0,0000	0,0000	0,0000	0,0000	0,0000	0,0000	0,0000	0,0000
	3	0,0000	0,0000	0,0000	0,0000	0,0000	0,0000	0,0000	0,0000
	4	0,0000	0,0000	0,0000	0,0000	0,0000	0,0000	0,0000	0,0000
	5	0,0000	0,0000	0,0000	0,0000	0,0000	0,0000	0,0000	0,0000
	6	0,0000	0,0000	0,0000	0,0000	0,0000	0,0000	0,0000	0,0000
	7	0,0000	0,0000	0,0000	0,0000	0,0000	0,0000	0,0000	0,0000
	8	0,0000	0,0000	0,0000	0,0000	0,0000	0,0000	0,0000	0,0000
	9	0,0000	0,0000	0,0000	0,0000	0,0000	0,0000	0,0000	0,0000
	10	0,0000	0,0000	0,0000	0,0000	0,0000	0,0000	0,0000	0,0000
	11	0,0000	0,0000	0,0000	0,0000	0,0000	0,0000	0,0000	0,0000
	12	0,0000	0,0000	0,0000	0,0000	0,0000	0,0000	0,0000	0,0000
	13	0,0000	0,0000	0,0000	0,0000	0,0000	0,0000	0,0000	0,0000
	14	0,0000	0,0000	0,0000	0,0000	0,0000	0,0000	0,0000	0,0000
	15	0,0000	0,0000	0,0000	0,0000	0,0000	0,0000	0,0000	0,0000
	16	0,0000	0,0000	0,0000	0,0000	0,0000	0,0000	0,0000	0,0000
	17	0,0001	0,0000	0,0000	0,0000	0,0000	0,0000	0,0000	0,0000
	18	0,0003	0,0000	0,0000	0,0000	0,0000	0,0000	0,0000	0,0000
	19	0,0009	0,0000	0,0000	0,0000	0,0000	0,0000	0,0000	0,0000
	20	0,0020	0,0000	0,0000	0,0000	0,0000	0,0000	0,0000	0,0000
	21	0,0043	0,0000	0,0000	0,0000	0,0000	0,0000	0,0000	0,0000
	22	0,0084	0,0001	0,0000	0,0000	0,0000	0,0000	0,0000	0,0000
	23	0,0154	0,0002	0,0000	0,0000	0,0000	0,0000	0,0000	0,0000
	24	0,0259	0,0006	0,0000	0,0000	0,0000	0,0000	0,0000	0,0000
	25	0,0405	0,0014	0,0001	0,0000	0,0000	0,0000	0,0000	0,0000
	26	0,0584	0,0032	0,0002	0,0000	0,0000	0,0000	0,0000	0,0000
	27	0,0778	0,0067	0,0006	0,0000	0,0000	0,0000	0,0000	0,0000
	38	0,0959	0,0128	0,0016	0,0001	0,0000	0,0000	0,0000	0,0000
	29	0,1091	0,0227	0,0036	0,0002	0,0000	0,0000	0,0000	0,0000
	30	0,1146	0,0370	0,0077	0,0006	0,0000	0,0000	0,0000	0,0000
	31	0,1109	0,0558	0,0148	0,0016	0,0000	0,0000	0,0000	0,0000
	32	0,0987	0,0772	0,0264	0,0037	0,0001	0,0000	0,0000	0,0000
	33	0,0808	0,0983	0,0432	0,0082	0,0005	0,0000	0,0000	0,0000
	34	0,0606	0,1147	0,0648	0,0164	0,0013	0,0000	0,0000	0,0000
	35	0,0415	0,1223	0,0888	0,0299	0,0033	0,0001	0,0000	0,0000
	40	0,0014	0,0386	0,0985	0,1398	0,0890	0,0152	0,0001	0,0000
	45	0,0000	0,0006	0,0049	0,0295	0,1072	0,1849	0,0658	0,0001
	50	0,0000	0,0000	0,0000	0,0000	0,0003	0,0052	0,0769	0,6050

Binomialverteilung – Verteilungsfunktion

$$F_B(x \mid n;\ \theta) = \sum_{v=0}^{x} \binom{n}{v} \theta^v (1-\theta)^{n-v} \qquad 0 < \theta < 1$$

n	x	\\			θ				
		0,01	0,05	0,10	0,15	0,20	0,30	0,40	0,50
1	0	0,9900	0,9500	0,9000	0,8500	0,8000	0,7000	0,6000	0,5000
	1	1,0000	1,0000	1,0000	1,0000	1,0000	1,0000	1,0000	1,0000
2	0	0,9801	0,9025	0,8100	0,7225	0,6400	0,4900	0,3600	0,2500
	1	0,9999	0,9975	0,9900	0,9775	0,9600	0,9100	0,8400	0,7500
	2	1,0000	1,0000	1,0000	1,0000	1,0000	1,0000	1,0000	1,0000
3	0	0,9703	0,8574	0,7290	0,6141	0,5120	0,3430	0,2160	0,1250
	1	0,9997	0,9928	0,9720	0,9393	0,8960	0,7840	0,6480	0,5000
	2	1,0000	0,9999	0,9990	0,9966	0,9920	0,9730	0,9360	0,8750
	3	1,0000	1,0000	1,0000	1,0000	1,0000	1,0000	1,0000	1,0000
4	0	0,9606	0,8145	0,6561	0,5220	0,4096	0,2401	0,1296	0,0625
	1	0,9994	0,9860	0,9477	0,8905	0,8192	0,6517	0,4752	0,3125
	2	1,0000	0,9995	0,9963	0,9880	0,9728	0,9163	0,8208	0,6875
	3	1,0000	1,0000	0,9999	0,9995	0,9984	0,9919	0,9744	0,9375
	4	1,0000	1,0000	1,0000	1,0000	1,0000	1,0000	1,0000	1,0000
5	0	0,9510	0,7738	0,5905	0,4437	0,3277	0,1681	0,0778	0,0313
	1	0,9990	0,9774	0,9185	0,8352	0,7373	0,5282	0,3370	0,1875
	2	1,0000	0,9988	0,9914	0,9734	0,9421	0,8369	0,6826	0,5000
	3	1,0000	1,0000	0,9995	0,9978	0,9933	0,9692	0,9130	0,8125
	4	1,0000	1,0000	1,0000	0,9999	0,9997	0,9976	0,9898	0,9688
	5	1,0000	1,0000	1,0000	1,0000	1,0000	1,0000	1,0000	1,0000
6	0	0,9415	0,7351	0,5314	0,3771	0,2621	0,1176	0,0467	0,0156
	1	0,9985	0,9672	0,8857	0,7765	0,6554	0,4202	0,2333	0,1094
	2	1,0000	0,9978	0,9842	0,9527	0,9011	0,7443	0,5443	0,3438
	3	1,0000	0,9999	0,9987	0,9941	0,9830	0,9295	0,8208	0,6563
	4	1,0000	1,0000	0,9999	0,9996	0,9984	0,9891	0,9590	0,8906
	5	1,0000	1,0000	1,0000	1,0000	0,9999	0,9993	0,9959	0,9844
	6	1,0000	1,0000	1,0000	1,0000	1,0000	1,0000	1,0000	1,0000
7	0	0,9321	0,6983	0,4783	0,3206	0,2097	0,0824	0,0280	0,0078
	1	0,9980	0,9556	0,8503	0,7166	0,5767	0,3294	0,1586	0,0625
	2	1,0000	0,9962	0,9743	0,9262	0,8520	0,6471	0,4199	0,2266
	3	1,0000	0,9998	0,9973	0,9879	0,9667	0,8740	0,7102	0,5000
	4	1,0000	1,0000	0,9998	0,9988	0,9953	0,9712	0,9037	0,7734
	5	1,0000	1,0000	1,0000	0,9999	0,9996	0,9962	0,9812	0,9375
	6	1,0000	1,0000	1,0000	1,0000	1,0000	0,9998	0,9984	0,9922
	7	1,0000	1,0000	1,0000	1,0000	1,0000	1,0000	1,0000	1,0000

A Statistische Tabellen

Binomialverteilung – Verteilungsfunktion

n	x	θ							
		0,60	0,70	0,75	0,80	0,85	0,90	0,95	0,99
1	0,0000	0,4000	0,3000	0,2500	0,2000	0,1500	0,1000	0,0500	0,0100
	1,0000	1,0000	1,0000	1,0000	1,0000	1,0000	1,0000	1,0000	1,0000
2	0,0000	0,1600	0,0900	0,0625	0,0400	0,0225	0,0100	0,0025	0,0001
	1,0000	0,6400	0,5100	0,4375	0,3600	0,2775	0,1900	0,0975	0,0199
	2,0000	1,0000	1,0000	1,0000	1,0000	1,0000	1,0000	1,0000	1,0000
3	0,0000	0,0640	0,0270	0,0156	0,0080	0,0034	0,0010	0,0001	0,0000
	1,0000	0,3520	0,2160	0,1563	0,1040	0,0608	0,0280	0,0073	0,0003
	2,0000	0,7840	0,6570	0,5781	0,4880	0,3859	0,2710	0,1426	0,0297
	3,0000	1,0000	1,0000	1,0000	1,0000	1,0000	1,0000	1,0000	1,0000
4	0,0000	0,0256	0,0081	0,0039	0,0016	0,0005	0,0001	0,0000	0,0000
	1,0000	0,1792	0,0837	0,0508	0,0272	0,0120	0,0037	0,0005	0,0000
	2,0000	0,5248	0,3483	0,2617	0,1808	0,1095	0,0523	0,0140	0,0006
	3,0000	0,8704	0,7599	0,6836	0,5904	0,4780	0,3439	0,1855	0,0394
	4,0000	1,0000	1,0000	1,0000	1,0000	1,0000	1,0000	1,0000	1,0000
5	0,0000	0,0102	0,0024	0,0010	0,0003	0,0001	0,0000	0,0000	0,0000
	1,0000	0,0870	0,0308	0,0156	0,0067	0,0022	0,0005	0,0000	0,0000
	2,0000	0,3174	0,1631	0,1035	0,0579	0,0266	0,0086	0,0012	0,0000
	3,0000	0,6630	0,4718	0,3672	0,2627	0,1648	0,0815	0,0226	0,0010
	4,0000	0,9222	0,8319	0,7627	0,6723	0,5563	0,4095	0,2262	0,0490
	5,0000	1,0000	1,0000	1,0000	1,0000	1,0000	1,0000	1,0000	1,0000
6	0,0000	0,0041	0,0007	0,0002	0,0001	0,0000	0,0000	0,0000	0,0000
	1,0000	0,0410	0,0109	0,0046	0,0016	0,0004	0,0001	0,0000	0,0000
	2,0000	0,1792	0,0705	0,0376	0,0170	0,0059	0,0013	0,0001	0,0000
	3,0000	0,4557	0,2557	0,1694	0,0989	0,0473	0,0159	0,0022	0,0000
	4,0000	0,7667	0,5798	0,4661	0,3446	0,2235	0,1143	0,0328	0,0015
	5,0000	0,9533	0,8824	0,8220	0,7379	0,6229	0,4686	0,2649	0,0585
	6,0000	1,0000	1,0000	1,0000	1,0000	1,0000	1,0000	1,0000	1,0000
7	0,0000	0,0016	0,0002	0,0001	0,0000	0,0000	0,0000	0,0000	0,0000
	1,0000	0,0188	0,0038	0,0013	0,0004	0,0001	0,0000	0,0000	0,0000
	2,0000	0,0963	0,0288	0,0129	0,0047	0,0012	0,0002	0,0000	0,0000
	3,0000	0,2898	0,1260	0,0706	0,0333	0,0121	0,0027	0,0002	0,0000
	4,0000	0,5801	0,3529	0,2436	0,1480	0,0738	0,0257	0,0038	0,0000
	5,0000	0,8414	0,6706	0,5551	0,4233	0,2834	0,1497	0,0444	0,0020
	6,0000	0,9720	0,9176	0,8665	0,7903	0,6794	0,5217	0,3017	0,0679
	7,0000	1,0000	1,0000	1,0000	1,0000	1,0000	1,0000	1,0000	1,0000

Binomialverteilung – Verteilungsfunktion

n	x	θ							
		0,01	0,05	0,10	0,15	0,20	0,30	0,40	0,50
8	0	0,9227	0,6634	0,4305	0,2725	0,1678	0,0576	0,0168	0,0039
	1	0,9973	0,9428	0,8131	0,6572	0,5033	0,2553	0,1064	0,0352
	2	0,9999	0,9942	0,9619	0,8948	0,7969	0,5518	0,3154	0,1445
	3	1,0000	0,9996	0,9950	0,9786	0,9437	0,8059	0,5941	0,3633
	4	1,0000	1,0000	0,9996	0,9971	0,9896	0,9420	0,8263	0,6367
	5	1,0000	1,0000	1,0000	0,9998	0,9988	0,9887	0,9502	0,8555
	6	1,0000	1,0000	1,0000	1,0000	0,9999	0,9987	0,9915	0,9648
	7	1,0000	1,0000	1,0000	1,0000	1,0000	0,9999	0,9993	0,9961
	8	1,0000	1,0000	1,0000	1,0000	1,0000	1,0000	1,0000	1,0000
9	0	0,9135	0,6302	0,3874	0,2316	0,1342	0,0404	0,0101	0,0020
	1	0,9966	0,9288	0,7748	0,5995	0,4362	0,1960	0,0705	0,0195
	2	0,9999	0,9916	0,9470	0,8591	0,7382	0,4628	0,2318	0,0898
	3	1,0000	0,9994	0,9917	0,9661	0,9144	0,7297	0,4826	0,2539
	4	1,0000	1,0000	0,9991	0,9944	0,9804	0,9012	0,7334	0,5000
	5	1,0000	1,0000	0,9999	0,9994	0,9969	0,9747	0,9006	0,7461
	6	1,0000	1,0000	1,0000	1,0000	0,9997	0,9957	0,9750	0,9102
	7	1,0000	1,0000	1,0000	1,0000	1,0000	0,9996	0,9962	0,9805
	8	1,0000	1,0000	1,0000	1,0000	1,0000	1,0000	0,9997	0,9980
	9	1,0000	1,0000	1,0000	1,0000	1,0000	1,0000	1,0000	1,0000
10	0	0,9044	0,5987	0,3487	0,1969	0,1074	0,0282	0,0060	0,0010
	1	0,9957	0,9139	0,7361	0,5443	0,3758	0,1493	0,0464	0,0107
	2	0,9999	0,9885	0,9298	0,8202	0,6778	0,3828	0,1673	0,0547
	3	1,0000	0,9990	0,9872	0,9500	0,8791	0,6496	0,3823	0,1719
	4	1,0000	0,9999	0,9984	0,9901	0,9672	0,8497	0,6331	0,3770
	5	1,0000	1,0000	0,9999	0,9986	0,9936	0,9527	0,8338	0,6230
	6	1,0000	1,0000	1,0000	0,9999	0,9991	0,9894	0,9452	0,8281
	7	1,0000	1,0000	1,0000	1,0000	0,9999	0,9984	0,9877	0,9453
	8	1,0000	1,0000	1,0000	1,0000	1,0000	0,9999	0,9983	0,9893
	9	1,0000	1,0000	1,0000	1,0000	1,0000	1,0000	0,9999	0,9990
	10	1,0000	1,0000	1,0000	1,0000	1,0000	1,0000	1,0000	1,0000
11	0	0,8953	0,5688	0,3138	0,1673	0,0859	0,0198	0,0036	0,0005
	1	0,9948	0,8981	0,6974	0,4922	0,3221	0,1130	0,0302	0,0059
	2	0,9998	0,9848	0,9104	0,7788	0,6174	0,3127	0,1189	0,0327
	3	1,0000	0,9984	0,9815	0,9306	0,8389	0,5696	0,2963	0,1133
	4	1,0000	0,9999	0,9972	0,9841	0,9496	0,7897	0,5328	0,2744
	5	1,0000	1,0000	0,9997	0,9973	0,9883	0,9218	0,7535	0,5000
	6	1,0000	1,0000	1,0000	0,9997	0,9980	0,9784	0,9006	0,7256
	7	1,0000	1,0000	1,0000	1,0000	0,9998	0,9957	0,9707	0,8867
	8	1,0000	1,0000	1,0000	1,0000	1,0000	0,9994	0,9941	0,9673
	9	1,0000	1,0000	1,0000	1,0000	1,0000	1,0000	0,9993	0,9941
	10	1,0000	1,0000	1,0000	1,0000	1,0000	1,0000	1,0000	0,9995
	11	1,0000	1,0000	1,0000	1,0000	1,0000	1,0000	1,0000	1,0000

Binomialverteilung – Verteilungsfunktion

n	x	θ							
		0,60	0,70	0,75	0,80	0,85	0,90	0,95	0,99
8	0	0,0007	0,0001	0,0000	0,0000	0,0000	0,0000	0,0000	0,0000
	1	0,0085	0,0013	0,0004	0,0001	0,0000	0,0000	0,0000	0,0000
	2	0,0498	0,0113	0,0042	0,0012	0,0002	0,0000	0,0000	0,0000
	3	0,1737	0,0580	0,0273	0,0104	0,0029	0,0004	0,0000	0,0000
	4	0,4059	0,1941	0,1138	0,0563	0,0214	0,0050	0,0004	0,0000
	5	0,6846	0,4482	0,3215	0,2031	0,1052	0,0381	0,0058	0,0001
	6	0,8936	0,7447	0,6329	0,4967	0,3428	0,1869	0,0572	0,0027
	7	0,9832	0,9424	0,8999	0,8322	0,7275	0,5695	0,3366	0,0773
	8	1,0000	1,0000	1,0000	1,0000	1,0000	1,0000	1,0000	1,0000
9	0	0,0003	0,0000	0,0000	0,0000	0,0000	0,0000	0,0000	0,0000
	1	0,0038	0,0004	0,0001	0,0000	0,0000	0,0000	0,0000	0,0000
	2	0,0250	0,0043	0,0013	0,0003	0,0000	0,0000	0,0000	0,0000
	3	0,0994	0,0253	0,0100	0,0031	0,0006	0,0001	0,0000	0,0000
	4	0,2666	0,0988	0,0489	0,0196	0,0056	0,0009	0,0000	0,0000
	5	0,5174	0,2703	0,1657	0,0856	0,0339	0,0083	0,0006	0,0000
	6	0,7682	0,5372	0,3993	0,2618	0,1409	0,0530	0,0084	0,0001
	7	0,9295	0,8040	0,6997	0,5638	0,4005	0,2252	0,0712	0,0034
	8	0,9899	0,9596	0,9249	0,8658	0,7684	0,6126	0,3698	0,0865
	9	1,0000	1,0000	1,0000	1,0000	1,0000	1,0000	1,0000	1,0000
10	0	0,0001	0,0000	0,0000	0,0000	0,0000	0,0000	0,0000	0,0000
	1	0,0017	0,0001	0,0000	0,0000	0,0000	0,0000	0,0000	0,0000
	2	0,0123	0,0016	0,0004	0,0001	0,0000	0,0000	0,0000	0,0000
	3	0,0548	0,0106	0,0035	0,0009	0,0001	0,0000	0,0000	0,0000
	4	0,1662	0,0473	0,0197	0,0064	0,0014	0,0001	0,0000	0,0000
	5	0,3669	0,1503	0,0781	0,0328	0,0099	0,0016	0,0001	0,0000
	6	0,6177	0,3504	0,2241	0,1209	0,0500	0,0128	0,0010	0,0000
	7	0,8327	0,6172	0,4744	0,3222	0,1798	0,0702	0,0115	0,0001
	8	0,9536	0,8507	0,7560	0,6242	0,4557	0,2639	0,0861	0,0043
	9	0,9940	0,9718	0,9437	0,8926	0,8031	0,6513	0,4013	0,0956
	10	1,0000	1,0000	1,0000	1,0000	1,0000	1,0000	1,0000	1,0000
11	0	0,0000	0,0000	0,0000	0,0000	0,0000	0,0000	0,0000	0,0000
	1	0,0007	0,0000	0,0000	0,0000	0,0000	0,0000	0,0000	0,0000
	2	0,0059	0,0006	0,0001	0,0000	0,0000	0,0000	0,0000	0,0000
	3	0,0293	0,0043	0,0012	0,0002	0,0000	0,0000	0,0000	0,0000
	4	0,0994	0,0216	0,0076	0,0020	0,0003	0,0000	0,0000	0,0000
	5	0,2465	0,0782	0,0343	0,0117	0,0027	0,0003	0,0000	0,0000
	6	0,4672	0,2103	0,1146	0,0504	0,0159	0,0028	0,0001	0,0000
	7	0,7037	0,4304	0,2867	0,1611	0,0694	0,0185	0,0016	0,0000
	8	0,8811	0,6873	0,5448	0,3826	0,2212	0,0896	0,0152	0,0002
	9	0,9698	0,8870	0,8029	0,6779	0,5078	0,3026	0,1019	0,0052
	10	0,9964	0,9802	0,9578	0,9141	0,8327	0,6862	0,4312	0,1047
	11	1,0000	1,0000	1,0000	1,0000	1,0000	1,0000	1,0000	1,0000

Binomialverteilung – Verteilungsfunktion

n	x	θ							
		0,01	0,05	0,10	0,15	0,20	0,30	0,40	0,50
12	0	0,8864	0,5404	0,2824	0,1422	0,0687	0,0138	0,0022	0,0002
	1	0,9938	0,8816	0,6590	0,4435	0,2749	0,0850	0,0196	0,0032
	2	0,9998	0,9804	0,8891	0,7358	0,5583	0,2528	0,0834	0,0193
	3	1,0000	0,9978	0,9744	0,9078	0,7946	0,4925	0,2253	0,0730
	4	1,0000	0,9998	0,9957	0,9761	0,9274	0,7237	0,4382	0,1938
	5	1,0000	1,0000	0,9995	0,9954	0,9806	0,8822	0,6652	0,3872
	6	1,0000	1,0000	0,9999	0,9993	0,9961	0,9614	0,8418	0,6128
	7	1,0000	1,0000	1,0000	0,9999	0,9994	0,9905	0,9427	0,8062
	8	1,0000	1,0000	1,0000	1,0000	0,9999	0,9983	0,9847	0,9270
	9	1,0000	1,0000	1,0000	1,0000	1,0000	0,9998	0,9972	0,9807
	10	1,0000	1,0000	1,0000	1,0000	1,0000	1,0000	0,9997	0,9968
	11	1,0000	1,0000	1,0000	1,0000	1,0000	1,0000	1,0000	0,9998
	12	1,0000	1,0000	1,0000	1,0000	1,0000	1,0000	1,0000	1,0000
13	0	0,8775	0,5133	0,2542	0,1209	0,0550	0,0097	0,0013	0,0001
	1	0,9928	0,8646	0,6213	0,3983	0,2336	0,0637	0,0126	0,0017
	2	0,9997	0,9755	0,8661	0,6920	0,5017	0,2025	0,0579	0,0112
	3	1,0000	0,9969	0,9658	0,8820	0,7473	0,4206	0,1686	0,0461
	4	1,0000	0,9997	0,9935	0,9658	0,9009	0,6543	0,3530	0,1334
	5	1,0000	1,0000	0,9991	0,9925	0,9700	0,8346	0,5744	0,2905
	6	1,0000	1,0000	0,9999	0,9987	0,9930	0,9376	0,7712	0,5000
	7	1,0000	1,0000	1,0000	0,9998	0,9988	0,9818	0,9023	0,7095
	8	1,0000	1,0000	1,0000	1,0000	0,9998	0,9960	0,9679	0,8666
	9	1,0000	1,0000	1,0000	1,0000	1,0000	0,9993	0,9922	0,9539
	10	1,0000	1,0000	1,0000	1,0000	1,0000	0,9999	0,9987	0,9888
	11	1,0000	1,0000	1,0000	1,0000	1,0000	1,0000	0,9999	0,9983
	12	1,0000	1,0000	1,0000	1,0000	1,0000	1,0000	1,0000	0,9999
	13	1,0000	1,0000	1,0000	1,0000	1,0000	1,0000	1,0000	1,0000
14	0	0,8687	0,4877	0,2288	0,1028	0,0440	0,0068	0,0008	0,0001
	1	0,9916	0,8470	0,5846	0,3567	0,1979	0,0475	0,0081	0,0009
	2	0,9997	0,9699	0,8416	0,6479	0,4481	0,1608	0,0398	0,0065
	3	1,0000	0,9958	0,9559	0,8535	0,6982	0,3552	0,1243	0,0287
	4	1,0000	0,9996	0,9908	0,9533	0,8702	0,5842	0,2793	0,0898
	5	1,0000	1,0000	0,9985	0,9885	0,9561	0,7805	0,4859	0,2120
	6	1,0000	1,0000	0,9998	0,9978	0,9884	0,9067	0,6925	0,3953
	7	1,0000	1,0000	1,0000	0,9997	0,9976	0,9685	0,8499	0,6047
	8	1,0000	1,0000	1,0000	1,0000	0,9996	0,9917	0,9417	0,7880
	9	1,0000	1,0000	1,0000	1,0000	1,0000	0,9983	0,9825	0,9102
	10	1,0000	1,0000	1,0000	1,0000	1,0000	0,9998	0,9961	0,9713
	11	1,0000	1,0000	1,0000	1,0000	1,0000	1,0000	0,9994	0,9935
	12	1,0000	1,0000	1,0000	1,0000	1,0000	1,0000	0,9999	0,9991
	13	1,0000	1,0000	1,0000	1,0000	1,0000	1,0000	1,0000	0,9999
	14	1,0000	1,0000	1,0000	1,0000	1,0000	1,0000	1,0000	1,0000

A Statistische Tabellen

Binomialverteilung – Verteilungsfunktion

n	x	θ							
		0,60	0,70	0,75	0,80	0,85	0,90	0,95	0,99
12	0	0,0000	0,0000	0,0000	0,0000	0,0000	0,0000	0,0000	0,0000
	1	0,0003	0,0000	0,0000	0,0000	0,0000	0,0000	0,0000	0,0000
	2	0,0028	0,0002	0,0000	0,0000	0,0000	0,0000	0,0000	0,0000
	3	0,0153	0,0017	0,0004	0,0001	0,0000	0,0000	0,0000	0,0000
	4	0,0573	0,0095	0,0028	0,0006	0,0001	0,0000	0,0000	0,0000
	5	0,1582	0,0386	0,0143	0,0039	0,0007	0,0001	0,0000	0,0000
	6	0,3348	0,1178	0,0544	0,0194	0,0046	0,0005	0,0000	0,0000
	7	0,5618	0,2763	0,1576	0,0726	0,0239	0,0043	0,0002	0,0000
	8	0,7747	0,5075	0,3512	0,2054	0,0922	0,0256	0,0022	0,0000
	9	0,9166	0,7472	0,6093	0,4417	0,2642	0,1109	0,0196	0,0002
	10	0,9804	0,9150	0,8416	0,7251	0,5565	0,3410	0,1184	0,0062
	11	0,9978	0,9862	0,9683	0,9313	0,8578	0,7176	0,4596	0,1136
	12	1,0000	1,0000	1,0000	1,0000	1,0000	1,0000	1,0000	1,0000
13	0	0,0000	0,0000	0,0000	0,0000	0,0000	0,0000	0,0000	0,0000
	1	0,0001	0,0000	0,0000	0,0000	0,0000	0,0000	0,0000	0,0000
	2	0,0013	0,0001	0,0000	0,0000	0,0000	0,0000	0,0000	0,0000
	3	0,0078	0,0007	0,0001	0,0000	0,0000	0,0000	0,0000	0,0000
	4	0,0321	0,0040	0,0010	0,0002	0,0000	0,0000	0,0000	0,0000
	5	0,0977	0,0182	0,0056	0,0012	0,0002	0,0000	0,0000	0,0000
	6	0,2288	0,0624	0,0243	0,0070	0,0013	0,0001	0,0000	0,0000
	7	0,4256	0,1654	0,0802	0,0300	0,0075	0,0009	0,0000	0,0000
	8	0,6470	0,3457	0,2060	0,0991	0,0342	0,0065	0,0003	0,0000
	9	0,8314	0,5794	0,4157	0,2527	0,1180	0,0342	0,0031	0,0000
	10	0,9421	0,7975	0,6674	0,4983	0,3080	0,1339	0,0245	0,0003
	11	0,9874	0,9363	0,8733	0,7664	0,6017	0,3787	0,1354	0,0072
	12	0,9987	0,9903	0,9762	0,9450	0,8791	0,7458	0,4867	0,1225
	13	1,0000	1,0000	1,0000	1,0000	1,0000	1,0000	1,0000	1,0000
14	0	0,0000	0,0000	0,0000	0,0000	0,0000	0,0000	0,0000	0,0000
	1	0,0001	0,0000	0,0000	0,0000	0,0000	0,0000	0,0000	0,0000
	2	0,0006	0,0000	0,0000	0,0000	0,0000	0,0000	0,0000	0,0000
	3	0,0039	0,0002	0,0000	0,0000	0,0000	0,0000	0,0000	0,0000
	4	0,0175	0,0017	0,0003	0,0000	0,0000	0,0000	0,0000	0,0000
	5	0,0583	0,0083	0,0022	0,0004	0,0000	0,0000	0,0000	0,0000
	6	0,1501	0,0315	0,0103	0,0024	0,0003	0,0000	0,0000	0,0000
	7	0,3075	0,0933	0,0383	0,0116	0,0022	0,0002	0,0000	0,0000
	8	0,5141	0,2195	0,1117	0,0439	0,0115	0,0015	0,0000	0,0000
	9	0,7207	0,4158	0,2585	0,1298	0,0467	0,0092	0,0004	0,0000
	10	0,8757	0,6448	0,4787	0,3018	0,1465	0,0441	0,0042	0,0000
	11	0,9602	0,8392	0,7189	0,5519	0,3521	0,1584	0,0301	0,0003
	12	0,9919	0,9525	0,8990	0,8021	0,6433	0,4154	0,1530	0,0084
	13	0,9992	0,9932	0,9822	0,9560	0,8972	0,7712	0,5123	0,1313
	14	1,0000	1,0000	1,0000	1,0000	1,0000	1,0000	1,0000	1,0000

Binomialverteilung – Verteilungsfunktion

n	x	θ							
		0,01	0,05	0,10	0,15	0,20	0,30	0,40	0,50
15	0	0,8601	0,4633	0,2059	0,0874	0,0352	0,0047	0,0005	0,0000
	1	0,9904	0,8290	0,5490	0,3186	0,1671	0,0353	0,0052	0,0005
	2	0,9996	0,9638	0,8159	0,6042	0,3980	0,1268	0,0271	0,0037
	3	1,0000	0,9945	0,9444	0,8227	0,6482	0,2969	0,0905	0,0176
	4	1,0000	0,9994	0,9873	0,9383	0,8358	0,5155	0,2173	0,0592
	5	1,0000	0,9999	0,9978	0,9832	0,9389	0,7216	0,4032	0,1509
	6	1,0000	1,0000	0,9997	0,9964	0,9819	0,8689	0,6098	0,3036
	7	1,0000	1,0000	1,0000	0,9994	0,9958	0,9500	0,7869	0,5000
	8	1,0000	1,0000	1,0000	0,9999	0,9992	0,9848	0,9050	0,6964
	9	1,0000	1,0000	1,0000	1,0000	0,9999	0,9963	0,9662	0,8491
	10	1,0000	1,0000	1,0000	1,0000	1,0000	0,9993	0,9907	0,9408
	11	1,0000	1,0000	1,0000	1,0000	1,0000	0,9999	0,9981	0,9824
	12	1,0000	1,0000	1,0000	1,0000	1,0000	1,0000	0,9997	0,9963
	13	1,0000	1,0000	1,0000	1,0000	1,0000	1,0000	1,0000	0,9995
	14	1,0000	1,0000	1,0000	1,0000	1,0000	1,0000	1,0000	1,0000
	15	1,0000	1,0000	1,0000	1,0000	1,0000	1,0000	1,0000	1,0000
20	0	0,8179	0,3585	0,1216	0,0388	0,0115	0,0008	0,0000	0,0000
	1	0,9831	0,7358	0,3917	0,1756	0,0692	0,0076	0,0005	0,0000
	2	0,9990	0,9245	0,6769	0,4049	0,2061	0,0355	0,0036	0,0002
	3	1,0000	0,9841	0,8670	0,6477	0,4114	0,1071	0,0160	0,0013
	4	1,0000	0,9974	0,9568	0,8298	0,6296	0,2375	0,0510	0,0059
	5	1,0000	0,9997	0,9887	0,9327	0,8042	0,4164	0,1256	0,0207
	6	1,0000	1,0000	0,9976	0,9781	0,9133	0,6080	0,2500	0,0577
	7	1,0000	1,0000	0,9996	0,9941	0,9679	0,7723	0,4159	0,1316
	8	1,0000	1,0000	0,9999	0,9987	0,9900	0,8867	0,5956	0,2517
	9	1,0000	1,0000	1,0000	0,9998	0,9974	0,9520	0,7553	0,4119
	10	1,0000	1,0000	1,0000	1,0000	0,9994	0,9829	0,8725	0,5881
	11	1,0000	1,0000	1,0000	1,0000	0,9999	0,9949	0,9435	0,7483
	12	1,0000	1,0000	1,0000	1,0000	1,0000	0,9987	0,9790	0,8684
	13	1,0000	1,0000	1,0000	1,0000	1,0000	0,9997	0,9935	0,9423
	14	1,0000	1,0000	1,0000	1,0000	1,0000	1,0000	0,9984	0,9793
	15	1,0000	1,0000	1,0000	1,0000	1,0000	1,0000	0,9997	0,9941
	16	1,0000	1,0000	1,0000	1,0000	1,0000	1,0000	1,0000	0,9987
	17	1,0000	1,0000	1,0000	1,0000	1,0000	1,0000	1,0000	0,9998
	18	1,0000	1,0000	1,0000	1,0000	1,0000	1,0000	1,0000	1,0000
	19	1,0000	1,0000	1,0000	1,0000	1,0000	1,0000	1,0000	1,0000
	20	1,0000	1,0000	1,0000	1,0000	1,0000	1,0000	1,0000	1,0000

Binomialverteilung – Verteilungsfunktion

n	x	θ							
		0,60	0,70	0,75	0,80	0,85	0,90	0,95	0,99
15	0	0,0000	0,0000	0,0000	0,0000	0,0000	0,0000	0,0000	0,0000
	1	0,0000	0,0000	0,0000	0,0000	0,0000	0,0000	0,0000	0,0000
	2	0,0003	0,0000	0,0000	0,0000	0,0000	0,0000	0,0000	0,0000
	3	0,0019	0,0001	0,0000	0,0000	0,0000	0,0000	0,0000	0,0000
	4	0,0093	0,0007	0,0001	0,0000	0,0000	0,0000	0,0000	0,0000
	5	0,0338	0,0037	0,0008	0,0001	0,0000	0,0000	0,0000	0,0000
	6	0,0950	0,0152	0,0042	0,0008	0,0001	0,0000	0,0000	0,0000
	7	0,2131	0,0500	0,0173	0,0042	0,0006	0,0000	0,0000	0,0000
	8	0,3902	0,1311	0,0566	0,0181	0,0036	0,0003	0,0000	0,0000
	9	0,5968	0,2784	0,1484	0,0611	0,0168	0,0022	0,0001	0,0000
	10	0,7827	0,4845	0,3135	0,1642	0,0617	0,0127	0,0006	0,0000
	11	0,9095	0,7031	0,5387	0,3518	0,1773	0,0556	0,0055	0,0000
	12	0,9729	0,8732	0,7639	0,6020	0,3958	0,1841	0,0362	0,0004
	13	0,9948	0,9647	0,9198	0,8329	0,6814	0,4510	0,1710	0,0096
	14	0,9995	0,9953	0,9866	0,9648	0,9126	0,7941	0,5367	0,1399
	15	1,0000	1,0000	1,0000	1,0000	1,0000	1,0000	1,0000	1,0000
20	0	0,0000	0,0000	0,0000	0,0000	0,0000	0,0000	0,0000	0,0000
	1	0,0000	0,0000	0,0000	0,0000	0,0000	0,0000	0,0000	0,0000
	2	0,0000	0,0000	0,0000	0,0000	0,0000	0,0000	0,0000	0,0000
	3	0,0000	0,0000	0,0000	0,0000	0,0000	0,0000	0,0000	0,0000
	4	0,0003	0,0000	0,0000	0,0000	0,0000	0,0000	0,0000	0,0000
	5	0,0016	0,0000	0,0000	0,0000	0,0000	0,0000	0,0000	0,0000
	6	0,0065	0,0003	0,0000	0,0000	0,0000	0,0000	0,0000	0,0000
	7	0,0210	0,0013	0,0002	0,0000	0,0000	0,0000	0,0000	0,0000
	8	0,0565	0,0051	0,0009	0,0001	0,0000	0,0000	0,0000	0,0000
	9	0,1275	0,0171	0,0039	0,0006	0,0000	0,0000	0,0000	0,0000
	10	0,2447	0,0480	0,0139	0,0026	0,0002	0,0000	0,0000	0,0000
	11	0,4044	0,1133	0,0409	0,0100	0,0013	0,0001	0,0000	0,0000
	12	0,5841	0,2277	0,1018	0,0321	0,0059	0,0004	0,0000	0,0000
	13	0,7500	0,3920	0,2142	0,0867	0,0219	0,0024	0,0000	0,0000
	14	0,8744	0,5836	0,3828	0,1958	0,0673	0,0113	0,0003	0,0000
	15	0,9490	0,7625	0,5852	0,3704	0,1702	0,0432	0,0026	0,0000
	16	0,9840	0,8929	0,7748	0,5886	0,3523	0,1330	0,0159	0,0000
	17	0,9964	0,9645	0,9087	0,7939	0,5951	0,3231	0,0755	0,0010
	18	0,9995	0,9924	0,9757	0,9308	0,8244	0,6083	0,2642	0,0169
	19	1,0000	0,9992	0,9968	0,9885	0,9612	0,8784	0,6415	0,1821
	20	1,0000	1,0000	1,0000	1,0000	1,0000	1,0000	1,0000	1,0000

Binomialverteilung – Verteilungsfunktion

n	x	θ							
		0,01	0,05	0,10	0,15	0,20	0,30	0,40	0,50
30	0	0,7397	0,2146	0,0424	0,0076	0,0012	0,0000	0,0000	0,0000
	1	0,9639	0,5535	0,1837	0,0480	0,0105	0,0003	0,0000	0,0000
	2	0,9967	0,8122	0,4114	0,1514	0,0442	0,0021	0,0000	0,0000
	3	0,9998	0,9392	0,6474	0,3217	0,1227	0,0093	0,0003	0,0000
	4	1,0000	0,9844	0,8245	0,5245	0,2552	0,0302	0,0015	0,0000
	5	1,0000	0,9967	0,9268	0,7106	0,4275	0,0766	0,0057	0,0002
	6	1,0000	0,9994	0,9742	0,8474	0,6070	0,1595	0,0172	0,0007
	7	1,0000	0,9999	0,9922	0,9302	0,7608	0,2814	0,0435	0,0026
	8	1,0000	1,0000	0,9980	0,9722	0,8713	0,4315	0,0940	0,0081
	9	1,0000	1,0000	0,9995	0,9903	0,9389	0,5888	0,1763	0,0214
	10	1,0000	1,0000	0,9999	0,9971	0,9744	0,7304	0,2915	0,0494
	11	1,0000	1,0000	1,0000	0,9992	0,9905	0,8407	0,4311	0,1002
	12	1,0000	1,0000	1,0000	0,9998	0,9969	0,9155	0,5785	0,1808
	13	1,0000	1,0000	1,0000	1,0000	0,9991	0,9599	0,7145	0,2923
	14	1,0000	1,0000	1,0000	1,0000	0,9998	0,9831	0,8246	0,4278
	15	1,0000	1,0000	1,0000	1,0000	0,9999	0,9936	0,9029	0,5722
	16	1,0000	1,0000	1,0000	1,0000	1,0000	0,9979	0,9519	0,7077
	17	1,0000	1,0000	1,0000	1,0000	1,0000	0,9994	0,9788	0,8192
	18	1,0000	1,0000	1,0000	1,0000	1,0000	0,9998	0,9917	0,8998
	19	1,0000	1,0000	1,0000	1,0000	1,0000	1,0000	0,9971	0,9506
	20	1,0000	1,0000	1,0000	1,0000	1,0000	1,0000	0,9991	0,9786
	21	1,0000	1,0000	1,0000	1,0000	1,0000	1,0000	0,9998	0,9919
	22	1,0000	1,0000	1,0000	1,0000	1,0000	1,0000	1,0000	0,9974
	23	1,0000	1,0000	1,0000	1,0000	1,0000	1,0000	1,0000	0,9993
	24	1,0000	1,0000	1,0000	1,0000	1,0000	1,0000	1,0000	0,9998
	25	1,0000	1,0000	1,0000	1,0000	1,0000	1,0000	1,0000	1,0000
	26	1,0000	1,0000	1,0000	1,0000	1,0000	1,0000	1,0000	1,0000
50	0	0,6050	0,0769	0,0052	0,0003	0,0000	0,0000	0,0000	0,0000
	1	0,9106	0,2794	0,0338	0,0029	0,0002	0,0000	0,0000	0,0000
	2	0,9862	0,5405	0,1117	0,0142	0,0013	0,0000	0,0000	0,0000
	3	0,9984	0,7604	0,2503	0,0460	0,0057	0,0000	0,0000	0,0000
	4	0,9999	0,8964	0,4312	0,1121	0,0185	0,0002	0,0000	0,0000
	5	1,0000	0,9622	0,6161	0,2194	0,0480	0,0007	0,0000	0,0000
	6	1,0000	0,9882	0,7702	0,3613	0,1034	0,0025	0,0000	0,0000
	7	1,0000	0,9968	0,8779	0,5188	0,1904	0,0073	0,0001	0,0000
	8	1,0000	0,9992	0,9421	0,6681	0,3073	0,0183	0,0002	0,0000
	9	1,0000	0,9998	0,9755	0,7911	0,4437	0,0402	0,0008	0,0000
	10	1,0000	1,0000	0,9906	0,8801	0,5836	0,0789	0,0022	0,0000

A Statistische Tabellen

Binomialverteilung – Verteilungsfunktion

n	x	θ							
		0,60	0,70	0,75	0,80	0,85	0,90	0,95	0,99
30	0	0,0000	0,0000	0,0000	0,0000	0,0000	0,0000	0,0000	0,0000
	1	0,0000	0,0000	0,0000	0,0000	0,0000	0,0000	0,0000	0,0000
	2	0,0000	0,0000	0,0000	0,0000	0,0000	0,0000	0,0000	0,0000
	3	0,0000	0,0000	0,0000	0,0000	0,0000	0,0000	0,0000	0,0000
	4	0,0000	0,0000	0,0000	0,0000	0,0000	0,0000	0,0000	0,0000
	5	0,0000	0,0000	0,0000	0,0000	0,0000	0,0000	0,0000	0,0000
	6	0,0000	0,0000	0,0000	0,0000	0,0000	0,0000	0,0000	0,0000
	7	0,0000	0,0000	0,0000	0,0000	0,0000	0,0000	0,0000	0,0000
	8	0,0002	0,0000	0,0000	0,0000	0,0000	0,0000	0,0000	0,0000
	9	0,0009	0,0000	0,0000	0,0000	0,0000	0,0000	0,0000	0,0000
	10	0,0029	0,0000	0,0000	0,0000	0,0000	0,0000	0,0000	0,0000
	11	0,0083	0,0002	0,0000	0,0000	0,0000	0,0000	0,0000	0,0000
	12	0,0212	0,0006	0,0001	0,0000	0,0000	0,0000	0,0000	0,0000
	13	0,0481	0,0021	0,0002	0,0000	0,0000	0,0000	0,0000	0,0000
	14	0,0971	0,0064	0,0008	0,0001	0,0000	0,0000	0,0000	0,0000
	15	0,1754	0,0169	0,0027	0,0002	0,0000	0,0000	0,0000	0,0000
	16	0,2855	0,0401	0,0082	0,0009	0,0000	0,0000	0,0000	0,0000
	17	0,4215	0,0845	0,0216	0,0031	0,0002	0,0000	0,0000	0,0000
	18	0,5689	0,1593	0,0507	0,0095	0,0008	0,0000	0,0000	0,0000
	19	0,7085	0,2696	0,1057	0,0256	0,0029	0,0001	0,0000	0,0000
	20	0,8237	0,4112	0,1966	0,0611	0,0097	0,0005	0,0000	0,0000
	21	0,9060	0,5685	0,3264	0,1287	0,0278	0,0020	0,0000	0,0000
	22	0,9565	0,7186	0,4857	0,2392	0,0698	0,0078	0,0001	0,0000
	23	0,9828	0,8405	0,6519	0,3930	0,1526	0,0258	0,0006	0,0000
	24	0,9943	0,9234	0,7974	0,5725	0,2894	0,0732	0,0033	0,0000
	25	0,9985	0,9698	0,9021	0,7448	0,4755	0,1755	0,0156	0,0000
	26	0,9997	0,9907	0,9626	0,8773	0,6783	0,3526	0,0608	0,0002
50	0	0,0000	0,0000	0,0000	0,0000	0,0000	0,0000	0,0000	0,0000
	1	0,0000	0,0000	0,0000	0,0000	0,0000	0,0000	0,0000	0,0000
	2	0,0000	0,0000	0,0000	0,0000	0,0000	0,0000	0,0000	0,0000
	3	0,0000	0,0000	0,0000	0,0000	0,0000	0,0000	0,0000	0,0000
	4	0,0000	0,0000	0,0000	0,0000	0,0000	0,0000	0,0000	0,0000
	5	0,0000	0,0000	0,0000	0,0000	0,0000	0,0000	0,0000	0,0000
	6	0,0000	0,0000	0,0000	0,0000	0,0000	0,0000	0,0000	0,0000
	7	0,0000	0,0000	0,0000	0,0000	0,0000	0,0000	0,0000	0,0000
	8	0,0000	0,0000	0,0000	0,0000	0,0000	0,0000	0,0000	0,0000
	9	0,0000	0,0000	0,0000	0,0000	0,0000	0,0000	0,0000	0,0000
	10	0,0000	0,0000	0,0000	0,0000	0,0000	0,0000	0,0000	0,0000

Binomialverteilung – Verteilungsfunktion

n	x	θ							
		0,01	0,05	0,10	0,15	0,20	0,30	0,40	0,50
50	11	1,0000	1,0000	0,9968	0,9372	0,7107	0,1390	0,0057	0,0000
	12	1,0000	1,0000	0,9990	0,9699	0,8139	0,2229	0,0133	0,0002
	13	1,0000	1,0000	0,9997	0,9868	0,8894	0,3279	0,0280	0,0005
	14	1,0000	1,0000	0,9999	0,9947	0,9393	0,4468	0,0540	0,0013
	15	1,0000	1,0000	1,0000	0,9981	0,9692	0,5692	0,0955	0,0033
	16	1,0000	1,0000	1,0000	0,9993	0,9856	0,6839	0,1561	0,0077
	17	1,0000	1,0000	1,0000	0,9998	0,9937	0,7822	0,2369	0,0164
	18	1,0000	1,0000	1,0000	0,9999	0,9975	0,8594	0,3356	0,0325
	19	1,0000	1,0000	1,0000	1,0000	0,9991	0,9152	0,4465	0,0595
	20	1,0000	1,0000	1,0000	1,0000	0,9997	0,9522	0,5610	0,1013
	21	1,0000	1,0000	1,0000	1,0000	0,9999	0,9749	0,6701	0,1611
	22	1,0000	1,0000	1,0000	1,0000	1,0000	0,9877	0,7660	0,2399
	23	1,0000	1,0000	1,0000	1,0000	1,0000	0,9944	0,8438	0,3359
	24	1,0000	1,0000	1,0000	1,0000	1,0000	0,9976	0,9022	0,4439
	25	1,0000	1,0000	1,0000	1,0000	1,0000	0,9991	0,9427	0,5561
	26	1,0000	1,0000	1,0000	1,0000	1,0000	0,9997	0,9686	0,6641
	27	1,0000	1,0000	1,0000	1,0000	1,0000	0,9999	0,9840	0,7601
	38	1,0000	1,0000	1,0000	1,0000	1,0000	1,0000	0,9924	0,8389
	29	1,0000	1,0000	1,0000	1,0000	1,0000	1,0000	0,9966	0,8987
	30	1,0000	1,0000	1,0000	1,0000	1,0000	1,0000	0,9986	0,9405
	31	1,0000	1,0000	1,0000	1,0000	1,0000	1,0000	0,9995	0,9675
	32	1,0000	1,0000	1,0000	1,0000	1,0000	1,0000	0,9998	0,9836
	33	1,0000	1,0000	1,0000	1,0000	1,0000	1,0000	0,9999	0,9923
	34	1,0000	1,0000	1,0000	1,0000	1,0000	1,0000	1,0000	0,9967
	35	1,0000	1,0000	1,0000	1,0000	1,0000	1,0000	1,0000	0,9987
	40	1,0000	1,0000	1,0000	1,0000	1,0000	1,0000	1,0000	1,0000
	45	1,0000	1,0000	1,0000	1,0000	1,0000	1,0000	1,0000	1,0000
	50	1,0000	1,0000	1,0000	1,0000	1,0000	1,0000	1,0000	1,0000

A Statistische Tabellen

Binomialverteilung – Verteilungsfunktion

n	x	θ							
		0,60	0,70	0,75	0,80	0,85	0,90	0,95	0,99
50	11	0,0000	0,0000	0,0000	0,0000	0,0000	0,0000	0,0000	0,0000
	12	0,0000	0,0000	0,0000	0,0000	0,0000	0,0000	0,0000	0,0000
	13	0,0000	0,0000	0,0000	0,0000	0,0000	0,0000	0,0000	0,0000
	14	0,0000	0,0000	0,0000	0,0000	0,0000	0,0000	0,0000	0,0000
	15	0,0000	0,0000	0,0000	0,0000	0,0000	0,0000	0,0000	0,0000
	16	0,0001	0,0000	0,0000	0,0000	0,0000	0,0000	0,0000	0,0000
	17	0,0002	0,0000	0,0000	0,0000	0,0000	0,0000	0,0000	0,0000
	18	0,0005	0,0000	0,0000	0,0000	0,0000	0,0000	0,0000	0,0000
	19	0,0014	0,0000	0,0000	0,0000	0,0000	0,0000	0,0000	0,0000
	20	0,0034	0,0000	0,0000	0,0000	0,0000	0,0000	0,0000	0,0000
	21	0,0076	0,0000	0,0000	0,0000	0,0000	0,0000	0,0000	0,0000
	22	0,0160	0,0001	0,0000	0,0000	0,0000	0,0000	0,0000	0,0000
	23	0,0314	0,0003	0,0000	0,0000	0,0000	0,0000	0,0000	0,0000
	24	0,0573	0,0009	0,0000	0,0000	0,0000	0,0000	0,0000	0,0000
	25	0,0978	0,0024	0,0001	0,0000	0,0000	0,0000	0,0000	0,0000
	26	0,1562	0,0056	0,0004	0,0000	0,0000	0,0000	0,0000	0,0000
	27	0,2340	0,0123	0,0010	0,0000	0,0000	0,0000	0,0000	0,0000
	38	0,3299	0,0251	0,0026	0,0001	0,0000	0,0000	0,0000	0,0000
	29	0,4390	0,0478	0,0063	0,0003	0,0000	0,0000	0,0000	0,0000
	30	0,5535	0,0848	0,0139	0,0009	0,0000	0,0000	0,0000	0,0000
	31	0,6644	0,1406	0,0287	0,0025	0,0001	0,0000	0,0000	0,0000
	32	0,7631	0,2178	0,0551	0,0063	0,0002	0,0000	0,0000	0,0000
	33	0,8439	0,3161	0,0983	0,0144	0,0007	0,0000	0,0000	0,0000
	34	0,9045	0,4308	0,1631	0,0308	0,0019	0,0000	0,0000	0,0000
	35	0,9460	0,5532	0,2519	0,0607	0,0053	0,0001	0,0000	0,0000
	40	0,9992	0,9598	0,8363	0,5563	0,2089	0,0245	0,0002	0,0000
	45	1,0000	0,9998	0,9979	0,9815	0,8879	0,5688	0,1036	0,0001
	50	1,0000	1,0000	1,0000	1,0000	1,0000	1,0000	1,0000	1,0000

Hypergeometrische Verteilung – Wahrscheinlichkeitsfunktion

$$f_H(x \mid N; n; M) = \begin{cases} \dfrac{\binom{M}{x}\binom{N-M}{n-x}}{\binom{N}{n}} & \text{für } x = 0, 1, \ldots, n \\ 0 & \text{sonst} \end{cases}$$

Für $M > n$ gilt: $\quad f_H(x \mid N; n; M) = f_H(x \mid N; M; n)$

N	n	M	x	f_H
2	1	1	0	0,5000
2	1	1	1	0,5000
3	1	1	0	0,6667
3	1	1	1	0,3333
3	2	1	0	0,3333
3	2	1	1	0,6667
3	2	2	1	0,6667
3	2	2	2	0,3333
4	1	1	0	0,7500
4	1	1	1	0,2500
4	2	1	0	0,5000
4	2	1	1	0,5000
4	2	2	0	0,1667
4	2	2	1	0,6667
4	2	2	2	0,1667
4	3	1	0	0,2500
4	3	1	1	0,7500
4	3	2	1	0,5000
4	3	2	2	0,5000
4	3	3	2	0,7500
4	3	3	3	0,2500
5	1	1	0	0,8000
5	1	1	1	0,2000
5	2	1	0	0,6000
5	2	1	1	0,4000
5	2	2	0	0,3000
5	2	2	1	0,6000
5	2	2	2	0,1000
5	3	1	0	0,4000
5	3	1	1	0,6000

N	n	M	x	f_H
5	3	2	0	0,1000
5	3	2	1	0,6000
5	3	2	2	0,3000
5	3	3	1	0,3000
5	3	3	2	0,6000
5	3	3	3	0,1000
5	4	1	0	0,2000
5	4	1	1	0,8000
5	4	2	1	0,4000
5	4	2	2	0,6000
5	4	3	2	0,6000
5	4	3	3	0,4000
5	4	4	3	0,8000
5	4	4	4	0,2000
6	1	1	0	0,8333
6	1	1	1	0,1667
6	2	1	0	0,6667
6	2	1	1	0,3333
6	2	2	0	0,4000
6	2	2	1	0,5333
6	2	2	2	0,0667
6	3	1	0	0,5000
6	3	1	1	0,5000
6	3	2	0	0,2000
6	3	2	1	0,6000
6	3	2	2	0,2000
6	3	3	0	0,0500
6	3	3	1	0,4500
6	3	3	2	0,4500
6	3	3	3	0,0500

N	n	M	x	f_H
6	4	1	0	0,3333
6	4	1	1	0,6667
6	4	2	0	0,0667
6	4	2	1	0,5333
6	4	2	2	0,4000
6	4	3	1	0,2000
6	4	3	2	0,6000
6	4	3	3	0,2000
6	4	4	2	0,4000
6	4	4	3	0,5333
6	4	4	4	0,0667
6	5	1	0	0,1667
6	5	1	1	0,8333
6	5	2	1	0,3333
6	5	2	2	0,6667
6	5	3	2	0,5000
6	5	3	3	0,5000
6	5	4	3	0,6667
6	5	4	4	0,3333
6	5	5	4	0,8333
6	5	5	5	0,1667
7	1	1	0	0,8571
7	1	1	1	0,1429
7	2	1	0	0,7143
7	2	1	1	0,2857
7	2	2	0	0,4762
7	2	2	1	0,4762
7	2	2	2	0,0476
7	3	1	0	0,5714
7	3	1	1	0,4286

Hypergeometrische Verteilung – Wahrscheinlichkeitsfunktion

N	n	M	x	f_H
7	3	2	0	0,2857
7	3	2	1	0,5714
7	3	2	2	0,1429
7	3	3	0	0,1143
7	3	3	1	0,5143
7	3	3	2	0,3429
7	3	3	3	0,0286
7	4	1	0	0,4286
7	4	1	1	0,5714
7	4	2	0	0,1429
7	4	2	1	0,5714
7	4	2	2	0,2857
7	4	3	0	0,0286
7	4	3	1	0,3429
7	4	3	2	0,5143
7	4	3	3	0,1143
7	4	4	1	0,1143
7	4	4	2	0,5143
7	4	4	3	0,3429
7	4	4	4	0,0286
7	5	1	0	0,2857
7	5	1	1	0,7143
7	5	2	0	0,0476
7	5	2	1	0,4762
7	5	2	2	0,4762
7	5	3	1	0,1429
7	5	3	2	0,5714
7	5	3	3	0,2857
7	5	4	2	0,2857
7	5	4	3	0,5714
7	5	4	4	0,1429
7	5	5	3	0,4762
7	5	5	4	0,4762
7	5	5	5	0,0476
7	6	1	0	0,1429
7	6	1	1	0,8571
7	6	2	1	0,2857
7	6	2	2	0,7143
7	6	3	2	0,4286
7	6	3	3	0,5714
7	6	4	3	0,5714
7	6	4	4	0,4286
7	6	5	4	0,7143
7	6	5	5	0,2857
7	6	6	5	0,8571
7	6	6	6	0,1429
8	1	1	0	0,8750
8	1	1	1	0,1250
8	2	1	0	0,7500
8	2	1	1	0,2500
8	2	2	0	0,5357
8	2	2	1	0,4286
8	2	2	2	0,0357
8	3	1	0	0,6250
8	3	1	1	0,3750
8	3	2	0	0,3571
8	3	2	1	0,5357
8	3	2	2	0,1071
8	3	3	0	0,1786
8	3	3	1	0,5357
8	3	3	2	0,2679
8	3	3	3	0,0179
8	4	1	0	0,5000
8	4	1	1	0,5000
8	4	2	0	0,2143
8	4	2	1	0,5714
8	4	2	2	0,2143
8	4	3	0	0,0714
8	4	3	1	0,4286
8	4	3	2	0,4286
8	4	3	3	0,0714
8	4	4	0	0,0143
8	4	4	1	0,2286
8	4	4	2	0,5143
8	4	4	3	0,2286
8	4	4	4	0,0143
8	5	1	0	0,3750
8	5	1	1	0,6250
8	5	2	0	0,1071
8	5	2	1	0,5357
8	5	2	2	0,3571
8	5	3	0	0,0179
8	5	3	1	0,2679
8	5	3	2	0,5357
8	5	3	3	0,1786
8	5	4	1	0,0714
8	5	4	2	0,4286
8	5	4	3	0,4286
8	5	4	4	0,0714
8	5	5	2	0,1786
8	5	5	3	0,5357
8	5	5	4	0,2679
8	5	5	5	0,0179
8	6	1	0	0,2500
8	6	1	1	0,7500
8	6	2	0	0,0357
8	6	2	1	0,4286
8	6	2	2	0,5357
8	6	3	1	0,1071
8	6	3	2	0,5357
8	6	3	3	0,3571
8	6	4	2	0,2143
8	6	4	3	0,5714
8	6	4	4	0,2143
8	6	5	3	0,3571
8	6	5	4	0,5357
8	6	5	5	0,1071
8	6	6	4	0,5357
8	6	6	5	0,4286
8	6	6	6	0,0357
8	7	1	0	0,1250
8	7	1	1	0,8750
8	7	2	1	0,2500
8	7	2	2	0,7500
8	7	3	2	0,3750
8	7	3	3	0,6250
8	7	4	3	0,5000
8	7	4	4	0,5000
8	7	5	4	0,6250
8	7	5	5	0,3750
8	7	6	5	0,7500
8	7	6	6	0,2500
8	7	7	6	0,8750
8	7	7	7	0,1250
9	1	1	0	0,8889
9	1	1	1	0,1111
9	2	1	0	0,7778
9	2	1	1	0,2222
9	2	2	0	0,5833
9	2	2	1	0,3889
9	2	2	2	0,0278
9	3	1	0	0,6667
9	3	1	1	0,3333
9	3	2	0	0,4167
9	3	2	1	0,5000

Hypergeometrische Verteilung – Wahrscheinlichkeitsfunktion

N	n	M	x	f_H	N	n	M	x	f_H	N	n	M	x	f_H
9	3	2	2	0,0833	9	6	3	2	0,5357	9	8	6	6	0,3333
9	3	3	0	0,2381	9	6	3	3	0,2381	9	8	7	6	0,7778
9	3	3	1	0,5357	9	6	4	1	0,0476	9	8	7	7	0,2222
9	3	3	2	0,2143	9	6	4	2	0,3571	9	8	8	7	0,8889
9	3	3	3	0,0119	9	6	4	3	0,4762	9	8	8	8	0,1111
9	4	1	0	0,5556	9	6	4	4	0,1190	10	1	1	0	0,9000
9	4	1	1	0,4444	9	6	5	2	0,1190	10	1	1	1	0,1000
9	4	2	0	0,2778	9	6	5	3	0,4762	10	2	1	0	0,8000
9	4	2	1	0,5556	9	6	5	4	0,3571	10	2	1	1	0,2000
9	4	2	2	0,1667	9	6	5	5	0,0476	10	2	2	0	0,6222
9	4	3	0	0,1190	9	6	6	3	0,2381	10	2	2	1	0,3556
9	4	3	1	0,4762	9	6	6	4	0,5357	10	2	2	2	0,0222
9	4	3	2	0,3571	9	6	6	5	0,2143	10	3	1	0	0,7000
9	4	3	3	0,0476	9	6	6	6	0,0119	10	3	1	1	0,3000
9	4	4	0	0,0397	9	7	1	0	0,2222	10	3	2	0	0,4667
9	4	4	1	0,3175	9	7	1	1	0,7778	10	3	2	1	0,4667
9	4	4	2	0,4762	9	7	2	0	0,0278	10	3	2	2	0,0667
9	4	4	3	0,1587	9	7	2	1	0,3889	10	3	3	0	0,2917
9	4	4	4	0,0079	9	7	2	2	0,5833	10	3	3	1	0,5250
9	5	1	0	0,4444	9	7	3	1	0,0833	10	3	3	2	0,1750
9	5	1	1	0,5556	9	7	3	2	0,5000	10	3	3	3	0,0083
9	5	2	0	0,1667	9	7	3	3	0,4167	10	4	1	0	0,6000
9	5	2	1	0,5556	9	7	4	2	0,1667	10	4	1	1	0,4000
9	5	2	2	0,2778	9	7	4	3	0,5556	10	4	2	0	0,3333
9	5	3	0	0,0476	9	7	4	4	0,2778	10	4	2	1	0,5333
9	5	3	1	0,3571	9	7	5	3	0,2778	10	4	2	2	0,1333
9	5	3	2	0,4762	9	7	5	4	0,5556	10	4	3	0	0,1667
9	5	3	3	0,1190	9	7	5	5	0,1667	10	4	3	1	0,5000
9	5	4	0	0,0079	9	7	6	4	0,4167	10	4	3	2	0,3000
9	5	4	1	0,1587	9	7	6	5	0,5000	10	4	3	3	0,0333
9	5	4	2	0,4762	9	7	6	6	0,0833	10	4	4	0	0,0714
9	5	4	3	0,3175	9	7	7	5	0,5833	10	4	4	1	0,3810
9	5	4	4	0,0397	9	7	7	6	0,3889	10	4	4	2	0,4286
9	5	5	1	0,0397	9	7	7	7	0,0278	10	4	4	3	0,1143
9	5	5	2	0,3175	9	8	1	0	0,1111	10	4	4	4	0,0048
9	5	5	3	0,4762	9	8	1	1	0,8889	10	5	1	0	0,5000
9	5	5	4	0,1587	9	8	2	1	0,2222	10	5	1	1	0,5000
9	5	5	5	0,0079	9	8	2	2	0,7778	10	5	2	0	0,2222
9	6	1	0	0,3333	9	8	3	2	0,3333	10	5	2	1	0,5556
9	6	1	1	0,6667	9	8	3	3	0,6667	10	5	2	2	0,2222
9	6	2	0	0,0833	9	8	4	3	0,4444	10	5	3	0	0,0833
9	6	2	1	0,5000	9	8	4	4	0,5556	10	5	3	1	0,4167
9	6	2	2	0,4167	9	8	5	4	0,5556	10	5	3	2	0,4167
9	6	3	0	0,0119	9	8	5	5	0,4444	10	5	3	3	0,0833
9	6	3	1	0,2143	9	8	6	5	0,6667	10	5	4	0	0,0238

Hypergeometrische Verteilung – Wahrscheinlichkeitsfunktion

N	n	M	x	f_H	N	n	M	x	f_H	N	n	M	x	f_H
10	5	4	1	0,2381	10	7	4	3	0,5000	10	9	5	4	0,5000
10	5	4	2	0,4762	10	7	4	4	0,1667	10	9	5	5	0,5000
10	5	4	3	0,2381	10	7	5	2	0,0833	10	9	6	5	0,6000
10	5	4	4	0,0238	10	7	5	3	0,4167	10	9	6	6	0,4000
10	5	5	0	0,0040	10	7	5	4	0,4167	10	9	7	6	0,7000
10	5	5	1	0,0992	10	7	5	5	0,0833	10	9	7	7	0,3000
10	5	5	2	0,3968	10	7	6	3	0,1667	10	9	8	7	0,8000
10	5	5	3	0,3968	10	7	6	4	0,5000	10	9	8	8	0,2000
10	5	5	4	0,0992	10	7	6	5	0,3000	10	9	9	8	0,9000
10	5	5	5	0,0040	10	7	6	6	0,0333	10	9	9	9	0,1000
10	6	1	0	0,4000	10	7	7	4	0,2917	11	1	1	0	0,9091
10	6	1	1	0,6000	10	7	7	5	0,5250	11	1	1	1	0,0909
10	6	2	0	0,1333	10	7	7	6	0,1750	11	2	1	0	0,8182
10	6	2	1	0,5333	10	7	7	7	0,0083	11	2	1	1	0,1818
10	6	2	2	0,3333	10	8	1	0	0,2000	11	2	2	0	0,6545
10	6	3	0	0,0333	10	8	1	1	0,8000	11	2	2	1	0,3273
10	6	3	1	0,3000	10	8	2	0	0,0222	11	2	2	2	0,0182
10	6	3	2	0,5000	10	8	2	1	0,3556	11	3	1	0	0,7273
10	6	3	3	0,1667	10	8	2	2	0,6222	11	3	1	1	0,2727
10	6	4	0	0,0048	10	8	3	1	0,0667	11	3	2	0	0,5091
10	6	4	1	0,1143	10	8	3	2	0,4667	11	3	2	1	0,4364
10	6	4	2	0,4286	10	8	3	3	0,4667	11	3	2	2	0,0545
10	6	4	3	0,3810	10	8	4	2	0,1333	11	3	3	0	0,3394
10	6	4	4	0,0714	10	8	4	3	0,5333	11	3	3	1	0,5091
10	6	5	1	0,0238	10	8	4	4	0,3333	11	3	3	2	0,1455
10	6	5	2	0,2381	10	8	5	3	0,2222	11	3	3	3	0,0061
10	6	5	3	0,4762	10	8	5	4	0,5556	11	4	1	0	0,6364
10	6	5	4	0,2381	10	8	5	5	0,2222	11	4	1	1	0,3636
10	6	5	5	0,0238	10	8	6	4	0,3333	11	4	2	0	0,3818
10	6	6	2	0,0714	10	8	6	5	0,5333	11	4	2	1	0,5091
10	6	6	3	0,3810	10	8	6	6	0,1333	11	4	2	2	0,1091
10	6	6	4	0,4286	10	8	7	5	0,4667	11	4	3	0	0,2121
10	6	6	5	0,1143	10	8	7	6	0,4667	11	4	3	1	0,5091
10	6	6	6	0,0048	10	8	7	7	0,0667	11	4	3	2	0,2545
10	7	1	0	0,3000	10	8	8	6	0,6222	11	4	3	3	0,0242
10	7	1	1	0,7000	10	8	8	7	0,3556	11	4	4	0	0,1061
10	7	2	0	0,0667	10	8	8	8	0,0222	11	4	4	1	0,4242
10	7	2	1	0,4667	10	9	1	0	0,1000	11	4	4	2	0,3818
10	7	2	2	0,4667	10	9	1	1	0,9000	11	4	4	3	0,0848
10	7	3	0	0,0083	10	9	2	1	0,2000	11	4	4	4	0,0030
10	7	3	1	0,1750	10	9	2	2	0,8000	11	5	1	0	0,5455
10	7	3	2	0,5250	10	9	3	2	0,3000	11	5	1	1	0,4545
10	7	3	3	0,2917	10	9	3	3	0,7000	11	5	2	0	0,2727
10	7	4	1	0,0333	10	9	4	3	0,4000	11	5	2	1	0,5455
10	7	4	2	0,3000	10	9	4	4	0,6000	11	5	2	2	0,1818

Hypergeometrische Verteilung – Wahrscheinlichkeitsfunktion

N	n	M	x	f_H	N	n	M	x	f_H	N	n	M	x	f_H
11	5	3	0	0,1212	11	7	2	2	0,3818	11	8	6	6	0,0606
11	5	3	1	0,4545	11	7	3	0	0,0242	11	8	7	4	0,2121
11	5	3	2	0,3636	11	7	3	1	0,2545	11	8	7	5	0,5091
11	5	3	3	0,0606	11	7	3	2	0,5091	11	8	7	6	0,2545
11	5	4	0	0,0455	11	7	3	3	0,2121	11	8	7	7	0,0242
11	5	4	1	0,3030	11	7	4	0	0,0030	11	8	8	5	0,3394
11	5	4	2	0,4545	11	7	4	1	0,0848	11	8	8	6	0,5091
11	5	4	3	0,1818	11	7	4	2	0,3818	11	8	8	7	0,1455
11	5	4	4	0,0152	11	7	4	3	0,4242	11	8	8	8	0,0061
11	5	5	0	0,0130	11	7	4	4	0,1061	11	9	1	0	0,1818
11	5	5	1	0,1623	11	7	5	1	0,0152	11	9	1	1	0,8182
11	5	5	2	0,4329	11	7	5	2	0,1818	11	9	2	0	0,0182
11	5	5	3	0,3247	11	7	5	3	0,4545	11	9	2	1	0,3273
11	5	5	4	0,0649	11	7	5	4	0,3030	11	9	2	2	0,6545
11	5	5	5	0,0022	11	7	5	5	0,0455	11	9	3	1	0,0545
11	6	1	0	0,4545	11	7	6	2	0,0455	11	9	3	2	0,4364
11	6	1	1	0,5455	11	7	6	3	0,3030	11	9	3	3	0,5091
11	6	2	0	0,1818	11	7	6	4	0,4545	11	9	4	2	0,1091
11	6	2	1	0,5455	11	7	6	5	0,1818	11	9	4	3	0,5091
11	6	2	2	0,2727	11	7	6	6	0,0152	11	9	4	4	0,3818
11	6	3	0	0,0606	11	7	7	3	0,1061	11	9	5	3	0,1818
11	6	3	1	0,3636	11	7	7	4	0,4242	11	9	5	4	0,5455
11	6	3	2	0,4545	11	7	7	5	0,3818	11	9	5	5	0,2727
11	6	3	3	0,1212	11	7	7	6	0,0848	11	9	6	4	0,2727
11	6	4	0	0,0152	11	7	7	7	0,0030	11	9	6	5	0,5455
11	6	4	1	0,1818	11	8	1	0	0,2727	11	9	6	6	0,1818
11	6	4	2	0,4545	11	8	1	1	0,7273	11	9	7	5	0,3818
11	6	4	3	0,3030	11	8	2	0	0,0545	11	9	7	6	0,5091
11	6	4	4	0,0455	11	8	2	1	0,4364	11	9	7	7	0,1091
11	6	5	0	0,0022	11	8	2	2	0,5091	11	9	8	6	0,5091
11	6	5	1	0,0649	11	8	3	0	0,0061	11	9	8	7	0,4364
11	6	5	2	0,3247	11	8	3	1	0,1455	11	9	8	8	0,0545
11	6	5	3	0,4329	11	8	3	2	0,5091	11	9	9	7	0,6545
11	6	5	4	0,1623	11	8	3	3	0,3394	11	9	9	8	0,3273
11	6	5	5	0,0130	11	8	4	1	0,0242	11	9	9	9	0,0182
11	6	6	1	0,0130	11	8	4	2	0,2545	11	10	1	0	0,0909
11	6	6	2	0,1623	11	8	4	3	0,5091	11	10	1	1	0,9091
11	6	6	3	0,4329	11	8	4	4	0,2121	11	10	2	1	0,1818
11	6	6	4	0,3247	11	8	5	2	0,0606	11	10	2	2	0,8182
11	6	6	5	0,0649	11	8	5	3	0,3636	11	10	3	2	0,2727
11	6	6	6	0,0022	11	8	5	4	0,4545	11	10	3	3	0,7273
11	7	1	0	0,3636	11	8	5	5	0,1212	11	10	4	3	0,3636
11	7	1	1	0,6364	11	8	6	3	0,1212	11	10	4	4	0,6364
11	7	2	0	0,1091	11	8	6	4	0,4545	11	10	5	4	0,4545
11	7	2	1	0,5091	11	8	6	5	0,3636	11	10	5	5	0,5455

A Statistische Tabellen

Hypergeometrische Verteilung – Wahrscheinlichkeitsfunktion

N	n	M	x	f_H	N	n	M	x	f_H	N	n	M	x	f_H
11	10	6	5	0,5455	12	5	3	0	0,1591	12	7	2	1	0,5303
11	10	6	6	0,4545	12	5	3	1	0,4773	12	7	2	2	0,3182
11	10	7	6	0,6364	12	5	3	2	0,3182	12	7	3	0	0,0455
11	10	7	7	0,3636	12	5	3	3	0,0455	12	7	3	1	0,3182
11	10	8	7	0,7273	12	5	4	0	0,0707	12	7	3	2	0,4773
11	10	8	8	0,2727	12	5	4	1	0,3535	12	7	3	3	0,1591
11	10	9	8	0,8182	12	5	4	2	0,4242	12	7	4	0	0,0101
11	10	9	9	0,1818	12	5	4	3	0,1414	12	7	4	1	0,1414
11	10	10	9	0,9091	12	5	4	4	0,0101	12	7	4	2	0,4242
11	10	10	10	0,0909	12	5	5	0	0,0265	12	7	4	3	0,3535
12	1	1	0	0,9167	12	5	5	1	0,2210	12	7	4	4	0,0707
12	1	1	1	0,0833	12	5	5	2	0,4419	12	7	5	0	0,0013
12	2	1	0	0,8333	12	5	5	3	0,2652	12	7	5	1	0,0442
12	2	1	1	0,1667	12	5	5	4	0,0442	12	7	5	2	0,2652
12	2	2	0	0,6818	12	5	5	5	0,0013	12	7	5	3	0,4419
12	2	2	1	0,3030	12	6	1	0	0,5000	12	7	5	4	0,2210
12	2	2	2	0,0152	12	6	1	1	0,5000	12	7	5	5	0,0265
12	3	1	0	0,7500	12	6	2	0	0,2273	12	7	6	1	0,0076
12	3	1	1	0,2500	12	6	2	1	0,5455	12	7	6	2	0,1136
12	3	2	0	0,5455	12	6	2	2	0,2273	12	7	6	3	0,3788
12	3	2	1	0,4091	12	6	3	0	0,0909	12	7	6	4	0,3788
12	3	2	2	0,0455	12	6	3	1	0,4091	12	7	6	5	0,1136
12	3	3	0	0,3818	12	6	3	2	0,4091	12	7	6	6	0,0076
12	3	3	1	0,4909	12	6	3	3	0,0909	12	7	7	2	0,0265
12	3	3	2	0,1227	12	6	4	0	0,0303	12	7	7	3	0,2210
12	3	3	3	0,0045	12	6	4	1	0,2424	12	7	7	4	0,4419
12	4	1	0	0,6667	12	6	4	2	0,4545	12	7	7	5	0,2652
12	4	1	1	0,3333	12	6	4	3	0,2424	12	7	7	6	0,0442
12	4	2	0	0,4242	12	6	4	4	0,0303	12	7	7	7	0,0013
12	4	2	1	0,4848	12	6	5	0	0,0076	12	8	1	0	0,3333
12	4	2	2	0,0909	12	6	5	1	0,1136	12	8	1	1	0,6667
12	4	3	0	0,2545	12	6	5	2	0,3788	12	8	2	0	0,0909
12	4	3	1	0,5091	12	6	5	3	0,3788	12	8	2	1	0,4848
12	4	3	2	0,2182	12	6	5	4	0,1136	12	8	2	2	0,4242
12	4	3	3	0,0182	12	6	5	5	0,0076	12	8	3	0	0,0182
12	4	4	0	0,1414	12	6	6	0	0,0011	12	8	3	1	0,2182
12	4	4	1	0,4525	12	6	6	1	0,0390	12	8	3	2	0,5091
12	4	4	2	0,3394	12	6	6	2	0,2435	12	8	3	3	0,2545
12	4	4	3	0,0646	12	6	6	3	0,4329	12	8	4	0	0,0020
12	4	4	4	0,0020	12	6	6	4	0,2435	12	8	4	1	0,0646
12	5	1	0	0,5833	12	6	6	5	0,0390	12	8	4	2	0,3394
12	5	1	1	0,4167	12	6	6	6	0,0011	12	8	4	3	0,4525
12	5	2	0	0,3182	12	7	1	0	0,4167	12	8	4	4	0,1414
12	5	2	1	0,5303	12	7	1	1	0,5833	12	8	5	1	0,0101
12	5	2	2	0,1515	12	7	2	0	0,1515	12	8	5	2	0,1414

Hypergeometrische Verteilung – Wahrscheinlichkeitsfunktion

N	n	M	x	f_H	N	n	M	x	f_H	N	n	M	x	f_H
12	8	5	3	0,4242	12	9	8	7	0,2182	12	11	6	5	0,5000
12	8	5	4	0,3535	12	9	8	8	0,0182	12	11	6	6	0,5000
12	8	5	5	0,0707	12	9	9	6	0,3818	12	11	7	6	0,5833
12	8	6	2	0,0303	12	9	9	7	0,4909	12	11	7	7	0,4167
12	8	6	3	0,2424	12	9	9	8	0,1227	12	11	8	7	0,6667
12	8	6	4	0,4545	12	9	9	9	0,0045	12	11	8	8	0,3333
12	8	6	5	0,2424	12	10	1	0	0,1667	12	11	9	8	0,7500
12	8	6	6	0,0303	12	10	1	1	0,8333	12	11	9	9	0,2500
12	8	7	3	0,0707	12	10	2	0	0,0152	12	11	10	9	0,8333
12	8	7	4	0,3535	12	10	2	1	0,3030	12	11	10	10	0,1667
12	8	7	5	0,4242	12	10	2	2	0,6818	12	11	11	10	0,9167
12	8	7	6	0,1414	12	10	3	1	0,0455	12	11	11	11	0,0833
12	8	7	7	0,0101	12	10	3	2	0,4091					
12	8	8	4	0,1414	12	10	3	3	0,5455					
12	8	8	5	0,4525	12	10	4	2	0,0909					
12	8	8	6	0,3394	12	10	4	3	0,4848					
12	8	8	7	0,0646	12	10	4	4	0,4242					
12	8	8	8	0,0020	12	10	5	3	0,1515					
12	9	1	0	0,2500	12	10	5	4	0,5303					
12	9	1	1	0,7500	12	10	5	5	0,3182					
12	9	2	0	0,0455	12	10	6	4	0,2273					
12	9	2	1	0,4091	12	10	6	5	0,5455					
12	9	2	2	0,5455	12	10	6	6	0,2273					
12	9	3	0	0,0045	12	10	7	5	0,3182					
12	9	3	1	0,1227	12	10	7	6	0,5303					
12	9	3	2	0,4909	12	10	7	7	0,1515					
12	9	3	3	0,3818	12	10	8	6	0,4242					
12	9	4	1	0,0182	12	10	8	7	0,4848					
12	9	4	2	0,2182	12	10	8	8	0,0909					
12	9	4	3	0,5091	12	10	9	7	0,5455					
12	9	4	4	0,2545	12	10	9	8	0,4091					
12	9	5	2	0,0455	12	10	9	9	0,0455					
12	9	5	3	0,3182	12	10	10	8	0,6818					
12	9	5	4	0,4773	12	10	10	9	0,3030					
12	9	5	5	0,1591	12	10	10	10	0,0152					
12	9	6	3	0,0909	12	11	1	0	0,0833					
12	9	6	4	0,4091	12	11	1	1	0,9167					
12	9	6	5	0,4091	12	11	2	1	0,1667					
12	9	6	6	0,0909	12	11	2	2	0,8333					
12	9	7	4	0,1591	12	11	3	2	0,2500					
12	9	7	5	0,4773	12	11	3	3	0,7500					
12	9	7	6	0,3182	12	11	4	3	0,3333					
12	9	7	7	0,0455	12	11	4	4	0,6667					
12	9	8	5	0,2545	12	11	5	4	0,4167					
12	9	8	6	0,5091	12	11	5	5	0,5833					

A Statistische Tabellen

Hypergeometrische Verteilung – Verteilungsfunktion

$$F_H(x \mid N; n; M) = \sum_{v=0}^{x} \frac{\binom{M}{v}\binom{N-M}{n-v}}{\binom{N}{n}} \quad \text{für} \quad x = 0, 1, ..., n$$

Für $M > n$ gilt: $\quad F_H(x \mid N; n; M) = F_H(x \mid N; M; n)$

N	n	M	x	F_H
2	1	1	0	0,5000
2	1	1	1	1,0000
3	1	1	0	0,6667
3	1	1	1	1,0000
3	2	1	0	0,3333
3	2	1	1	1,0000
3	2	2	1	0,6667
3	2	2	2	1,0000
4	1	1	0	0,7500
4	1	1	1	1,0000
4	2	1	0	0,5000
4	2	1	1	1,0000
4	2	2	0	0,1667
4	2	2	1	0,8333
4	2	2	2	1,0000
4	3	1	0	0,2500
4	3	1	1	1,0000
4	3	2	1	0,5000
4	3	2	2	1,0000
4	3	3	2	0,7500
4	3	3	3	1,0000
5	1	1	0	0,8000
5	1	1	1	1,0000
5	2	1	0	0,6000
5	2	1	1	1,0000
5	2	2	0	0,3000
5	2	2	1	0,9000
5	2	2	2	1,0000
5	3	1	0	0,4000
5	3	1	1	1,0000

N	n	M	x	F_H
5	3	2	0	0,1000
5	3	2	1	0,7000
5	3	2	2	1,0000
5	3	3	1	0,3000
5	3	3	2	0,9000
5	3	3	3	1,0000
5	4	1	0	0,2000
5	4	1	1	1,0000
5	4	2	1	0,4000
5	4	2	2	1,0000
5	4	3	2	0,6000
5	4	3	3	1,0000
5	4	4	3	0,8000
5	4	4	4	1,0000
6	1	1	0	0,8333
6	1	1	1	1,0000
6	2	1	0	0,6667
6	2	1	1	1,0000
6	2	2	0	0,4000
6	2	2	1	0,9333
6	2	2	2	1,0000
6	3	1	0	0,5000
6	3	1	1	1,0000
6	3	2	0	0,2000
6	3	2	1	0,8000
6	3	2	2	1,0000
6	3	3	0	0,0500
6	3	3	1	0,5000
6	3	3	2	0,9500
6	3	3	3	1,0000

N	n	M	x	F_H
6	4	1	0	0,3333
6	4	1	1	1,0000
6	4	2	0	0,0667
6	4	2	1	0,6000
6	4	2	2	1,0000
6	4	3	1	0,2000
6	4	3	2	0,8000
6	4	3	3	1,0000
6	4	4	2	0,4000
6	4	4	3	0,9333
6	4	4	4	1,0000
6	5	1	0	0,1667
6	5	1	1	1,0000
6	5	2	1	0,3333
6	5	2	2	1,0000
6	5	3	2	0,5000
6	5	3	3	1,0000
6	5	4	3	0,6667
6	5	4	4	1,0000
6	5	5	4	0,8333
6	5	5	5	1,0000
7	1	1	0	0,8571
7	1	1	1	1,0000
7	2	1	0	0,7143
7	2	1	1	1,0000
7	2	2	0	0,4762
7	2	2	1	0,9524
7	2	2	2	1,0000
7	3	1	0	0,5714
7	3	1	1	1,0000

Hypergeometrische Verteilung – Verteilungsfunktion

N	n	M	x	F_H
7	3	2	0	0,2857
7	3	2	1	0,8571
7	3	2	2	1,0000
7	3	3	0	0,1143
7	3	3	1	0,6286
7	3	3	2	0,9714
7	3	3	3	1,0000
7	4	1	0	0,4286
7	4	1	1	1,0000
7	4	2	0	0,1429
7	4	2	1	0,7143
7	4	2	2	1,0000
7	4	3	0	0,0286
7	4	3	1	0,3714
7	4	3	2	0,8857
7	4	3	3	1,0000
7	4	4	1	0,1143
7	4	4	2	0,6286
7	4	4	3	0,9714
7	4	4	4	1,0000
7	5	1	0	0,2857
7	5	1	1	1,0000
7	5	2	0	0,0476
7	5	2	1	0,5238
7	5	2	2	1,0000
7	5	3	1	0,1429
7	5	3	2	0,7143
7	5	3	3	1,0000
7	5	4	2	0,2857
7	5	4	3	0,8571
7	5	4	4	1,0000
7	5	5	3	0,4762
7	5	5	4	0,9524
7	5	5	5	1,0000
7	6	1	0	0,1429
7	6	1	1	1,0000
7	6	2	1	0,2857
7	6	2	2	1,0000
7	6	3	2	0,4286
7	6	3	3	1,0000
7	6	4	3	0,5714
7	6	4	4	1,0000
7	6	5	4	0,7143
7	6	5	5	1,0000
7	6	6	5	0,8571
7	6	6	6	1,0000
8	1	1	0	0,8750
8	1	1	1	1,0000
8	2	1	0	0,7500
8	2	1	1	1,0000
8	2	2	0	0,5357
8	2	2	1	0,9643
8	2	2	2	1,0000
8	3	1	0	0,6250
8	3	1	1	1,0000
8	3	2	0	0,3571
8	3	2	1	0,8929
8	3	2	2	1,0000
8	3	3	0	0,1786
8	3	3	1	0,7143
8	3	3	2	0,9821
8	3	3	3	1,0000
8	4	1	0	0,5000
8	4	1	1	1,0000
8	4	2	0	0,2143
8	4	2	1	0,7857
8	4	2	2	1,0000
8	4	3	0	0,0714
8	4	3	1	0,5000
8	4	3	2	0,9286
8	4	3	3	1,0000
8	4	4	0	0,0143
8	4	4	1	0,2429
8	4	4	2	0,7571
8	4	4	3	0,9857
8	4	4	4	1,0000
8	5	1	0	0,3750
8	5	1	1	1,0000
8	5	2	0	0,1071
8	5	2	1	0,6429
8	5	2	2	1,0000
8	5	3	0	0,0179
8	5	3	1	0,2857
8	5	3	2	0,8214
8	5	3	3	1,0000
8	5	4	1	0,0714
8	5	4	2	0,5000
8	5	4	3	0,9286
8	5	4	4	1,0000
8	5	5	2	0,1786
8	5	5	3	0,7143
8	5	5	4	0,9821
8	5	5	5	1,0000
8	6	1	0	0,2500
8	6	1	1	1,0000
8	6	2	0	0,0357
8	6	2	1	0,4643
8	6	2	2	1,0000
8	6	3	1	0,1071
8	6	3	2	0,6429
8	6	3	3	1,0000
8	6	4	2	0,2143
8	6	4	3	0,7857
8	6	4	4	1,0000
8	6	5	3	0,3571
8	6	5	4	0,8929
8	6	5	5	1,0000
8	6	6	4	0,5357
8	6	6	5	0,9643
8	6	6	6	1,0000
8	7	1	0	0,1250
8	7	1	1	1,0000
8	7	2	1	0,2500
8	7	2	2	1,0000
8	7	3	2	0,3750
8	7	3	3	1,0000
8	7	4	3	0,5000
8	7	4	4	1,0000
8	7	5	4	0,6250
8	7	5	5	1,0000
8	7	6	5	0,7500
8	7	6	6	1,0000
8	7	7	6	0,8750
8	7	7	7	1,0000
9	1	1	0	0,8889
9	1	1	1	1,0000
9	2	1	0	0,7778
9	2	1	1	1,0000
9	2	2	0	0,5833
9	2	2	1	0,9722
9	2	2	2	1,0000
9	3	1	0	0,6667
9	3	1	1	1,0000
9	3	2	0	0,4167
9	3	2	1	0,9167

Hypergeometrische Verteilung – Verteilungsfunktion

N	n	M	x	F_H	N	n	M	x	F_H	N	n	M	x	F_H
9	3	2	2	1,0000	9	6	3	2	0,7619	9	8	6	6	1,0000
9	3	3	0	0,2381	9	6	3	3	1,0000	9	8	7	6	0,7778
9	3	3	1	0,7738	9	6	4	1	0,0476	9	8	7	7	1,0000
9	3	3	2	0,9881	9	6	4	2	0,4048	9	8	8	7	0,8889
9	3	3	3	1,0000	9	6	4	3	0,8810	9	8	8	8	1,0000
9	4	1	0	0,5556	9	6	4	4	1,0000	10	1	1	0	0,9000
9	4	1	1	1,0000	9	6	5	2	0,1190	10	1	1	1	1,0000
9	4	2	0	0,2778	9	6	5	3	0,5952	10	2	1	0	0,8000
9	4	2	1	0,8333	9	6	5	4	0,9524	10	2	1	1	1,0000
9	4	2	2	1,0000	9	6	5	5	1,0000	10	2	2	0	0,6222
9	4	3	0	0,1190	9	6	6	3	0,2381	10	2	2	1	0,9778
9	4	3	1	0,5952	9	6	6	4	0,7738	10	2	2	2	1,0000
9	4	3	2	0,9524	9	6	6	5	0,9881	10	3	1	0	0,7000
9	4	3	3	1,0000	9	6	6	6	1,0000	10	3	1	1	1,0000
9	4	4	0	0,0397	9	7	1	0	0,2222	10	3	2	0	0,4667
9	4	4	1	0,3571	9	7	1	1	1,0000	10	3	2	1	0,9333
9	4	4	2	0,8333	9	7	2	0	0,0278	10	3	2	2	1,0000
9	4	4	3	0,9921	9	7	2	1	0,4167	10	3	3	0	0,2917
9	4	4	4	1,0000	9	7	2	2	1,0000	10	3	3	1	0,8167
9	5	1	0	0,4444	9	7	3	1	0,0833	10	3	3	2	0,9917
9	5	1	1	1,0000	9	7	3	2	0,5833	10	3	3	3	1,0000
9	5	2	0	0,1667	9	7	3	3	1,0000	10	4	1	0	0,6000
9	5	2	1	0,7222	9	7	4	2	0,1667	10	4	1	1	1,0000
9	5	2	2	1,0000	9	7	4	3	0,7222	10	4	2	0	0,3333
9	5	3	0	0,0476	9	7	4	4	1,0000	10	4	2	1	0,8667
9	5	3	1	0,4048	9	7	5	3	0,2778	10	4	2	2	1,0000
9	5	3	2	0,8810	9	7	5	4	0,8333	10	4	3	0	0,1667
9	5	3	3	1,0000	9	7	5	5	1,0000	10	4	3	1	0,6667
9	5	4	0	0,0079	9	7	6	4	0,4167	10	4	3	2	0,9667
9	5	4	1	0,1667	9	7	6	5	0,9167	10	4	3	3	1,0000
9	5	4	2	0,6429	9	7	6	6	1,0000	10	4	4	0	0,0714
9	5	4	3	0,9603	9	7	7	5	0,5833	10	4	4	1	0,4524
9	5	4	4	1,0000	9	7	7	6	0,9722	10	4	4	2	0,8810
9	5	5	1	0,0397	9	7	7	7	1,0000	10	4	4	3	0,9952
9	5	5	2	0,3571	9	8	1	0	0,1111	10	4	4	4	1,0000
9	5	5	3	0,8333	9	8	1	1	1,0000	10	5	1	0	0,5000
9	5	5	4	0,9921	9	8	2	1	0,2222	10	5	1	1	1,0000
9	5	5	5	1,0000	9	8	2	2	1,0000	10	5	2	0	0,2222
9	6	1	0	0,3333	9	8	3	2	0,3333	10	5	2	1	0,7778
9	6	1	1	1,0000	9	8	3	3	1,0000	10	5	2	2	1,0000
9	6	2	0	0,0833	9	8	4	3	0,4444	10	5	3	0	0,0833
9	6	2	1	0,5833	9	8	4	4	1,0000	10	5	3	1	0,5000
9	6	2	2	1,0000	9	8	5	4	0,5556	10	5	3	2	0,9167
9	6	3	0	0,0119	9	8	5	5	1,0000	10	5	3	3	1,0000
9	6	3	1	0,2262	9	8	6	5	0,6667	10	5	4	0	0,0238

Hypergeometrische Verteilung – Verteilungsfunktion

N	n	M	x	F_H	N	n	M	x	F_H	N	n	M	x	F_H
10	5	4	1	0,2619	10	7	4	3	0,8333	10	9	5	4	0,5000
10	5	4	2	0,7381	10	7	4	4	1,0000	10	9	5	5	1,0000
10	5	4	3	0,9762	10	7	5	2	0,0833	10	9	6	5	0,6000
10	5	4	4	1,0000	10	7	5	3	0,5000	10	9	6	6	1,0000
10	5	5	0	0,0040	10	7	5	4	0,9167	10	9	7	6	0,7000
10	5	5	1	0,1032	10	7	5	5	1,0000	10	9	7	7	1,0000
10	5	5	2	0,5000	10	7	6	3	0,1667	10	9	8	7	0,8000
10	5	5	3	0,8968	10	7	6	4	0,6667	10	9	8	8	1,0000
10	5	5	4	0,9960	10	7	6	5	0,9667	10	9	9	8	0,9000
10	5	5	5	1,0000	10	7	6	6	1,0000	10	9	9	9	1,0000
10	6	1	0	0,4000	10	7	7	4	0,2917	11	1	1	0	0,9091
10	6	1	1	1,0000	10	7	7	5	0,8167	11	1	1	1	1,0000
10	6	2	0	0,1333	10	7	7	6	0,9917	11	2	1	0	0,8182
10	6	2	1	0,6667	10	7	7	7	1,0000	11	2	1	1	1,0000
10	6	2	2	1,0000	10	8	1	0	0,2000	11	2	2	0	0,6545
10	6	3	0	0,0333	10	8	1	1	1,0000	11	2	2	1	0,9818
10	6	3	1	0,3333	10	8	2	0	0,0222	11	2	2	2	1,0000
10	6	3	2	0,8333	10	8	2	1	0,3778	11	3	1	0	0,7273
10	6	3	3	1,0000	10	8	2	2	1,0000	11	3	1	1	1,0000
10	6	4	0	0,0048	10	8	3	1	0,0667	11	3	2	0	0,5091
10	6	4	1	0,1190	10	8	3	2	0,5333	11	3	2	1	0,9455
10	6	4	2	0,5476	10	8	3	3	1,0000	11	3	2	2	1,0000
10	6	4	3	0,9286	10	8	4	2	0,1333	11	3	3	0	0,3394
10	6	4	4	1,0000	10	8	4	3	0,6667	11	3	3	1	0,8485
10	6	5	1	0,0238	10	8	4	4	1,0000	11	3	3	2	0,9939
10	6	5	2	0,2619	10	8	5	3	0,2222	11	3	3	3	1,0000
10	6	5	3	0,7381	10	8	5	4	0,7778	11	4	1	0	0,6364
10	6	5	4	0,9762	10	8	5	5	1,0000	11	4	1	1	1,0000
10	6	5	5	1,0000	10	8	6	4	0,3333	11	4	2	0	0,3818
10	6	6	2	0,0714	10	8	6	5	0,8667	11	4	2	1	0,8909
10	6	6	3	0,4524	10	8	6	6	1,0000	11	4	2	2	1,0000
10	6	6	4	0,8810	10	8	7	5	0,4667	11	4	3	0	0,2121
10	6	6	5	0,9952	10	8	7	6	0,9333	11	4	3	1	0,7212
10	6	6	6	1,0000	10	8	7	7	1,0000	11	4	3	2	0,9758
10	7	1	0	0,3000	10	8	8	6	0,6222	11	4	3	3	1,0000
10	7	1	1	1,0000	10	8	8	7	0,9778	11	4	4	0	0,1061
10	7	2	0	0,0667	10	8	8	8	1,0000	11	4	4	1	0,5303
10	7	2	1	0,5333	10	9	1	0	0,1000	11	4	4	2	0,9121
10	7	2	2	1,0000	10	9	1	1	1,0000	11	4	4	3	0,9970
10	7	3	0	0,0083	10	9	2	1	0,2000	11	4	4	4	1,0000
10	7	3	1	0,1833	10	9	2	2	1,0000	11	5	1	0	0,5455
10	7	3	2	0,7083	10	9	3	2	0,3000	11	5	1	1	1,0000
10	7	3	3	1,0000	10	9	3	3	1,0000	11	5	2	0	0,2727
10	7	4	1	0,0333	10	9	4	3	0,4000	11	5	2	1	0,8182
10	7	4	2	0,3333	10	9	4	4	1,0000	11	5	2	2	1,0000

A Statistische Tabellen

Hypergeometrische Verteilung – Verteilungsfunktion

N	n	M	x	F_H	N	n	M	x	F_H	N	n	M	x	F_H
11	5	3	0	0,1212	11	7	2	2	1,0000	11	8	6	6	1,0000
11	5	3	1	0,5758	11	7	3	0	0,0242	11	8	7	4	0,2121
11	5	3	2	0,9394	11	7	3	1	0,2788	11	8	7	5	0,7212
11	5	3	3	1,0000	11	7	3	2	0,7879	11	8	7	6	0,9758
11	5	4	0	0,0455	11	7	3	3	1,0000	11	8	7	7	1,0000
11	5	4	1	0,3485	11	7	4	0	0,0030	11	8	8	5	0,3394
11	5	4	2	0,8030	11	7	4	1	0,0879	11	8	8	6	0,8485
11	5	4	3	0,9848	11	7	4	2	0,4697	11	8	8	7	0,9939
11	5	4	4	1,0000	11	7	4	3	0,8939	11	8	8	8	1,0000
11	5	5	0	0,0130	11	7	4	4	1,0000	11	9	1	0	0,1818
11	5	5	1	0,1753	11	7	5	1	0,0152	11	9	1	1	1,0000
11	5	5	2	0,6082	11	7	5	2	0,1970	11	9	2	0	0,0182
11	5	5	3	0,9329	11	7	5	3	0,6515	11	9	2	1	0,3455
11	5	5	4	0,9978	11	7	5	4	0,9545	11	9	2	2	1,0000
11	5	5	5	1,0000	11	7	5	5	1,0000	11	9	3	1	0,0545
11	6	1	0	0,4545	11	7	6	2	0,0455	11	9	3	2	0,4909
11	6	1	1	1,0000	11	7	6	3	0,3485	11	9	3	3	1,0000
11	6	2	0	0,1818	11	7	6	4	0,8030	11	9	4	2	0,1091
11	6	2	1	0,7273	11	7	6	5	0,9848	11	9	4	3	0,6182
11	6	2	2	1,0000	11	7	6	6	1,0000	11	9	4	4	1,0000
11	6	3	0	0,0606	11	7	7	3	0,1061	11	9	5	3	0,1818
11	6	3	1	0,4242	11	7	7	4	0,5303	11	9	5	4	0,7273
11	6	3	2	0,8788	11	7	7	5	0,9121	11	9	5	5	1,0000
11	6	3	3	1,0000	11	7	7	6	0,9970	11	9	6	4	0,2727
11	6	4	0	0,0152	11	7	7	7	1,0000	11	9	6	5	0,8182
11	6	4	1	0,1970	11	8	1	0	0,2727	11	9	6	6	1,0000
11	6	4	2	0,6515	11	8	1	1	1,0000	11	9	7	5	0,3818
11	6	4	3	0,9545	11	8	2	0	0,0545	11	9	7	6	0,8909
11	6	4	4	1,0000	11	8	2	1	0,4909	11	9	7	7	1,0000
11	6	5	0	0,0022	11	8	2	2	1,0000	11	9	8	6	0,5091
11	6	5	1	0,0671	11	8	3	0	0,0061	11	9	8	7	0,9455
11	6	5	2	0,3918	11	8	3	1	0,1515	11	9	8	8	1,0000
11	6	5	3	0,8247	11	8	3	2	0,6606	11	9	9	7	0,6545
11	6	5	4	0,9870	11	8	3	3	1,0000	11	9	9	8	0,9818
11	6	5	5	1,0000	11	8	4	1	0,0242	11	9	9	9	1,0000
11	6	6	1	0,0130	11	8	4	2	0,2788	11	10	1	0	0,0909
11	6	6	2	0,1753	11	8	4	3	0,7879	11	10	1	1	1,0000
11	6	6	3	0,6082	11	8	4	4	1,0000	11	10	2	1	0,1818
11	6	6	4	0,9329	11	8	5	2	0,0606	11	10	2	2	1,0000
11	6	6	5	0,9978	11	8	5	3	0,4242	11	10	3	2	0,2727
11	6	6	6	1,0000	11	8	5	4	0,8788	11	10	3	3	1,0000
11	7	1	0	0,3636	11	8	5	5	1,0000	11	10	4	3	0,3636
11	7	1	1	1,0000	11	8	6	3	0,1212	11	10	4	4	1,0000
11	7	2	0	0,1091	11	8	6	4	0,5758	11	10	5	4	0,4545
11	7	2	1	0,6182	11	8	6	5	0,9394	11	10	5	5	1,0000

Hypergeometrische Verteilung – Verteilungsfunktion

N	n	M	x	F_H
11	10	6	5	0,5455
11	10	6	6	1,0000
11	10	7	6	0,6364
11	10	7	7	1,0000
11	10	8	7	0,7273
11	10	8	8	1,0000
11	10	9	8	0,8182
11	10	9	9	1,0000
11	10	10	9	0,9091
11	10	10	10	1,0000
12	1	1	0	0,9167
12	1	1	1	1,0000
12	2	1	0	0,8333
12	2	1	1	1,0000
12	2	2	0	0,6818
12	2	2	1	0,9848
12	2	2	2	1,0000
12	3	1	0	0,7500
12	3	1	1	1,0000
12	3	2	0	0,5455
12	3	2	1	0,9545
12	3	2	2	1,0000
12	3	3	0	0,3818
12	3	3	1	0,8727
12	3	3	2	0,9955
12	3	3	3	1,0000
12	4	1	0	0,6667
12	4	1	1	1,0000
12	4	2	0	0,4242
12	4	2	1	0,9091
12	4	2	2	1,0000
12	4	3	0	0,2545
12	4	3	1	0,7636
12	4	3	2	0,9818
12	4	3	3	1,0000
12	4	4	0	0,1414
12	4	4	1	0,5939
12	4	4	2	0,9333
12	4	4	3	0,9980
12	4	4	4	1,0000
12	5	1	0	0,5833
12	5	1	1	1,0000
12	5	2	0	0,3182
12	5	2	1	0,8485
12	5	2	2	1,0000
12	5	3	0	0,1591
12	5	3	1	0,6364
12	5	3	2	0,9545
12	5	3	3	1,0000
12	5	4	0	0,0707
12	5	4	1	0,4242
12	5	4	2	0,8485
12	5	4	3	0,9899
12	5	4	4	1,0000
12	5	5	0	0,0265
12	5	5	1	0,2475
12	5	5	2	0,6894
12	5	5	3	0,9545
12	5	5	4	0,9987
12	5	5	5	1,0000
12	6	1	0	0,5000
12	6	1	1	1,0000
12	6	2	0	0,2273
12	6	2	1	0,7727
12	6	2	2	1,0000
12	6	3	0	0,0909
12	6	3	1	0,5000
12	6	3	2	0,9091
12	6	3	3	1,0000
12	6	4	0	0,0303
12	6	4	1	0,2727
12	6	4	2	0,7273
12	6	4	3	0,9697
12	6	4	4	1,0000
12	6	5	0	0,0076
12	6	5	1	0,1212
12	6	5	2	0,5000
12	6	5	3	0,8788
12	6	5	4	0,9924
12	6	5	5	1,0000
12	6	6	0	0,0011
12	6	6	1	0,0400
12	6	6	2	0,2835
12	6	6	3	0,7165
12	6	6	4	0,9600
12	6	6	5	0,9989
12	6	6	6	1,0000
12	7	1	0	0,4167
12	7	1	1	1,0000
12	7	2	0	0,1515
12	7	2	1	0,6818
12	7	2	2	1,0000
12	7	3	0	0,0455
12	7	3	1	0,3636
12	7	3	2	0,8409
12	7	3	3	1,0000
12	7	4	0	0,0101
12	7	4	1	0,1515
12	7	4	2	0,5758
12	7	4	3	0,9293
12	7	4	4	1,0000
12	7	5	0	0,0013
12	7	5	1	0,0455
12	7	5	2	0,3106
12	7	5	3	0,7525
12	7	5	4	0,9735
12	7	5	5	1,0000
12	7	6	1	0,0076
12	7	6	2	0,1212
12	7	6	3	0,5000
12	7	6	4	0,8788
12	7	6	5	0,9924
12	7	6	6	1,0000
12	7	7	2	0,0265
12	7	7	3	0,2475
12	7	7	4	0,6894
12	7	7	5	0,9545
12	7	7	6	0,9987
12	7	7	7	1,0000
12	8	1	0	0,3333
12	8	1	1	1,0000
12	8	2	0	0,0909
12	8	2	1	0,5758
12	8	2	2	1,0000
12	8	3	0	0,0182
12	8	3	1	0,2364
12	8	3	2	0,7455
12	8	3	3	1,0000
12	8	4	0	0,0020
12	8	4	1	0,0667
12	8	4	2	0,4061
12	8	4	3	0,8586
12	8	4	4	1,0000
12	8	5	1	0,0101
12	8	5	2	0,1515

A Statistische Tabellen

Hypergeometrische Verteilung – Verteilungsfunktion

N	n	M	x	F_H
12	8	5	3	0,5758
12	8	5	4	0,9293
12	8	5	5	1,0000
12	8	6	2	0,0303
12	8	6	3	0,2727
12	8	6	4	0,7273
12	8	6	5	0,9697
12	8	6	6	1,0000
12	8	7	3	0,0707
12	8	7	4	0,4242
12	8	7	5	0,8485
12	8	7	6	0,9899
12	8	7	7	1,0000
12	8	8	4	0,1414
12	8	8	5	0,5939
12	8	8	6	0,9333
12	8	8	7	0,9980
12	8	8	8	1,0000
12	9	1	0	0,2500
12	9	1	1	1,0000
12	9	2	0	0,0455
12	9	2	1	0,4545
12	9	2	2	1,0000
12	9	3	0	0,0045
12	9	3	1	0,1273
12	9	3	2	0,6182
12	9	3	3	1,0000
12	9	4	1	0,0182
12	9	4	2	0,2364
12	9	4	3	0,7455
12	9	4	4	1,0000
12	9	5	2	0,0455
12	9	5	3	0,3636
12	9	5	4	0,8409
12	9	5	5	1,0000
12	9	6	3	0,0909
12	9	6	4	0,5000
12	9	6	5	0,9091
12	9	6	6	1,0000
12	9	7	4	0,1591
12	9	7	5	0,6364
12	9	7	6	0,9545
12	9	7	7	1,0000
12	9	8	5	0,2545
12	9	8	6	0,7636
12	9	8	7	0,9818
12	9	8	8	1,0000
12	9	9	6	0,3818
12	9	9	7	0,8727
12	9	9	8	0,9955
12	9	9	9	1,0000
12	10	1	0	0,1667
12	10	1	1	1,0000
12	10	2	0	0,0152
12	10	2	1	0,3182
12	10	2	2	1,0000
12	10	3	1	0,0455
12	10	3	2	0,4545
12	10	3	3	1,0000
12	10	4	2	0,0909
12	10	4	3	0,5758
12	10	4	4	1,0000
12	10	5	3	0,1515
12	10	5	4	0,6818
12	10	5	5	1,0000
12	10	6	4	0,2273
12	10	6	5	0,7727
12	10	6	6	1,0000
12	10	7	5	0,3182
12	10	7	6	0,8485
12	10	7	7	1,0000
12	10	8	6	0,4242
12	10	8	7	0,9091
12	10	8	8	1,0000
12	10	9	7	0,5455
12	10	9	8	0,9545
12	10	9	9	1,0000
12	10	10	8	0,6818
12	10	10	9	0,9848
12	10	10	10	1,0000
12	11	1	0	0,0833
12	11	1	1	1,0000
12	11	2	1	0,1667
12	11	2	2	1,0000
12	11	3	2	0,2500
12	11	3	3	1,0000
12	11	4	3	0,3333
12	11	4	4	1,0000
12	11	5	4	0,4167
12	11	5	5	1,0000
12	11	6	5	0,5000
12	11	6	6	1,0000
12	11	7	6	0,5833
12	11	7	7	1,0000
12	11	8	7	0,6667
12	11	8	8	1,0000
12	11	9	8	0,7500
12	11	9	9	1,0000
12	11	10	9	0,8333
12	11	10	10	1,0000
12	11	11	10	0,9167
12	11	11	11	1,0000

Poisson-Verteilung – Wahrscheinlichkeitsfunktion

$$f_P(x \mid \mu) = \begin{cases} \dfrac{\mu^x e^{-\mu}}{x!} & \text{für } x = 0, 1, \ldots \text{ mit } \mu > 0 \quad e = 2{,}71828\ldots \\ 0 & \text{sonst} \end{cases}$$

x	\multicolumn{9}{c}{μ}								
	0,001	0,005	0,010	0,015	0,020	0,025	0,030	0,035	0,040
0	0,9990	0,9950	0,9900	0,9851	0,9802	0,9753	0,9704	0,9656	0,9608
1	0,0010	0,0050	0,0099	0,0148	0,0196	0,0244	0,0291	0,0338	0,0384
2	0,0000	0,0000	0,0000	0,0001	0,0002	0,0003	0,0004	0,0006	0,0008

x	μ								
	0,045	0,050	0,055	0,060	0,065	0,070	0,075	0,080	0,085
0	0,9560	0,9512	0,9465	0,9418	0,9371	0,9324	0,9277	0,9231	0,9185
1	0,0430	0,0476	0,0521	0,0565	0,0609	0,0653	0,0696	0,0738	0,0781
2	0,0010	0,0012	0,0014	0,0017	0,0020	0,0023	0,0026	0,0030	0,0033
3	0,0000	0,0000	0,0000	0,0000	0,0000	0,0001	0,0001	0,0001	0,0001

x	μ								
	0,090	0,100	0,150	0,200	0,300	0,400	0,500	0,600	0,700
0	0,9139	0,9048	0,8607	0,8187	0,7408	0,6703	0,6065	0,5488	0,4966
1	0,0823	0,0905	0,1291	0,1637	0,2222	0,2681	0,3033	0,3293	0,3476
2	0,0037	0,0045	0,0097	0,0164	0,0333	0,0536	0,0758	0,0988	0,1217
3	0,0001	0,0002	0,0005	0,0011	0,0033	0,0072	0,0126	0,0198	0,0284
4	0,0000	0,0000	0,0000	0,0001	0,0003	0,0007	0,0016	0,0030	0,0050
5	0,0000	0,0000	0,0000	0,0000	0,0000	0,0001	0,0002	0,0004	0,0007
6	0,0000	0,0000	0,0000	0,0000	0,0000	0,0000	0,0000	0,0000	0,0001

x	μ								
	0,800	0,900	1,000	1,100	1,200	1,300	1,400	1,500	1,600
0	0,4493	0,4066	0,3679	0,3329	0,3012	0,2725	0,2466	0,2231	0,2019
1	0,3595	0,3659	0,3679	0,3662	0,3614	0,3543	0,3452	0,3347	0,3230
2	0,1438	0,1647	0,1839	0,2014	0,2169	0,2303	0,2417	0,2510	0,2584
3	0,0383	0,0494	0,0613	0,0738	0,0867	0,0998	0,1128	0,1255	0,1378
4	0,0077	0,0111	0,0153	0,0203	0,0260	0,0324	0,0395	0,0471	0,0551
5	0,0012	0,0020	0,0031	0,0045	0,0062	0,0084	0,0111	0,0141	0,0176
6	0,0002	0,0003	0,0005	0,0008	0,0012	0,0018	0,0026	0,0035	0,0047
7	0,0000	0,0000	0,0001	0,0001	0,0002	0,0003	0,0005	0,0008	0,0011
8	0,0000	0,0000	0,0000	0,0000	0,0000	0,0001	0,0001	0,0001	0,0002

A Statistische Tabellen

Poisson-Verteilung – Wahrscheinlichkeitsfunktion

x	μ								
	1,700	1,800	1,900	2,000	2,100	2,200	2,300	2,400	2,500
0	0,1827	0,1653	0,1496	0,1353	0,1225	0,1108	0,1003	0,0907	0,0821
1	0,3106	0,2975	0,2842	0,2707	0,2572	0,2438	0,2306	0,2177	0,2052
2	0,2640	0,2678	0,2700	0,2707	0,2700	0,2681	0,2652	0,2613	0,2565
3	0,1496	0,1607	0,1710	0,1804	0,1890	0,1966	0,2033	0,2090	0,2138
4	0,0636	0,0723	0,0812	0,0902	0,0992	0,1082	0,1169	0,1254	0,1336
5	0,0216	0,0260	0,0309	0,0361	0,0417	0,0476	0,0538	0,0602	0,0668
6	0,0061	0,0078	0,0098	0,0120	0,0146	0,0174	0,0206	0,0241	0,0278
7	0,0015	0,0020	0,0027	0,0034	0,0044	0,0055	0,0068	0,0083	0,0099
8	0,0003	0,0005	0,0006	0,0009	0,0011	0,0015	0,0019	0,0025	0,0031
9	0,0001	0,0001	0,0001	0,0002	0,0003	0,0004	0,0005	0,0007	0,0009
10	0,0000	0,0000	0,0000	0,0000	0,0001	0,0001	0,0001	0,0002	0,0002

x	μ								
	2,600	2,700	2,800	2,900	3,000	3,100	3,200	3,300	3,400
0	0,0743	0,0672	0,0608	0,0550	0,0498	0,0450	0,0408	0,0369	0,0334
1	0,1931	0,1815	0,1703	0,1596	0,1494	0,1397	0,1304	0,1217	0,1135
2	0,2510	0,2450	0,2384	0,2314	0,2240	0,2165	0,2087	0,2008	0,1929
3	0,2176	0,2205	0,2225	0,2237	0,2240	0,2237	0,2226	0,2209	0,2186
4	0,1414	0,1488	0,1557	0,1622	0,1680	0,1733	0,1781	0,1823	0,1858
5	0,0735	0,0804	0,0872	0,0940	0,1008	0,1075	0,1140	0,1203	0,1264
6	0,0319	0,0362	0,0407	0,0455	0,0504	0,0555	0,0608	0,0662	0,0716
7	0,0118	0,0139	0,0163	0,0188	0,0216	0,0246	0,0278	0,0312	0,0348
8	0,0038	0,0047	0,0057	0,0068	0,0081	0,0095	0,0111	0,0129	0,0148
9	0,0011	0,0014	0,0018	0,0022	0,0027	0,0033	0,0040	0,0047	0,0056
10	0,0003	0,0004	0,0005	0,0006	0,0008	0,0010	0,0013	0,0016	0,0019
11	0,0001	0,0001	0,0001	0,0002	0,0002	0,0003	0,0004	0,0005	0,0006
12	0,0000	0,0000	0,0000	0,0000	0,0001	0,0001	0,0001	0,0001	0,0002

x	μ								
	3,500	3,600	3,700	3,800	3,900	4,000	4,500	5,000	5,500
0	0,0302	0,0273	0,0247	0,0224	0,0202	0,0183	0,0111	0,0067	0,0041
1	0,1057	0,0984	0,0915	0,0850	0,0789	0,0733	0,0500	0,0337	0,0225
2	0,1850	0,1771	0,1692	0,1615	0,1539	0,1465	0,1125	0,0842	0,0618
3	0,2158	0,2125	0,2087	0,2046	0,2001	0,1954	0,1687	0,1404	0,1133
4	0,1888	0,1912	0,1931	0,1944	0,1951	0,1954	0,1898	0,1755	0,1558
5	0,1322	0,1377	0,1429	0,1477	0,1522	0,1563	0,1708	0,1755	0,1714
6	0,0771	0,0826	0,0881	0,0936	0,0989	0,1042	0,1281	0,1462	0,1571
7	0,0385	0,0425	0,0466	0,0508	0,0551	0,0595	0,0824	0,1044	0,1234

Poisson-Verteilung – Wahrscheinlichkeitsfunktion

x	μ								
	3,500	3,600	3,700	3,800	3,900	4,000	4,500	5,000	5,500
8	0,0169	0,0191	0,0215	0,0241	0,0269	0,0298	0,0463	0,0653	0,0849
9	0,0066	0,0076	0,0089	0,0102	0,0116	0,0132	0,0232	0,0363	0,0519
10	0,0023	0,0028	0,0033	0,0039	0,0045	0,0053	0,0104	0,0181	0,0285
11	0,0007	0,0009	0,0011	0,0013	0,0016	0,0019	0,0043	0,0082	0,0143
12	0,0002	0,0003	0,0003	0,0004	0,0005	0,0006	0,0016	0,0034	0,0065
13	0,0001	0,0001	0,0001	0,0001	0,0002	0,0002	0,0006	0,0013	0,0028
14	0,0000	0,0000	0,0000	0,0000	0,0000	0,0001	0,0002	0,0005	0,0011
15	0,0000	0,0000	0,0000	0,0000	0,0000	0,0000	0,0001	0,0002	0,0004
16	0,0000	0,0000	0,0000	0,0000	0,0000	0,0000	0,0000	0,0000	0,0001

x	μ								
	6,000	6,500	7,000	7,500	8,000	8,500	9,000	9,500	10,000
0	0,0025	0,0015	0,0009	0,0006	0,0003	0,0002	0,0001	0,0001	0,0000
1	0,0149	0,0098	0,0064	0,0041	0,0027	0,0017	0,0011	0,0007	0,0005
2	0,0446	0,0318	0,0223	0,0156	0,0107	0,0074	0,0050	0,0034	0,0023
3	0,0892	0,0688	0,0521	0,0389	0,0286	0,0208	0,0150	0,0107	0,0076
4	0,1339	0,1118	0,0912	0,0729	0,0573	0,0443	0,0337	0,0254	0,0189
5	0,1606	0,1454	0,1277	0,1094	0,0916	0,0752	0,0607	0,0483	0,0378
6	0,1606	0,1575	0,1490	0,1367	0,1221	0,1066	0,0911	0,0764	0,0631
7	0,1377	0,1462	0,1490	0,1465	0,1396	0,1294	0,1171	0,1037	0,0901
8	0,1033	0,1188	0,1304	0,1373	0,1396	0,1375	0,1318	0,1232	0,1126
9	0,0688	0,0858	0,1014	0,1144	0,1241	0,1299	0,1318	0,1300	0,1251
10	0,0413	0,0558	0,0710	0,0858	0,0993	0,1104	0,1186	0,1235	0,1251
11	0,0225	0,0330	0,0452	0,0585	0,0722	0,0853	0,0970	0,1067	0,1137
12	0,0113	0,0179	0,0263	0,0366	0,0481	0,0604	0,0728	0,0844	0,0948
13	0,0052	0,0089	0,0142	0,0211	0,0296	0,0395	0,0504	0,0617	0,0729
14	0,0022	0,0041	0,0071	0,0113	0,0169	0,0240	0,0324	0,0419	0,0521
15	0,0009	0,0018	0,0033	0,0057	0,0090	0,0136	0,0194	0,0265	0,0347
16	0,0003	0,0007	0,0014	0,0026	0,0045	0,0072	0,0109	0,0157	0,0217
17	0,0001	0,0003	0,0006	0,0012	0,0021	0,0036	0,0058	0,0088	0,0128
18	0,0000	0,0001	0,0002	0,0005	0,0009	0,0017	0,0029	0,0046	0,0071
19	0,0000	0,0000	0,0001	0,0002	0,0004	0,0008	0,0014	0,0023	0,0037
20	0,0000	0,0000	0,0000	0,0001	0,0002	0,0003	0,0006	0,0011	0,0019
21	0,0000	0,0000	0,0000	0,0000	0,0001	0,0001	0,0003	0,0005	0,0009
22	0,0000	0,0000	0,0000	0,0000	0,0000	0,0001	0,0001	0,0002	0,0004
23	0,0000	0,0000	0,0000	0,0000	0,0000	0,0000	0,0000	0,0001	0,0002
24	0,0000	0,0000	0,0000	0,0000	0,0000	0,0000	0,0000	0,0000	0,0001

A Statistische Tabellen

Poisson-Verteilung – Verteilungsfunktion

$$F_P(x \mid \mu) = \sum_{v=0}^{x} \frac{\mu^v e^{-\mu}}{v!} \qquad \text{mit } e = 2{,}71828\ldots$$

x	| μ								
	0,001	0,005	0,010	0,015	0,020	0,025	0,030	0,035	0,040
0	0,9990	0,9950	0,9900	0,9851	0,9802	0,9753	0,9704	0,9656	0,9608
1	1,0000	1,0000	1,0000	0,9999	0,9998	0,9997	0,9996	0,9994	0,9992
2	1,0000	1,0000	1,0000	1,0000	1,0000	1,0000	1,0000	1,0000	1,0000

x	| μ								
	0,045	0,050	0,055	0,060	0,065	0,070	0,075	0,080	0,085
0	0,9560	0,9512	0,9465	0,9418	0,9371	0,9324	0,9277	0,9231	0,9185
1	0,9990	0,9988	0,9985	0,9983	0,9980	0,9977	0,9973	0,9970	0,9966
2	1,0000	1,0000	1,0000	1,0000	1,0000	0,9999	0,9999	0,9999	0,9999
3	1,0000	1,0000	1,0000	1,0000	1,0000	1,0000	1,0000	1,0000	1,0000

x	| μ								
	0,090	0,100	0,150	0,200	0,300	0,400	0,500	0,600	0,700
0	0,9139	0,9048	0,8607	0,8187	0,7408	0,6703	0,6065	0,5488	0,4966
1	0,9962	0,9953	0,9898	0,9825	0,9631	0,9384	0,9098	0,8781	0,8442
2	0,9999	0,9998	0,9995	0,9989	0,9964	0,9921	0,9856	0,9769	0,9659
3	1,0000	1,0000	1,0000	0,9999	0,9997	0,9992	0,9982	0,9966	0,9942
4	1,0000	1,0000	1,0000	1,0000	1,0000	0,9999	0,9998	0,9996	0,9992
5	1,0000	1,0000	1,0000	1,0000	1,0000	1,0000	1,0000	1,0000	0,9999
6	1,0000	1,0000	1,0000	1,0000	1,0000	1,0000	1,0000	1,0000	1,0000

x	| μ								
	0,800	0,900	1,000	1,100	1,200	1,300	1,400	1,500	1,600
0	0,4493	0,4066	0,3679	0,3329	0,3012	0,2725	0,2466	0,2231	0,2019
1	0,8088	0,7725	0,7358	0,6990	0,6626	0,6268	0,5918	0,5578	0,5249
2	0,9526	0,9371	0,9197	0,9004	0,8795	0,8571	0,8335	0,8088	0,7834
3	0,9909	0,9865	0,9810	0,9743	0,9662	0,9569	0,9463	0,9344	0,9212
4	0,9986	0,9977	0,9963	0,9946	0,9923	0,9893	0,9857	0,9814	0,9763
5	0,9998	0,9997	0,9994	0,9990	0,9985	0,9978	0,9968	0,9955	0,9940
6	1,0000	1,0000	0,9999	0,9999	0,9997	0,9996	0,9994	0,9991	0,9987
7	1,0000	1,0000	1,0000	1,0000	1,0000	0,9999	0,9999	0,9998	0,9997
8	1,0000	1,0000	1,0000	1,0000	1,0000	1,0000	1,0000	1,0000	1,0000

Poisson-Verteilung – Verteilungsfunktion

x	μ								
	1,700	1,800	1,900	2,000	2,100	2,200	2,300	2,400	2,500
0	0,1827	0,1653	0,1496	0,1353	0,1225	0,1108	0,1003	0,0907	0,0821
1	0,4932	0,4628	0,4337	0,4060	0,3796	0,3546	0,3309	0,3084	0,2873
2	0,7572	0,7306	0,7037	0,6767	0,6496	0,6227	0,5960	0,5697	0,5438
3	0,9068	0,8913	0,8747	0,8571	0,8386	0,8194	0,7993	0,7787	0,7576
4	0,9704	0,9636	0,9559	0,9473	0,9379	0,9275	0,9162	0,9041	0,8912
5	0,9920	0,9896	0,9868	0,9834	0,9796	0,9751	0,9700	0,9643	0,9580
6	0,9981	0,9974	0,9966	0,9955	0,9941	0,9925	0,9906	0,9884	0,9858
7	0,9996	0,9994	0,9992	0,9989	0,9985	0,9980	0,9974	0,9967	0,9958
8	0,9999	0,9999	0,9998	0,9998	0,9997	0,9995	0,9994	0,9991	0,9989
9	1,0000	1,0000	1,0000	1,0000	0,9999	0,9999	0,9999	0,9998	0,9997
10	1,0000	1,0000	1,0000	1,0000	1,0000	1,0000	1,0000	1,0000	0,9999
11	1,0000	1,0000	1,0000	1,0000	1,0000	1,0000	1,0000	1,0000	1,0000

x	μ								
	2,600	2,700	2,800	2,900	3,000	3,100	3,200	3,300	3,400
0	0,0743	0,0672	0,0608	0,0550	0,0498	0,0450	0,0408	0,0369	0,0334
1	0,2674	0,2487	0,2311	0,2146	0,1991	0,1847	0,1712	0,1586	0,1468
2	0,5184	0,4936	0,4695	0,4460	0,4232	0,4012	0,3799	0,3594	0,3397
3	0,7360	0,7141	0,6919	0,6696	0,6472	0,6248	0,6025	0,5803	0,5584
4	0,8774	0,8629	0,8477	0,8318	0,8153	0,7982	0,7806	0,7626	0,7442
5	0,9510	0,9433	0,9349	0,9258	0,9161	0,9057	0,8946	0,8829	0,8705
6	0,9828	0,9794	0,9756	0,9713	0,9665	0,9612	0,9554	0,9490	0,9421
7	0,9947	0,9934	0,9919	0,9901	0,9881	0,9858	0,9832	0,9802	0,9769
8	0,9985	0,9981	0,9976	0,9969	0,9962	0,9953	0,9943	0,9931	0,9917
9	0,9996	0,9995	0,9993	0,9991	0,9989	0,9986	0,9982	0,9978	0,9973
10	0,9999	0,9999	0,9998	0,9998	0,9997	0,9996	0,9995	0,9994	0,9992
11	1,0000	1,0000	1,0000	0,9999	0,9999	0,9999	0,9999	0,9998	0,9998
12	1,0000	1,0000	1,0000	1,0000	1,0000	1,0000	1,0000	1,0000	0,9999
13	1,0000	1,0000	1,0000	1,0000	1,0000	1,0000	1,0000	1,0000	1,0000

x	μ								
	3,500	3,600	3,700	3,800	3,900	4,000	4,500	5,000	5,500
0	0,0302	0,0273	0,0247	0,0224	0,0202	0,0183	0,0111	0,0067	0,0041
1	0,1359	0,1257	0,1162	0,1074	0,0992	0,0916	0,0611	0,0404	0,0266
2	0,3208	0,3027	0,2854	0,2689	0,2531	0,2381	0,1736	0,1247	0,0884
3	0,5366	0,5152	0,4942	0,4735	0,4532	0,4335	0,3423	0,2650	0,2017
4	0,7254	0,7064	0,6872	0,6678	0,6484	0,6288	0,5321	0,4405	0,3575
5	0,8576	0,8441	0,8301	0,8156	0,8006	0,7851	0,7029	0,6160	0,5289

A Statistische Tabellen

Poisson-Verteilung – Verteilungsfunktion

x	μ								
	3,500	3,600	3,700	3,800	3,900	4,000	4,500	5,000	5,500
6	0,9347	0,9267	0,9182	0,9091	0,8995	0,8893	0,8311	0,7622	0,6860
7	0,9733	0,9692	0,9648	0,9599	0,9546	0,9489	0,9134	0,8666	0,8095
8	0,9901	0,9883	0,9863	0,9840	0,9815	0,9786	0,9597	0,9319	0,8944
9	0,9967	0,9960	0,9952	0,9942	0,9931	0,9919	0,9829	0,9682	0,9462
10	0,9990	0,9987	0,9984	0,9981	0,9977	0,9972	0,9933	0,9863	0,9747
11	0,9997	0,9996	0,9995	0,9994	0,9993	0,9991	0,9976	0,9945	0,9890
12	0,9999	0,9999	0,9999	0,9998	0,9998	0,9997	0,9992	0,9980	0,9955
13	1,0000	1,0000	1,0000	1,0000	0,9999	0,9999	0,9997	0,9993	0,9983
14	1,0000	1,0000	1,0000	1,0000	1,0000	1,0000	0,9999	0,9998	0,9994
15	1,0000	1,0000	1,0000	1,0000	1,0000	1,0000	1,0000	0,9999	0,9998
16	1,0000	1,0000	1,0000	1,0000	1,0000	1,0000	1,0000	1,0000	0,9999
17	1,0000	1,0000	1,0000	1,0000	1,0000	1,0000	1,0000	1,0000	1,0000

x	μ								
	6,000	6,500	7,000	7,500	8,000	8,500	9,000	9,500	10,000
0	0,0025	0,0015	0,0009	0,0006	0,0003	0,0002	0,0001	0,0001	0,0000
1	0,0174	0,0113	0,0073	0,0047	0,0030	0,0019	0,0012	0,0008	0,0005
2	0,0620	0,0430	0,0296	0,0203	0,0138	0,0093	0,0062	0,0042	0,0028
3	0,1512	0,1118	0,0818	0,0591	0,0424	0,0301	0,0212	0,0149	0,0103
4	0,2851	0,2237	0,1730	0,1321	0,0996	0,0744	0,0550	0,0403	0,0293
5	0,4457	0,3690	0,3007	0,2414	0,1912	0,1496	0,1157	0,0885	0,0671
6	0,6063	0,5265	0,4497	0,3782	0,3134	0,2562	0,2068	0,1649	0,1301
7	0,7440	0,6728	0,5987	0,5246	0,4530	0,3856	0,3239	0,2687	0,2202
8	0,8472	0,7916	0,7291	0,6620	0,5925	0,5231	0,4557	0,3918	0,3328
9	0,9161	0,8774	0,8305	0,7764	0,7166	0,6530	0,5874	0,5218	0,4579
10	0,9574	0,9332	0,9015	0,8622	0,8159	0,7634	0,7060	0,6453	0,5830
11	0,9799	0,9661	0,9467	0,9208	0,8881	0,8487	0,8030	0,7520	0,6968
12	0,9912	0,9840	0,9730	0,9573	0,9362	0,9091	0,8758	0,8364	0,7916
13	0,9964	0,9929	0,9872	0,9784	0,9658	0,9486	0,9261	0,8981	0,8645
14	0,9986	0,9970	0,9943	0,9897	0,9827	0,9726	0,9585	0,9400	0,9165
15	0,9995	0,9988	0,9976	0,9954	0,9918	0,9862	0,9780	0,9665	0,9513
16	0,9998	0,9996	0,9990	0,9980	0,9963	0,9934	0,9889	0,9823	0,9730
17	0,9999	0,9998	0,9996	0,9992	0,9984	0,9970	0,9947	0,9911	0,9857
18	1,0000	0,9999	0,9999	0,9997	0,9993	0,9987	0,9976	0,9957	0,9928
19	1,0000	1,0000	1,0000	0,9999	0,9997	0,9995	0,9989	0,9980	0,9965
20	1,0000	1,0000	1,0000	1,0000	0,9999	0,9998	0,9996	0,9991	0,9984
21	1,0000	1,0000	1,0000	1,0000	1,0000	0,9999	0,9998	0,9996	0,9993
22	1,0000	1,0000	1,0000	1,0000	1,0000	1,0000	0,9999	0,9999	0,9997
23	1,0000	1,0000	1,0000	1,0000	1,0000	1,0000	1,0000	0,9999	0,9999
24	1,0000	1,0000	1,0000	1,0000	1,0000	1,0000	1,0000	1,0000	1,0000

Standardnormalverteilung – Wahrscheinlichkeitsdichtefunktion

$$f_N(z) = \frac{1}{\sqrt{2\pi}} e^{\frac{-z^2}{2}}$$

mit $\pi = 3,14159...$ $e = 2,71828...$

Es gilt: $f_N(-z) = f_N(z)$

$-\infty < z < +\infty$

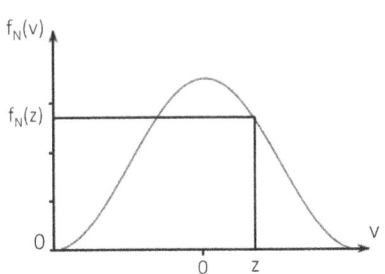

z	0,000	0,001	0,002	0,003	0,004	0,005	0,006	0,007	0,008	0,009
0,00	,39894	,39894	,39894	,39894	,39894	,39894	,39894	,39893	,39893	,39893
0,01	,39892	,39892	,39891	,39891	,39890	,39890	,39889	,39888	,39888	,39887
0,02	,39886	,39885	,39885	,39884	,39883	,39882	,39881	,39880	,39879	,39877
0,03	,39876	,39875	,39874	,39873	,39871	,39870	,39868	,39867	,39865	,39864
0,04	,39862	,39861	,39859	,39857	,39856	,39854	,39852	,39850	,39848	,39846
0,05	,39844	,39842	,39840	,39838	,39836	,39834	,39832	,39829	,39827	,39825
0,06	,39822	,39820	,39818	,39815	,39813	,39810	,39807	,39805	,39802	,39799
0,07	,39797	,39794	,39791	,39788	,39785	,39782	,39779	,39776	,39773	,39770
0,08	,39767	,39764	,39760	,39757	,39754	,39750	,39747	,39744	,39740	,39737
0,09	,39733	,39729	,39726	,39722	,39718	,39715	,39711	,39707	,39703	,39699
0,10	,39695	,39691	,39687	,39683	,39679	,39675	,39671	,39667	,39662	,39658
0,11	,39654	,39649	,39645	,39640	,39636	,39631	,39627	,39622	,39617	,39613
0,12	,39608	,39603	,39598	,39594	,39589	,39584	,39579	,39574	,39569	,39564
0,13	,39559	,39553	,39548	,39543	,39538	,39532	,39527	,39522	,39516	,39511
0,14	,39505	,39500	,39494	,39488	,39483	,39477	,39471	,39466	,39460	,39454
0,15	,39448	,39442	,39436	,39430	,39424	,39418	,39412	,39406	,39399	,39393
0,16	,39387	,39381	,39374	,39368	,39361	,39355	,39348	,39342	,39335	,39329
0,17	,39322	,39315	,39308	,39302	,39295	,39288	,39281	,39274	,39267	,39260
0,18	,39253	,39246	,39239	,39232	,39225	,39217	,39210	,39203	,39195	,39188
0,19	,39181	,39173	,39166	,39158	,39151	,39143	,39135	,39128	,39120	,39112
0,20	,39104	,39096	,39089	,39081	,39073	,39065	,39057	,39049	,39041	,39032
0,21	,39024	,39016	,39008	,38999	,38991	,38983	,38974	,38966	,38957	,38949
0,22	,38940	,38932	,38923	,38915	,38906	,38897	,38888	,38880	,38871	,38862
0,23	,38853	,38844	,38835	,38826	,38817	,38808	,38799	,38789	,38780	,38771
0,24	,38762	,38752	,38743	,38734	,38724	,38715	,38705	,38696	,38686	,38676
0,25	,38667	,38657	,38647	,38638	,38628	,38618	,38608	,38598	,38588	,38578
0,26	,38568	,38558	,38548	,38538	,38528	,38518	,38508	,38497	,38487	,38477
0,27	,38466	,38456	,38445	,38435	,38424	,38414	,38403	,38393	,38382	,38371
0,28	,38361	,38350	,38339	,38328	,38317	,38306	,38296	,38285	,38274	,38263
0,29	,38251	,38240	,38229	,38218	,38207	,38196	,38184	,38173	,38162	,38150

A Statistische Tabellen 291

Standardnormalverteilung – Wahrscheinlichkeitsdichtefunktion

z	0,000	0,001	0,002	0,003	0,004	0,005	0,006	0,007	0,008	0,009
0,30	,38139	,38127	,38116	,38104	,38093	,38081	,38070	,38058	,38046	,38034
0,31	,38023	,38011	,37999	,37987	,37975	,37963	,37951	,37939	,37927	,37915
0,32	,37903	,37891	,37879	,37867	,37854	,37842	,37830	,37817	,37805	,37793
0,33	,37780	,37768	,37755	,37743	,37730	,37717	,37705	,37692	,37679	,37667
0,34	,37654	,37641	,37628	,37615	,37602	,37589	,37576	,37563	,37550	,37537
0,35	,37524	,37511	,37498	,37484	,37471	,37458	,37445	,37431	,37418	,37405
0,36	,37391	,37378	,37364	,37351	,37337	,37323	,37310	,37296	,37282	,37269
0,37	,37255	,37241	,37227	,37213	,37199	,37186	,37172	,37158	,37144	,37129
0,38	,37115	,37101	,37087	,37073	,37059	,37044	,37030	,37016	,37002	,36987
0,39	,36973	,36958	,36944	,36929	,36915	,36900	,36886	,36871	,36856	,36842
0,40	,36827	,36812	,36797	,36783	,36768	,36753	,36738	,36723	,36708	,36693
0,41	,36678	,36663	,36648	,36633	,36618	,36603	,36587	,36572	,36557	,36542
0,42	,36526	,36511	,36496	,36480	,36465	,36449	,36434	,36418	,36403	,36387
0,43	,36371	,36356	,36340	,36324	,36309	,36293	,36277	,36261	,36245	,36229
0,44	,36213	,36198	,36182	,36166	,36150	,36133	,36117	,36101	,36085	,36069
0,45	,36053	,36036	,36020	,36004	,35988	,35971	,35955	,35938	,35922	,35906
0,46	,35889	,35873	,35856	,35839	,35823	,35806	,35789	,35773	,35756	,35739
0,47	,35723	,35706	,35689	,35672	,35655	,35638	,35621	,35604	,35587	,35570
0,48	,35553	,35536	,35519	,35502	,35485	,35468	,35450	,35433	,35416	,35399
0,49	,35381	,35364	,35347	,35329	,35312	,35294	,35277	,35259	,35242	,35224
0,50	,35207	,35189	,35171	,35154	,35136	,35118	,35100	,35083	,35065	,35047
0,51	,35029	,35011	,34993	,34975	,34958	,34940	,34922	,34904	,34885	,34867
0,52	,34849	,34831	,34813	,34795	,34777	,34758	,34740	,34722	,34703	,34685
0,53	,34667	,34648	,34630	,34612	,34593	,34575	,34556	,34538	,34519	,34500
0,54	,34482	,34463	,34445	,34426	,34407	,34388	,34370	,34351	,34332	,34313
0,55	,34294	,34276	,34257	,34238	,34219	,34200	,34181	,34162	,34143	,34124
0,56	,34105	,34085	,34066	,34047	,34028	,34009	,33990	,33970	,33951	,33932
0,57	,33912	,33893	,33874	,33854	,33835	,33815	,33796	,33777	,33757	,33738
0,58	,33718	,33698	,33679	,33659	,33640	,33620	,33600	,33581	,33561	,33541
0,59	,33521	,33502	,33482	,33462	,33442	,33422	,33402	,33382	,33362	,33342
0,60	,33322	,33302	,33282	,33262	,33242	,33222	,33202	,33182	,33162	,33142
0,61	,33121	,33101	,33081	,33061	,33040	,33020	,33000	,32980	,32959	,32939
0,62	,32918	,32898	,32878	,32857	,32837	,32816	,32796	,32775	,32754	,32734
0,63	,32713	,32693	,32672	,32651	,32631	,32610	,32589	,32569	,32548	,32527
0,64	,32506	,32485	,32465	,32444	,32423	,32402	,32381	,32360	,32339	,32318
0,65	,32297	,32276	,32255	,32234	,32213	,32192	,32171	,32150	,32129	,32108
0,66	,32086	,32065	,32044	,32023	,32002	,31980	,31959	,31938	,31916	,31895
0,67	,31874	,31852	,31831	,31810	,31788	,31767	,31745	,31724	,31702	,31681
0,68	,31659	,31638	,31616	,31595	,31573	,31551	,31530	,31508	,31487	,31465
0,69	,31443	,31421	,31400	,31378	,31356	,31334	,31313	,31291	,31269	,31247

Standardnormalverteilung – Wahrscheinlichkeitsdichtefunktion

z	0,000	0,001	0,002	0,003	0,004	0,005	0,006	0,007	0,008	0,009
0,70	,31225	,31204	,31182	,31160	,31138	,31116	,31094	,31072	,31050	,31028
0,71	,31006	,30984	,30962	,30940	,30918	,30896	,30874	,30852	,30829	,30807
0,72	,30785	,30763	,30741	,30719	,30696	,30674	,30652	,30630	,30607	,30585
0,73	,30563	,30540	,30518	,30496	,30473	,30451	,30429	,30406	,30384	,30361
0,74	,30339	,30316	,30294	,30272	,30249	,30227	,30204	,30181	,30159	,30136
0,75	,30114	,30091	,30069	,30046	,30023	,30001	,29978	,29955	,29933	,29910
0,76	,29887	,29865	,29842	,29819	,29796	,29774	,29751	,29728	,29705	,29682
0,77	,29659	,29637	,29614	,29591	,29568	,29545	,29522	,29499	,29476	,29453
0,78	,29431	,29408	,29385	,29362	,29339	,29316	,29293	,29270	,29246	,29223
0,79	,29200	,29177	,29154	,29131	,29108	,29085	,29062	,29039	,29015	,28992
0,80	,28969	,28946	,28923	,28900	,28876	,28853	,28830	,28807	,28783	,28760
0,81	,28737	,28714	,28690	,28667	,28644	,28620	,28597	,28574	,28550	,28527
0,82	,28504	,28480	,28457	,28433	,28410	,28387	,28363	,28340	,28316	,28293
0,83	,28269	,28246	,28223	,28199	,28176	,28152	,28129	,28105	,28081	,28058
0,84	,28034	,28011	,27987	,27964	,27940	,27917	,27893	,27869	,27846	,27822
0,85	,27798	,27775	,27751	,27728	,27704	,27680	,27657	,27633	,27609	,27586
0,86	,27562	,27538	,27514	,27491	,27467	,27443	,27419	,27396	,27372	,27348
0,87	,27324	,27301	,27277	,27253	,27229	,27205	,27182	,27158	,27134	,27110
0,88	,27086	,27063	,27039	,27015	,26991	,26967	,26943	,26919	,26896	,26872
0,89	,26848	,26824	,26800	,26776	,26752	,26728	,26704	,26680	,26656	,26632
0,90	,26609	,26585	,26561	,26537	,26513	,26489	,26465	,26441	,26417	,26393
0,91	,26369	,26345	,26321	,26297	,26273	,26249	,26225	,26201	,26177	,26153
0,92	,26129	,26105	,26081	,26056	,26032	,26008	,25984	,25960	,25936	,25912
0,93	,25888	,25864	,25840	,25816	,25792	,25768	,25744	,25719	,25695	,25671
0,94	,25647	,25623	,25599	,25575	,25551	,25527	,25502	,25478	,25454	,25430
0,95	,25406	,25382	,25358	,25333	,25309	,25285	,25261	,25237	,25213	,25189
0,96	,25164	,25140	,25116	,25092	,25068	,25044	,25019	,24995	,24971	,24947
0,97	,24923	,24899	,24874	,24850	,24826	,24802	,24778	,24754	,24729	,24705
0,98	,24681	,24657	,24633	,24608	,24584	,24560	,24536	,24512	,24487	,24463
0,99	,24439	,24415	,24391	,24366	,24342	,24318	,24294	,24270	,24245	,24221
1,00	,24197	,24173	,24149	,24124	,24100	,24076	,24052	,24028	,24003	,23979
1,01	,23955	,23931	,23907	,23883	,23858	,23834	,23810	,23786	,23762	,23737
1,02	,23713	,23689	,23665	,23641	,23616	,23592	,23568	,23544	,23520	,23496
1,03	,23471	,23447	,23423	,23399	,23375	,23351	,23326	,23302	,23278	,23254
1,04	,23230	,23206	,23181	,23157	,23133	,23109	,23085	,23061	,23036	,23012
1,05	,22988	,22964	,22940	,22916	,22892	,22868	,22843	,22819	,22795	,22771
1,06	,22747	,22723	,22699	,22675	,22651	,22626	,22602	,22578	,22554	,22530
1,07	,22506	,22482	,22458	,22434	,22410	,22386	,22362	,22338	,22313	,22289
1,08	,22265	,22241	,22217	,22193	,22169	,22145	,22121	,22097	,22073	,22049
1,09	,22025	,22001	,21977	,21953	,21929	,21905	,21881	,21857	,21833	,21809

Standardnormalverteilung – Wahrscheinlichkeitsdichtefunktion

z	0,000	0,001	0,002	0,003	0,004	0,005	0,006	0,007	0,008	0,009
1,10	,21785	,21761	,21737	,21713	,21689	,21665	,21642	,21618	,21594	,21570
1,11	,21546	,21522	,21498	,21474	,21450	,21426	,21402	,21379	,21355	,21331
1,12	,21307	,21283	,21259	,21235	,21212	,21188	,21164	,21140	,21116	,21092
1,13	,21069	,21045	,21021	,20997	,20973	,20950	,20926	,20902	,20878	,20855
1,14	,20831	,20807	,20783	,20760	,20736	,20712	,20688	,20665	,20641	,20617
1,15	,20594	,20570	,20546	,20523	,20499	,20475	,20452	,20428	,20404	,20381
1,16	,20357	,20334	,20310	,20286	,20263	,20239	,20216	,20192	,20168	,20145
1,17	,20121	,20098	,20074	,20051	,20027	,20004	,19980	,19957	,19933	,19910
1,18	,19886	,19863	,19839	,19816	,19793	,19769	,19746	,19722	,19699	,19675
1,19	,19652	,19629	,19605	,19582	,19559	,19535	,19512	,19489	,19465	,19442
1,20	,19419	,19395	,19372	,19349	,19325	,19302	,19279	,19256	,19232	,19209
1,21	,19186	,19163	,19140	,19116	,19093	,19070	,19047	,19024	,19001	,18977
1,22	,18954	,18931	,18908	,18885	,18862	,18839	,18816	,18793	,18770	,18747
1,23	,18724	,18701	,18678	,18654	,18631	,18609	,18586	,18563	,18540	,18517
1,24	,18494	,18471	,18448	,18425	,18402	,18379	,18356	,18333	,18311	,18288
1,25	,18265	,18242	,18219	,18196	,18174	,18151	,18128	,18105	,18083	,18060
1,26	,18037	,18014	,17992	,17969	,17946	,17924	,17901	,17878	,17856	,17833
1,27	,17810	,17788	,17765	,17743	,17720	,17697	,17675	,17652	,17630	,17607
1,28	,17585	,17562	,17540	,17517	,17495	,17472	,17450	,17427	,17405	,17383
1,29	,17360	,17338	,17315	,17293	,17271	,17248	,17226	,17204	,17181	,17159
1,30	,17137	,17115	,17092	,17070	,17048	,17026	,17003	,16981	,16959	,16937
1,31	,16915	,16893	,16870	,16848	,16826	,16804	,16782	,16760	,16738	,16716
1,32	,16694	,16672	,16650	,16628	,16606	,16584	,16562	,16540	,16518	,16496
1,33	,16474	,16452	,16430	,16408	,16386	,16365	,16343	,16321	,16299	,16277
1,34	,16256	,16234	,16212	,16190	,16168	,16147	,16125	,16103	,16082	,16060
1,35	,16038	,16017	,15995	,15973	,15952	,15930	,15909	,15887	,15866	,15844
1,36	,15822	,15801	,15779	,15758	,15737	,15715	,15694	,15672	,15651	,15629
1,37	,15608	,15587	,15565	,15544	,15523	,15501	,15480	,15459	,15437	,15416
1,38	,15395	,15374	,15352	,15331	,15310	,15289	,15268	,15246	,15225	,15204
1,39	,15183	,15162	,15141	,15120	,15099	,15078	,15057	,15036	,15015	,14994
1,40	,14973	,14952	,14931	,14910	,14889	,14868	,14847	,14826	,14806	,14785
1,41	,14764	,14743	,14722	,14701	,14681	,14660	,14639	,14618	,14598	,14577
1,42	,14556	,14536	,14515	,14494	,14474	,14453	,14433	,14412	,14392	,14371
1,43	,14350	,14330	,14309	,14289	,14268	,14248	,14228	,14207	,14187	,14166
1,44	,14146	,14126	,14105	,14085	,14065	,14044	,14024	,14004	,13984	,13963
1,45	,13943	,13923	,13903	,13882	,13862	,13842	,13822	,13802	,13782	,13762
1,46	,13742	,13722	,13702	,13682	,13662	,13642	,13622	,13602	,13582	,13562
1,47	,13542	,13522	,13502	,13482	,13462	,13442	,13423	,13403	,13383	,13363
1,48	,13344	,13324	,13304	,13284	,13265	,13245	,13225	,13206	,13186	,13166
1,49	,13147	,13127	,13108	,13088	,13069	,13049	,13030	,13010	,12991	,12971

Standardnormalverteilung – Wahrscheinlichkeitsdichtefunktion

z	0,000	0,001	0,002	0,003	0,004	0,005	0,006	0,007	0,008	0,009
1,50	,12952	,12932	,12913	,12894	,12874	,12855	,12835	,12816	,12797	,12778
1,51	,12758	,12739	,12720	,12701	,12681	,12662	,12643	,12624	,12605	,12586
1,52	,12566	,12547	,12528	,12509	,12490	,12471	,12452	,12433	,12414	,12395
1,53	,12376	,12357	,12338	,12320	,12301	,12282	,12263	,12244	,12225	,12207
1,54	,12188	,12169	,12150	,12132	,12113	,12094	,12075	,12057	,12038	,12020
1,55	,12001	,11982	,11964	,11945	,11927	,11908	,11890	,11871	,11853	,11834
1,56	,11816	,11797	,11779	,11761	,11742	,11724	,11705	,11687	,11669	,11651
1,57	,11632	,11614	,11596	,11578	,11559	,11541	,11523	,11505	,11487	,11469
1,58	,11450	,11432	,11414	,11396	,11378	,11360	,11342	,11324	,11306	,11288
1,59	,11270	,11253	,11235	,11217	,11199	,11181	,11163	,11145	,11128	,11110
1,60	,11092	,11074	,11057	,11039	,11021	,11004	,10986	,10968	,10951	,10933
1,61	,10915	,10898	,10880	,10863	,10845	,10828	,10810	,10793	,10775	,10758
1,62	,10741	,10723	,10706	,10688	,10671	,10654	,10637	,10619	,10602	,10585
1,63	,10567	,10550	,10533	,10516	,10499	,10482	,10464	,10447	,10430	,10413
1,64	,10396	,10379	,10362	,10345	,10328	,10311	,10294	,10277	,10260	,10243
1,65	,10226	,10210	,10193	,10176	,10159	,10142	,10126	,10109	,10092	,10075
1,66	,10059	,10042	,10025	,10009	,09992	,09975	,09959	,09942	,09926	,09909
1,67	,09893	,09876	,09860	,09843	,09827	,09810	,09794	,09777	,09761	,09745
1,68	,09728	,09712	,09696	,09679	,09663	,09647	,09630	,09614	,09598	,09582
1,69	,09566	,09550	,09533	,09517	,09501	,09485	,09469	,09453	,09437	,09421
1,70	,09405	,09389	,09373	,09357	,09341	,09325	,09309	,09293	,09278	,09262
1,71	,09246	,09230	,09214	,09199	,09183	,09167	,09151	,09136	,09120	,09104
1,72	,09089	,09073	,09057	,09042	,09026	,09011	,08995	,08980	,08964	,08949
1,73	,08933	,08918	,08902	,08887	,08872	,08856	,08841	,08826	,08810	,08795
1,74	,08780	,08764	,08749	,08734	,08719	,08703	,08688	,08673	,08658	,08643
1,75	,08628	,08613	,08598	,08583	,08567	,08552	,08537	,08522	,08508	,08493
1,76	,08478	,08463	,08448	,08433	,08418	,08403	,08388	,08374	,08359	,08344
1,77	,08329	,08315	,08300	,08285	,08270	,08256	,08241	,08227	,08212	,08197
1,78	,08183	,08168	,08154	,08139	,08125	,08110	,08096	,08081	,08067	,08052
1,79	,08038	,08024	,08009	,07995	,07981	,07966	,07952	,07938	,07923	,07909
1,80	,07895	,07881	,07867	,07852	,07838	,07824	,07810	,07796	,07782	,07768
1,81	,07754	,07740	,07726	,07712	,07698	,07684	,07670	,07656	,07642	,07628
1,82	,07614	,07600	,07587	,07573	,07559	,07545	,07531	,07518	,07504	,07490
1,83	,07477	,07463	,07449	,07436	,07422	,07408	,07395	,07381	,07368	,07354
1,84	,07341	,07327	,07314	,07300	,07287	,07273	,07260	,07247	,07233	,07220
1,85	,07206	,07193	,07180	,07167	,07153	,07140	,07127	,07114	,07100	,07087
1,86	,07074	,07061	,07048	,07035	,07022	,07008	,06995	,06982	,06969	,06956
1,87	,06943	,06930	,06917	,06904	,06892	,06879	,06866	,06853	,06840	,06827
1,88	,06814	,06802	,06789	,06776	,06763	,06751	,06738	,06725	,06712	,06700
1,89	,06687	,06674	,06662	,06649	,06637	,06624	,06612	,06599	,06587	,06574

Standardnormalverteilung – Wahrscheinlichkeitsdichtefunktion

z	0,000	0,001	0,002	0,003	0,004	0,005	0,006	0,007	0,008	0,009
1,90	,06562	,06549	,06537	,06524	,06512	,06499	,06487	,06475	,06462	,06450
1,91	,06438	,06425	,06413	,06401	,06389	,06376	,06364	,06352	,06340	,06328
1,92	,06316	,06304	,06291	,06279	,06267	,06255	,06243	,06231	,06219	,06207
1,93	,06195	,06183	,06171	,06159	,06148	,06136	,06124	,06112	,06100	,06088
1,94	,06077	,06065	,06053	,06041	,06029	,06018	,06006	,05994	,05983	,05971
1,95	,05959	,05948	,05936	,05925	,05913	,05902	,05890	,05879	,05867	,05856
1,96	,05844	,05833	,05821	,05810	,05798	,05787	,05776	,05764	,05753	,05742
1,97	,05730	,05719	,05708	,05697	,05685	,05674	,05663	,05652	,05641	,05629
1,98	,05618	,05607	,05596	,05585	,05574	,05563	,05552	,05541	,05530	,05519
1,99	,05508	,05497	,05486	,05475	,05464	,05453	,05442	,05432	,05421	,05410
2,00	,05399	,05388	,05378	,05367	,05356	,05345	,05335	,05324	,05313	,05303
2,01	,05292	,05281	,05271	,05260	,05250	,05239	,05228	,05218	,05207	,05197
2,02	,05186	,05176	,05165	,05155	,05145	,05134	,05124	,05113	,05103	,05093
2,03	,05082	,05072	,05062	,05052	,05041	,05031	,05021	,05011	,05000	,04990
2,04	,04980	,04970	,04960	,04950	,04939	,04929	,04919	,04909	,04899	,04889
2,05	,04879	,04869	,04859	,04849	,04839	,04829	,04819	,04810	,04800	,04790
2,06	,04780	,04770	,04760	,04750	,04741	,04731	,04721	,04711	,04702	,04692
2,07	,04682	,04673	,04663	,04653	,04644	,04634	,04624	,04615	,04605	,04596
2,08	,04586	,04577	,04567	,04558	,04548	,04539	,04529	,04520	,04510	,04501
2,09	,04491	,04482	,04473	,04463	,04454	,04445	,04435	,04426	,04417	,04408
2,10	,04398	,04389	,04380	,04371	,04362	,04352	,04343	,04334	,04325	,04316
2,11	,04307	,04298	,04289	,04280	,04271	,04261	,04252	,04243	,04235	,04226
2,12	,04217	,04208	,04199	,04190	,04181	,04172	,04163	,04154	,04146	,04137
2,13	,04128	,04119	,04110	,04102	,04093	,04084	,04075	,04067	,04058	,04049
2,14	,04041	,04032	,04023	,04015	,04006	,03998	,03989	,03981	,03972	,03964
2,15	,03955	,03947	,03938	,03930	,03921	,03913	,03904	,03896	,03887	,03879
2,16	,03871	,03862	,03854	,03846	,03837	,03829	,03821	,03813	,03804	,03796
2,17	,03788	,03780	,03771	,03763	,03755	,03747	,03739	,03731	,03722	,03714
2,18	,03706	,03698	,03690	,03682	,03674	,03666	,03658	,03650	,03642	,03634
2,19	,03626	,03618	,03610	,03602	,03595	,03587	,03579	,03571	,03563	,03555
2,20	,03547	,03540	,03532	,03524	,03516	,03509	,03501	,03493	,03485	,03478
2,21	,03470	,03462	,03455	,03447	,03440	,03432	,03424	,03417	,03409	,03402
2,22	,03394	,03387	,03379	,03372	,03364	,03357	,03349	,03342	,03334	,03327
2,23	,03319	,03312	,03305	,03297	,03290	,03283	,03275	,03268	,03261	,03253
2,24	,03246	,03239	,03232	,03224	,03217	,03210	,03203	,03195	,03188	,03181
2,25	,03174	,03167	,03160	,03153	,03146	,03138	,03131	,03124	,03117	,03110
2,26	,03103	,03096	,03089	,03082	,03075	,03068	,03061	,03054	,03047	,03041
2,27	,03034	,03027	,03020	,03013	,03006	,02999	,02993	,02986	,02979	,02972
2,28	,02965	,02959	,02952	,02945	,02939	,02932	,02925	,02918	,02912	,02905
2,29	,02898	,02892	,02885	,02879	,02872	,02865	,02859	,02852	,02846	,02839

Standardnormalverteilung – Wahrscheinlichkeitsdichtefunktion

z	0,000	0,001	0,002	0,003	0,004	0,005	0,006	0,007	0,008	0,009
2,30	,02833	,02826	,02820	,02813	,02807	,02800	,02794	,02787	,02781	,02775
2,31	,02768	,02762	,02755	,02749	,02743	,02736	,02730	,02724	,02717	,02711
2,32	0,02705	,02699	,02692	,02686	,02680	,02674	,02667	,02661	,02655	,02649
2,33	,02643	,02636	,02630	,02624	,02618	,02612	,02606	,02600	,02594	,02588
2,34	,02582	,02576	,02570	,02564	,02558	,02552	,02546	,02540	,02534	,02528
2,35	,02522	0,02516	,02510	,02504	,02498	,02492	,02486	,02481	,02475	,02469
2,36	,02463	,02457	,02452	,02446	,02440	,02434	,02428	,02423	,02417	,02411
2,37	,02406	,02400	,02394	,02389	,02383	,02377	,02372	,02366	,02360	,02355
2,38	,02349	,02344	,02338	,02332	,02327	,02321	,02316	,02310	,02305	,02299
2,39	,02294	,02288	,02283	,02277	,02272	,02266	,02261	,02256	,02250	,02245
2,40	,02239	,02234	,02229	,02223	,02218	,02213	,02207	,02202	,02197	,02192
2,41	,02186	,02181	,02176	,02170	,02165	,02160	,02155	,02150	,02144	,02139
2,42	,02134	,02129	,02124	,02119	,02113	,02108	,02103	,02098	,02093	,02088
2,43	,02083	,02078	,02073	,02068	,02063	,02058	,02053	,02048	,02043	,02038
2,44	,02033	,02028	,02023	,02018	,02013	,02008	,02003	,01998	,01993	,01989
2,45	,01984	,01979	,01974	,01969	,01964	,01960	,01955	,01950	,01945	,01940
2,46	,01936	,01931	,01926	,01921	,01917	,01912	,01907	,01903	,01898	,01893
2,47	,01888	,01884	,01879	,01875	,01870	,01865	,01861	,01856	,01851	,01847
2,48	,01842	,01838	,01833	,01829	,01824	,01820	,01815	,01811	,01806	,01802
2,49	,01797	,01793	,01788	,01784	,01779	,01775	,01770	,01766	,01762	,01757

A Statistische Tabellen

Standardnormalverteilung – Wahrscheinlichkeitsdichtefunktion

z	0,00	0,01	0,02	0,03	0,04	0,05	0,06	0,07	0,08	0,09
2,5	,01753	,01709	,01667	,01625	,01585	,01545	,01506	,01468	,01431	,01394
2,6	,01358	,01323	,01289	,01256	,01223	,01191	,01160	,01130	,01100	,01071
2,7	,01042	,01014	,00987	,00961	,00935	,00909	,00885	,00861	,00837	,00814
2,8	,00792	,00770	,00748	,00727	,00707	,00687	,00668	,00649	,00631	,00613
2,9	,00595	,00578	,00562	,00545	,00530	,00514	,00499	,00485	,00470	,00457
3,0	,00443	,00430	,00417	,00405	,00393	,00381	,00370	,00358	,00348	,00337
3,1	,00327	,00317	,00307	,00298	,00288	,00279	,00271	,00262	,00254	,00246
3,2	,00238	,00231	,00224	,00216	,00210	,00203	,00196	,00190	,00184	,00178
3,3	,00172	,00167	,00161	,00156	,00151	,00146	,00141	,00136	,00132	,00127
3,4	,00123	,00119	,00115	,00111	,00107	,00104	,00100	,00097	,00094	,00090
3,5	,00087	,00084	,00081	,00079	,00076	,00073	,00071	,00068	,00066	,00063
3,6	,00061	,00059	,00057	,00055	,00053	,00051	,00049	,00047	,00046	,00044
3,7	,00042	,00041	,00039	,00038	,00037	,00035	,00034	,00033	,00031	,00030
3,8	,00029	,00028	,00027	,00026	,00025	,00024	,00023	,00022	,00021	,00021
3,9	,00020	,00019	,00018	,00018	,00017	,00016	,00016	,00015	,00014	,00014

Standardnormalverteilung – Verteilungsfunktion

$$F_N(z) = \int_{-\infty}^{z} \frac{1}{\sqrt{2\pi}} e^{-\frac{v^2}{2}} \, dv$$

mit $\pi = 3{,}14159...$
$e = 2{,}71828...$

Es gilt: $F_N(-z) = 1 - F_N(z)$
$-\infty < z < +\infty$

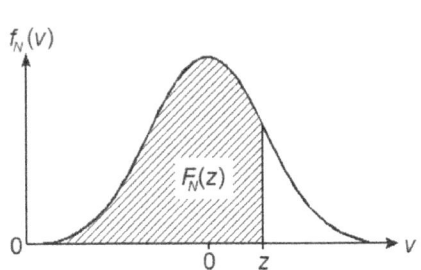

z	0,000	0,001	0,002	0,003	0,004	0,005	0,006	0,007	0,008	0,009
0,00	,5000	,5004	,5008	,5012	,5016	,5020	,5024	,5028	,5032	,5036
0,01	,5040	,5044	,5048	,5052	,5056	,5060	,5064	,5068	,5072	,5076
0,02	,5080	,5084	,5088	,5092	,5096	,5100	,5104	,5108	,5112	,5116
0,03	,5120	,5124	,5128	,5132	,5136	,5140	,5144	,5148	,5152	,5156
0,04	,5160	,5164	,5168	,5171	,5175	,5179	,5183	,5187	,5191	,5195
0,05	,5199	,5203	,5207	,5211	,5215	,5219	,5223	,5227	,5231	,5235
0,06	,5239	,5243	,5247	,5251	,5255	,5259	,5263	,5267	,5271	,5275
0,07	,5279	,5283	,5287	,5291	,5295	,5299	,5303	,5307	,5311	,5315
0,08	,5319	,5323	,5327	,5331	,5335	,5339	,5343	,5347	,5351	,5355
0,09	,5359	,5363	,5367	,5370	,5374	,5378	,5382	,5386	,5390	,5394
0,10	,5398	,5402	,5406	,5410	,5414	,5418	,5422	,5426	,5430	,5434
0,11	,5438	,5442	,5446	,5450	,5454	,5458	,5462	,5466	,5470	,5474
0,12	,5478	,5482	,5486	,5489	,5493	,5497	,5501	,5505	,5509	,5513
0,13	,5517	,5521	,5525	,5529	,5533	,5537	,5541	,5545	,5549	,5553
0,14	,5557	,5561	,5565	,5569	,5572	,5576	,5580	,5584	,5588	,5592
0,15	,5596	,5600	,5604	,5608	,5612	,5616	,5620	,5624	,5628	,5632
0,16	,5636	,5640	,5643	,5647	,5651	,5655	,5659	,5663	,5667	,5671
0,17	,5675	,5679	,5683	,5687	,5691	,5695	,5699	,5702	,5706	,5710
0,18	,5714	,5718	,5722	,5726	,5730	,5734	,5738	,5742	,5746	,5750
0,19	,5753	,5757	,5761	,5765	,5769	,5773	,5777	,5781	,5785	,5789
0,20	,5793	,5797	,5800	,5804	,5808	,5812	,5816	,5820	,5824	,5828
0,21	,5832	,5836	,5839	,5843	,5847	,5851	,5855	,5859	,5863	,5867
0,22	,5871	,5875	,5878	,5882	,5886	,5890	,5894	,5898	,5902	,5906
0,23	,5910	,5913	,5917	,5921	,5925	,5929	,5933	,5937	,5941	,5944
0,24	,5948	,5952	,5956	,5960	,5964	,5968	,5972	,5975	,5979	,5983
0,25	,5987	,5991	,5995	,5999	,6003	,6006	,6010	,6014	,6018	,6022
0,26	,6026	,6030	,6033	,6037	,6041	,6045	,6049	,6053	,6057	,6060
0,27	,6064	,6068	,6072	,6076	,6080	,6083	,6087	,6091	,6095	,6099
0,28	,6103	,6106	,6110	,6114	,6118	,6122	,6126	,6129	,6133	,6137
0,29	,6141	,6145	,6149	,6152	,6156	,6160	,6164	,6168	,6171	,6175

A Statistische Tabellen

Standardnormalverteilung – Verteilungsfunktion

z	0,000	0,001	0,002	0,003	0,004	0,005	0,006	0,007	0,008	0,009
0,30	,6179	,6183	,6187	,6191	,6194	,6198	,6202	,6206	,6210	,6213
0,31	,6217	,6221	,6225	,6229	,6232	,6236	,6240	,6244	,6248	,6251
0,32	,6255	,6259	,6263	,6267	,6270	,6274	,6278	,6282	,6285	,6289
0,33	,6293	,6297	,6301	,6304	,6308	,6312	,6316	,6319	,6323	,6327
0,34	,6331	,6334	,6338	,6342	,6346	,6350	,6353	,6357	,6361	,6365
0,35	,6368	,6372	,6376	,6380	,6383	,6387	,6391	,6395	,6398	,6402
0,36	,6406	,6410	,6413	,6417	,6421	,6424	,6428	,6432	,6436	,6439
0,37	,6443	,6447	,6451	,6454	,6458	,6462	,6465	,6469	,6473	,6477
0,38	,6480	,6484	,6488	,6491	,6495	,6499	,6503	,6506	,6510	,6514
0,39	,6517	,6521	,6525	,6528	,6532	,6536	,6539	,6543	,6547	,6551
0,40	,6554	,6558	,6562	,6565	,6569	,6573	,6576	,6580	,6584	,6587
0,41	,6591	,6595	,6598	,6602	,6606	,6609	,6613	,6617	,6620	,6624
0,42	,6628	,6631	,6635	,6639	,6642	,6646	,6649	,6653	,6657	,6660
0,43	,6664	,6668	,6671	,6675	,6679	,6682	,6686	,6689	,6693	,6697
0,44	,6700	,6704	,6708	,6711	,6715	,6718	,6722	,6726	,6729	,6733
0,45	,6736	,6740	,6744	,6747	,6751	,6754	,6758	,6762	,6765	,6769
0,46	,6772	,6776	,6780	,6783	,6787	,6790	,6794	,6798	,6801	,6805
0,47	,6808	,6812	,6815	,6819	,6823	,6826	,6830	,6833	,6837	,6840
0,48	,6844	,6847	,6851	,6855	,6858	,6862	,6865	,6869	,6872	,6876
0,49	,6879	,6883	,6886	,6890	,6893	,6897	,6901	,6904	,6908	,6911
0,50	,6915	,6918	,6922	,6925	,6929	,6932	,6936	,6939	,6943	,6946
0,51	,6950	,6953	,6957	,6960	,6964	,6967	,6971	,6974	,6978	,6981
0,52	,6985	,6988	,6992	,6995	,6999	,7002	,7006	,7009	,7013	,7016
0,53	,7019	,7023	,7026	,7030	,7033	,7037	,7040	,7044	,7047	,7051
0,54	,7054	,7057	,7061	,7064	,7068	,7071	,7075	,7078	,7082	,7085
0,55	,7088	,7092	,7095	,7099	,7102	,7106	,7109	,7112	,7116	,7119
0,56	,7123	,7126	,7129	,7133	,7136	,7140	,7143	,7146	,7150	,7153
0,57	,7157	,7160	,7163	,7167	,7170	,7174	,7177	,7180	,7184	,7187
0,58	,7190	,7194	,7197	,7201	,7204	,7207	,7211	,7214	,7217	,7221
0,59	,7224	,7227	,7231	,7234	,7237	,7241	,7244	,7247	,7251	,7254
0,60	,7257	,7261	,7264	,7267	,7271	,7274	,7277	,7281	,7284	,7287
0,61	,7291	,7294	,7297	,7301	,7304	,7307	,7311	,7314	,7317	,7320
0,62	,7324	,7327	,7330	,7334	,7337	,7340	,7343	,7347	,7350	,7353
0,63	,7357	,7360	,7363	,7366	,7370	,7373	,7376	,7379	,7383	,7386
0,64	,7389	,7392	,7396	,7399	,7402	,7405	,7409	,7412	,7415	,7418
0,65	,7422	,7425	,7428	,7431	,7434	,7438	,7441	,7444	,7447	,7451
0,66	,7454	,7457	,7460	,7463	,7467	,7470	,7473	,7476	,7479	,7483
0,67	,7486	,7489	,7492	,7495	,7498	,7502	,7505	,7508	,7511	,7514
0,68	,7517	,7521	,7524	,7527	,7530	,7533	,7536	,7540	,7543	,7546
0,69	,7549	,7552	,7555	,7558	,7562	,7565	,7568	,7571	,7574	,7577

Standardnormalverteilung – Verteilungsfunktion

z	0,000	0,001	0,002	0,003	0,004	0,005	0,006	0,007	0,008	0,009
0,70	,7580	,7583	,7587	,7590	,7593	,7596	,7599	,7602	,7605	,7608
0,71	,7611	,7615	,7618	,7621	,7624	,7627	,7630	,7633	,7636	,7639
0,72	,7642	,7645	,7649	,7652	,7655	,7658	,7661	,7664	,7667	,7670
0,73	,7673	,7676	,7679	,7682	,7685	,7688	,7691	,7694	,7697	,7700
0,74	,7704	,7707	,7710	,7713	,7716	,7719	,7722	,7725	,7728	,7731
0,75	,7734	,7737	,7740	,7743	,7746	,7749	,7752	,7755	,7758	,7761
0,76	,7764	,7767	,7770	,7773	,7776	,7779	,7782	,7785	,7788	,7791
0,77	,7794	,7796	,7799	,7802	,7805	,7808	,7811	,7814	,7817	,7820
0,78	,7823	,7826	,7829	,7832	,7835	,7838	,7841	,7844	,7847	,7849
0,79	,7852	,7855	,7858	,7861	,7864	,7867	,7870	,7873	,7876	,7879
0,80	,7881	,7884	,7887	,7890	,7893	,7896	,7899	,7902	,7905	,7907
0,81	,7910	,7913	,7916	,7919	,7922	,7925	,7927	,7930	,7933	,7936
0,82	,7939	,7942	,7945	,7947	,7950	,7953	,7956	,7959	,7962	,7964
0,83	,7967	,7970	,7973	,7976	,7979	,7981	,7984	,7987	,7990	,7993
0,84	,7995	,7998	,8001	,8004	,8007	,8009	,8012	,8015	,8018	,8021
0,85	,8023	,8026	,8029	,8032	,8034	,8037	,8040	,8043	,8046	,8048
0,86	,8051	,8054	,8057	,8059	,8062	,8065	,8068	,8070	,8073	,8076
0,87	,8078	,8081	,8084	,8087	,8089	,8092	,8095	,8098	,8100	,8103
0,88	,8106	,8108	,8111	,8114	,8117	,8119	,8122	,8125	,8127	,8130
0,89	,8133	,8135	,8138	,8141	,8143	,8146	,8149	,8151	,8154	,8157
0,90	,8159	,8162	,8165	,8167	,8170	,8173	,8175	,8178	,8181	,8183
0,91	,8186	,8189	,8191	,8194	,8196	,8199	,8202	,8204	,8207	,8210
0,92	,8212	,8215	,8217	,8220	,8223	,8225	,8228	,8230	,8233	,8236
0,93	,8238	,8241	,8243	,8246	,8248	,8251	,8254	,8256	,8259	,8261
0,94	,8264	,8266	,8269	,8272	,8274	,8277	,8279	,8282	,8284	,8287
0,95	,8289	,8292	,8295	,8297	,8300	,8302	,8305	,8307	,8310	,8312
0,96	,8315	,8317	,8320	,8322	,8325	,8327	,8330	,8332	,8335	,8337
0,97	,8340	,8342	,8345	,8347	,8350	,8352	,8355	,8357	,8360	,8362
0,98	,8365	,8367	,8370	,8372	,8374	,8377	,8379	,8382	,8384	,8387
0,99	,8389	,8392	,8394	,8396	,8399	,8401	,8404	,8406	,8409	,8411
1,00	,8413	,8416	,8418	,8421	,8423	,8426	,8428	,8430	,8433	,8435
1,01	,8438	,8440	,8442	,8445	,8447	,8449	,8452	,8454	,8457	,8459
1,02	,8461	,8464	,8466	,8468	,8471	,8473	,8476	,8478	,8480	,8483
1,03	,8485	,8487	,8490	,8492	,8494	,8497	,8499	,8501	,8504	,8506
1,04	,8508	,8511	,8513	,8515	,8518	,8520	,8522	,8525	,8527	,8529
1,05	,8531	,8534	,8536	,8538	,8541	,8543	,8545	,8547	,8550	,8552
1,06	,8554	,8557	,8559	,8561	,8563	,8566	,8568	,8570	,8572	,8575
1,07	,8577	,8579	,8581	,8584	,8586	,8588	,8590	,8593	,8595	,8597
1,08	,8599	,8602	,8604	,8606	,8608	,8610	,8613	,8615	,8617	,8619
1,09	,8621	,8624	,8626	,8628	,8630	,8632	,8635	,8637	,8639	,8641

A Statistische Tabellen

Standardnormalverteilung – Verteilungsfunktion

z	0,000	0,001	0,002	0,003	0,004	0,005	0,006	0,007	0,008	0,009
1,10	,8643	,8646	,8648	,8650	,8652	,8654	,8656	,8659	,8661	,8663
1,11	,8665	,8667	,8669	,8671	,8674	,8676	,8678	,8680	,8682	,8684
1,12	,8686	,8689	,8691	,8693	,8695	,8697	,8699	,8701	,8703	,8706
1,13	,8708	,8710	,8712	,8714	,8716	,8718	,8720	,8722	,8724	,8726
1,14	,8729	,8731	,8733	,8735	,8737	,8739	,8741	,8743	,8745	,8747
1,15	,8749	,8751	,8753	,8755	,8757	,8760	,8762	,8764	,8766	,8768
1,16	,8770	,8772	,8774	,8776	,8778	,8780	,8782	,8784	,8786	,8788
1,17	,8790	,8792	,8794	,8796	,8798	,8800	,8802	,8804	,8806	,8808
1,18	,8810	,8812	,8814	,8816	,8818	,8820	,8822	,8824	,8826	,8828
1,19	,8830	,8832	,8834	,8836	,8838	,8840	,8842	,8843	,8845	,8847
1,20	,8849	,8851	,8853	,8855	,8857	,8859	,8861	,8863	,8865	,8867
1,21	,8869	,8871	,8872	,8874	,8876	,8878	,8880	,8882	,8884	,8886
1,22	,8888	,8890	,8891	,8893	,8895	,8897	,8899	,8901	,8903	,8905
1,23	,8907	,8908	,8910	,8912	,8914	,8916	,8918	,8920	,8921	,8923
1,24	,8925	,8927	,8929	,8931	,8933	,8934	,8936	,8938	,8940	,8942
1,25	,8944	,8945	,8947	,8949	,8951	,8953	,8954	,8956	,8958	,8960
1,26	,8962	,8963	,8965	,8967	,8969	,8971	,8972	,8974	,8976	,8978
1,27	,8980	,8981	,8983	,8985	,8987	,8988	,8990	,8992	,8994	,8996
1,28	,8997	,8999	,9001	,9003	,9004	,9006	,9008	,9010	,9011	,9013
1,29	,9015	,9016	,9018	,9020	,9022	,9023	,9025	,9027	,9029	,9030
1,30	,9032	,9034	,9035	,9037	,9039	,9041	,9042	,9044	,9046	,9047
1,31	,9049	,9051	,9052	,9054	,9056	,9057	,9059	,9061	,9062	,9064
1,32	,9066	,9067	,9069	,9071	,9072	,9074	,9076	,9077	,9079	,9081
1,33	,9082	,9084	,9086	,9087	,9089	,9091	,9092	,9094	,9096	,9097
1,34	,9099	,9100	,9102	,9104	,9105	,9107	,9108	,9110	,9112	,9113
1,35	,9115	,9117	,9118	,9120	,9121	,9123	,9125	,9126	,9128	,9129
1,36	,9131	,9132	,9134	,9136	,9137	,9139	,9140	,9142	,9143	,9145
1,37	,9147	,9148	,9150	,9151	,9153	,9154	,9156	,9157	,9159	,9161
1,38	,9162	,9164	,9165	,9167	,9168	,9170	,9171	,9173	,9174	,9176
1,39	,9177	,9179	,9180	,9182	,9183	,9185	,9186	,9188	,9189	,9191
1,40	,9192	,9194	,9195	,9197	,9198	,9200	,9201	,9203	,9204	,9206
1,41	,9207	,9209	,9210	,9212	,9213	,9215	,9216	,9218	,9219	,9221
1,42	,9222	,9223	,9225	,9226	,9228	,9229	,9231	,9232	,9234	,9235
1,43	,9236	,9238	,9239	,9241	,9242	,9244	,9245	,9246	,9248	,9249
1,44	,9251	,9252	,9253	,9255	,9256	,9258	,9259	,9261	,9262	,9263
1,45	,9265	,9266	,9267	,9269	,9270	,9272	,9273	,9274	,9276	,9277
1,46	,9279	,9280	,9281	,9283	,9284	,9285	,9287	,9288	,9289	,9291
1,47	,9292	,9294	,9295	,9296	,9298	,9299	,9300	,9302	,9303	,9304
1,48	,9306	,9307	,9308	,9310	,9311	,9312	,9314	,9315	,9316	,9318
1,49	,9319	,9320	,9322	,9323	,9324	,9325	,9327	,9328	,9329	,9331

Standardnormalverteilung – Verteilungsfunktion

z	0,000	0,001	0,002	0,003	0,004	0,005	0,006	0,007	0,008	0,009
1,50	,9332	,9333	,9335	,9336	,9337	,9338	,9340	,9341	,9342	,9344
1,51	,9345	,9346	,9347	,9349	,9350	,9351	,9352	,9354	,9355	,9356
1,52	,9357	,9359	,9360	,9361	,9362	,9364	,9365	,9366	,9367	,9369
1,53	,9370	,9371	,9372	,9374	,9375	,9376	,9377	,9379	,9380	,9381
1,54	,9382	,9383	,9385	,9386	,9387	,9388	,9389	,9391	,9392	,9393
1,55	,9394	,9395	,9397	,9398	,9399	,9400	,9401	,9403	,9404	,9405
1,56	,9406	,9407	,9409	,9410	,9411	,9412	,9413	,9414	,9416	,9417
1,57	,9418	,9419	,9420	,9421	,9423	,9424	,9425	,9426	,9427	,9428
1,58	,9429	,9431	,9432	,9433	,9434	,9435	,9436	,9437	,9439	,9440
1,59	,9441	,9442	,9443	,9444	,9445	,9446	,9448	,9449	,9450	,9451
1,60	,9452	,9453	,9454	,9455	,9456	,9458	,9459	,9460	,9461	,9462
1,61	,9463	,9464	,9465	,9466	,9467	,9468	,9470	,9471	,9472	,9473
1,62	,9474	,9475	,9476	,9477	,9478	,9479	,9480	,9481	,9482	,9483
1,63	,9484	,9486	,9487	,9488	,9489	,9490	,9491	,9492	,9493	,9494
1,64	,9495	,9496	,9497	,9498	,9499	,9500	,9501	,9502	,9503	,9504
1,65	,9505	,9506	,9507	,9508	,9509	,9510	,9511	,9512	,9513	,9514
1,66	,9515	,9516	,9517	,9518	,9519	,9520	,9521	,9522	,9523	,9524
1,67	,9525	,9526	,9527	,9528	,9529	,9530	,9531	,9532	,9533	,9534
1,68	,9535	,9536	,9537	,9538	,9539	,9540	,9541	,9542	,9543	,9544
1,69	,9545	,9546	,9547	,9548	,9549	,9550	,9551	,9552	,9552	,9553
1,70	,9554	,9555	,9556	,9557	,9558	,9559	,9560	,9561	,9562	,9563
1,71	,9564	,9565	,9566	,9566	,9567	,9568	,9569	,9570	,9571	,9572
1,72	,9573	,9574	,9575	,9576	,9576	,9577	,9578	,9579	,9580	,9581
1,73	,9582	,9583	,9584	,9585	,9585	,9586	,9587	,9588	,9589	,9590
1,74	,9591	,9592	,9592	,9593	,9594	,9595	,9596	,9597	,9598	,9599
1,75	,9599	,9600	,9601	,9602	,9603	,9604	,9605	,9605	,9606	,9607
1,76	,9608	,9609	,9610	,9610	,9611	,9612	,9613	,9614	,9615	,9616
1,77	,9616	,9617	,9618	,9619	,9620	,9621	,9621	,9622	,9623	,9624
1,78	,9625	,9625	,9626	,9627	,9628	,9629	,9630	,9630	,9631	,9632
1,79	,9633	,9634	,9634	,9635	,9636	,9637	,9638	,9638	,9639	,9640
1,80	,9641	,9641	,9642	,9643	,9644	,9645	,9645	,9646	,9647	,9648
1,81	,9649	,9649	,9650	,9651	,9652	,9652	,9653	,9654	,9655	,9655
1,82	,9656	,9657	,9658	,9658	,9659	,9660	,9661	,9662	,9662	,9663
1,83	,9664	,9664	,9665	,9666	,9667	,9667	,9668	,9669	,9670	,9670
1,84	,9671	,9672	,9673	,9673	,9674	,9675	,9676	,9676	,9677	,9678
1,85	,9678	,9679	,9680	,9681	,9681	,9682	,9683	,9683	,9684	,9685
1,86	,9686	,9686	,9687	,9688	,9688	,9689	,9690	,9690	,9691	,9692
1,87	,9693	,9693	,9694	,9695	,9695	,9696	,9697	,9697	,9698	,9699
1,88	,9699	,9700	,9701	,9701	,9702	,9703	,9704	,9704	,9705	,9706
1,89	,9706	,9707	,9708	,9708	,9709	,9710	,9710	,9711	,9712	,9712

Standardnormalverteilung – Verteilungsfunktion

z	0,000	0,001	0,002	0,003	0,004	0,005	0,006	0,007	0,008	0,009
1,90	,9713	,9713	,9714	,9715	,9715	,9716	,9717	,9717	,9718	,9719
1,91	,9719	,9720	,9721	,9721	,9722	,9723	,9723	,9724	,9724	,9725
1,92	,9726	,9726	,9727	,9728	,9728	,9729	,9729	,9730	,9731	,9731
1,93	,9732	,9733	,9733	,9734	,9734	,9735	,9736	,9736	,9737	,9737
1,94	,9738	,9739	,9739	,9740	,9741	,9741	,9742	,9742	,9743	,9744
1,95	,9744	,9745	,9745	,9746	,9746	,9747	,9748	,9748	,9749	,9749
1,96	,9750	,9751	,9751	,9752	,9752	,9753	,9754	,9754	,9755	,9755
1,97	,9756	,9756	,9757	,9758	,9758	,9759	,9759	,9760	,9760	,9761
1,98	,9761	,9762	,9763	,9763	,9764	,9764	,9765	,9765	,9766	,9766
1,99	,9767	,9768	,9768	,9769	,9769	,9770	,9770	,9771	,9771	,9772
2,00	,9772	,9773	,9774	,9774	,9775	,9775	,9776	,9776	,9777	,9777
2,01	,9778	,9778	,9779	,9779	,9780	,9780	,9781	,9782	,9782	,9783
2,02	,9783	,9784	,9784	,9785	,9785	,9786	,9786	,9787	,9787	,9788
2,03	,9788	,9789	,9789	,9790	,9790	,9791	,9791	,9792	,9792	,9793
2,04	,9793	,9794	,9794	,9795	,9795	,9796	,9796	,9797	,9797	,9798
2,05	,9798	,9799	,9799	,9800	,9800	,9801	,9801	,9802	,9802	,9803
2,06	,9803	,9803	,9804	,9804	,9805	,9805	,9806	,9806	,9807	,9807
2,07	,9808	,9808	,9809	,9809	,9810	,9810	,9811	,9811	,9811	,9812
2,08	,9812	,9813	,9813	,9814	,9814	,9815	,9815	,9816	,9816	,9816
2,09	,9817	,9817	,9818	,9818	,9819	,9819	,9820	,9820	,9820	,9821
2,10	,9821	,9822	,9822	,9823	,9823	,9824	,9824	,9824	,9825	,9825
2,11	,9826	,9826	,9827	,9827	,9827	,9828	,9828	,9829	,9829	,9830
2,12	,9830	,9830	,9831	,9831	,9832	,9832	,9832	,9833	,9833	,9834
2,13	,9834	,9835	,9835	,9835	,9836	,9836	,9837	,9837	,9837	,9838
2,14	,9838	,9839	,9839	,9839	,9840	,9840	,9841	,9841	,9841	,9842
2,15	,9842	,9843	,9843	,9843	,9844	,9844	,9845	,9845	,9845	,9846
2,16	,9846	,9847	,9847	,9847	,9848	,9848	,9848	,9849	,9849	,9850
2,17	,9850	,9850	,9851	,9851	,9851	,9852	,9852	,9853	,9853	,9853
2,18	,9854	,9854	,9854	,9855	,9855	,9856	,9856	,9856	,9857	,9857
2,19	,9857	,9858	,9858	,9858	,9859	,9859	,9860	,9860	,9860	,9861
2,20	,9861	,9861	,9862	,9862	,9862	,9863	,9863	,9863	,9864	,9864
2,21	,9864	,9865	,9865	,9866	,9866	,9866	,9867	,9867	,9867	,9868
2,22	,9868	,9868	,9869	,9869	,9869	,9870	,9870	,9870	,9871	,9871
2,23	,9871	,9872	,9872	,9872	,9873	,9873	,9873	,9874	,9874	,9874
2,24	,9875	,9875	,9875	,9876	,9876	,9876	,9876	,9877	,9877	,9877
2,25	,9878	,9878	,9878	,9879	,9879	,9879	,9880	,9880	,9880	,9881
2,26	,9881	,9881	,9882	,9882	,9882	,9882	,9883	,9883	,9883	,9884
2,27	,9884	,9884	,9885	,9885	,9885	,9885	,9886	,9886	,9886	,9887
2,28	,9887	,9887	,9888	,9888	,9888	,9888	,9889	,9889	,9889	,9890
2,29	,9890	,9890	,9890	,9891	,9891	,9891	,9892	,9892	,9892	,9892

Standardnormalverteilung – Verteilungsfunktion

z	0,000	0,001	0,002	0,003	0,004	0,005	0,006	0,007	0,008	0,009
2,30	,9893	,9893	,9893	,9894	,9894	,9894	,9894	,9895	,9895	,9895
2,31	,9896	,9896	,9896	,9896	,9897	,9897	,9897	,9897	,9898	,9898
2,32	,9898	,9899	,9899	,9899	,9899	,9900	,9900	,9900	,9900	,9901
2,33	,9901	,9901	,9901	,9902	,9902	,9902	,9903	,9903	,9903	,9903
2,34	,9904	,9904	,9904	,9904	,9905	,9905	,9905	,9905	,9906	,9906
2,35	,9906	,9906	,9907	,9907	,9907	,9907	,9908	,9908	,9908	,9908
2,36	,9909	,9909	,9909	,9909	,9910	,9910	,9910	,9910	,9911	,9911
2,37	,9911	,9911	,9912	,9912	,9912	,9912	,9912	,9913	,9913	,9913
2,38	,9913	,9914	,9914	,9914	,9914	,9915	,9915	,9915	,9915	,9916
2,39	,9916	,9916	,9916	,9916	,9917	,9917	,9917	,9917	,9918	,9918
2,40	,9918	,9918	,9918	,9919	,9919	,9919	,9919	,9920	,9920	,9920
2,41	,9920	,9920	,9921	,9921	,9921	,9921	,9922	,9922	,9922	,9922
2,42	,9922	,9923	,9923	,9923	,9923	,9923	,9924	,9924	,9924	,9924
2,43	,9925	,9925	,9925	,9925	,9925	,9926	,9926	,9926	,9926	,9926
2,44	,9927	,9927	,9927	,9927	,9927	,9928	,9928	,9928	,9928	,9928
2,45	,9929	,9929	,9929	,9929	,9929	,9930	,9930	,9930	,9930	,9930
2,46	,9931	,9931	,9931	,9931	,9931	,9931	,9932	,9932	,9932	,9932
2,47	,9932	,9933	,9933	,9933	,9933	,9933	,9934	,9934	,9934	,9934
2,48	,9934	,9934	,9935	,9935	,9935	,9935	,9935	,9936	,9936	,9936
2,49	,9936	,9936	,9936	,9937	,9937	,9937	,9937	,9937	,9938	,9938

A Statistische Tabellen

Standardnormalverteilung – Verteilungsfunktion

z	0,00	0,01	0,02	0,03	0,04	0,05	0,06	0,07	0,08	0,09
2,5	,9938	,9940	,9941	,9943	,9945	,9946	,9948	,9949	,9951	,9952
2,6	,9953	,9955	,9956	,9957	,9959	,9960	,9961	,9962	,9963	,9964
2,7	,9965	,9966	,9967	,9968	,9969	,9970	,9971	,9972	,9973	,9974
2,8	,9974	,9975	,9976	,9977	,9977	,9978	,9979	,9979	,9980	,9981
2,9	,9981	,9982	,9982	,9983	,9984	,9984	,9985	,9985	,9986	,9986
3,0	,9987	,9987	,9987	,9988	,9988	,9989	,9989	,9989	,9990	,9990
3,1	,9990	,9991	,9991	,9991	,9992	,9992	,9992	,9992	,9993	,9993
3,2	,9993	,9993	,9994	,9994	,9994	,9994	,9994	,9995	,9995	,9995
3,3	,9995	,9995	,9995	,9996	,9996	,9996	,9996	,9996	,9996	,9997
3,4	,9997	,9997	,9997	,9997	,9997	,9997	,9997	,9997	,9997	,9998
3,5	,9998	,9998	,9998	,9998	,9998	,9998	,9998	,9998	,9998	,9998
3,6	,9998	,9998	,9999	,9999	,9999	,9999	,9999	,9999	,9999	,9999
3,7	,9999	,9999	,9999	,9999	,9999	,9999	,9999	,9999	,9999	,9999
3,8	,9999	,9999	,9999	,9999	,9999	,9999	,9999	,9999	,9999	,9999
3,9	,9999	,9999	,9999	,9999	,9999	,9999	,9999	,9999	,9999	,9999

Standardnormalverteilung – einseitige Flächenanteile

Es gilt:

$F_N^*(z) = F_N(z) - 0,5$
$ = F_N^*(-z)$

$F_N^*(0) = 0$

$0 \leq z < +\infty$

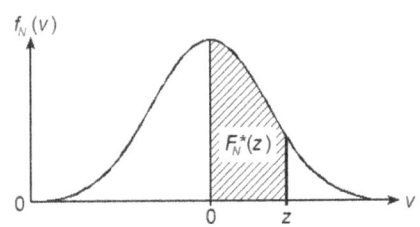

z	0,00	0,01	0,02	0,03	0,04	0,05	0,06	0,07	0,08	0,09
0,0	0,0000	0,0040	0,0080	0,0120	0,0160	0,0199	0,0239	0,0279	0,0319	0,0359
0,1	0,0398	0,0438	0,0478	0,0517	0,0557	0,0596	0,0636	0,0675	0,0714	0,0753
0,2	0,0793	0,0832	0,0871	0,0910	0,0948	0,0987	0,1026	0,1064	0,1103	0,1141
0,3	0,1179	0,1217	0,1255	0,1293	0,1331	0,1368	0,1406	0,1443	0,1480	0,1517
0,4	0,1554	0,1591	0,1628	0,1664	0,1700	0,1736	0,1772	0,1808	0,1844	0,1879
0,5	0,1915	0,1950	0,1985	0,2019	0,2054	0,2088	0,2123	0,2157	0,2190	0,2224
0,6	0,2257	0,2291	0,2324	0,2357	0,2389	0,2422	0,2454	0,2486	0,2517	0,2549
0,7	0,2580	0,2611	0,2642	0,2673	0,2704	0,2734	0,2764	0,2794	0,2823	0,2852
0,8	0,2881	0,2910	0,2939	0,2967	0,2995	0,3023	0,3051	0,3078	0,3106	0,3133
0,9	0,3159	0,3186	0,3212	0,3238	0,3264	0,3289	0,3315	0,3340	0,3365	0,3389
1,0	0,3413	0,3438	0,3461	0,3485	0,3508	0,3531	0,3554	0,3577	0,3599	0,3621
1,1	0,3643	0,3665	0,3686	0,3708	0,3729	0,3749	0,3770	0,3790	0,3810	0,3830
1,2	0,3849	0,3869	0,3888	0,3907	0,3925	0,3944	0,3962	0,3980	0,3997	0,4015
1,3	0,4032	0,4049	0,4066	0,4082	0,4099	0,4115	0,4131	0,4147	0,4162	0,4177
1,4	0,4192	0,4207	0,4222	0,4236	0,4251	0,4265	0,4279	0,4292	0,4306	0,4319
1,5	0,4332	0,4345	0,4357	0,4370	0,4382	0,4394	0,4406	0,4418	0,4429	0,4441
1,6	0,4452	0,4463	0,4474	0,4484	0,4495	0,4505	0,4515	0,4525	0,4535	0,4545
1,7	0,4554	0,4564	0,4573	0,4582	0,4591	0,4599	0,4608	0,4616	0,4625	0,4633
1,8	0,4641	0,4649	0,4656	0,4664	0,4671	0,4678	0,4686	0,4693	0,4699	0,4706
1,9	0,4713	0,4719	0,4726	0,4732	0,4738	0,4744	0,4750	0,4756	0,4761	0,4767
2,0	0,4772	0,4778	0,4783	0,4788	0,4793	0,4798	0,4803	0,4808	0,4812	0,4817
2,1	0,4821	0,4826	0,4830	0,4834	0,4838	0,4842	0,4846	0,4850	0,4854	0,4857
2,2	0,4861	0,4864	0,4868	0,4871	0,4875	0,4878	0,4881	0,4884	0,4887	0,4890
2,3	0,4893	0,4896	0,4898	0,4901	0,4904	0,4906	0,4909	0,4911	0,4913	0,4916
2,4	0,4918	0,4920	0,4922	0,4925	0,4927	0,4929	0,4931	0,4932	0,4934	0,4936
2,5	0,4938	0,4940	0,4941	0,4943	0,4945	0,4946	0,4948	0,4949	0,4951	0,4952
2,6	0,4953	0,4955	0,4956	0,4957	0,4959	0,4960	0,4961	0,4962	0,4963	0,4964
2,7	0,4965	0,4966	0,4967	0,4968	0,4969	0,4970	0,4971	0,4972	0,4973	0,4974
2,8	0,4974	0,4975	0,4976	0,4977	0,4977	0,4978	0,4979	0,4979	0,4980	0,4981
2,9	0,4981	0,4982	0,4982	0,4983	0,4984	0,4984	0,4985	0,4985	0,4986	0,4986

A Statistische Tabellen

Standardnormalverteilung – einseitige Flächenanteile

z	0,00	0,01	0,02	0,03	0,04	0,05	0,06	0,07	0,08	0,09
3,0	0,4987	0,4987	0,4987	0,4988	0,4988	0,4989	0,4989	0,4989	0,4990	0,4990
3,1	0,4990	0,4991	0,4991	0,4991	0,4992	0,4992	0,4992	0,4992	0,4993	0,4993
3,2	0,4993	0,4993	0,4994	0,4994	0,4994	0,4994	0,4994	0,4995	0,4995	0,4995
3,3	0,4995	0,4995	0,4995	0,4996	0,4996	0,4996	0,4996	0,4996	0,4996	0,4997
3,4	0,4997	0,4997	0,4997	0,4997	0,4997	0,4997	0,4997	0,4997	0,4997	0,4998
3,5	0,4998	0,4998	0,4998	0,4998	0,4998	0,4998	0,4998	0,4998	0,4998	0,4998
3,6	0,4998	0,4998	0,4999	0,4999	0,4999	0,4999	0,4999	0,4999	0,4999	0,4999
3,7	0,4999	0,4999	0,4999	0,4999	0,4999	0,4999	0,4999	0,4999	0,4999	0,4999
3,8	0,4999	0,4999	0,4999	0,4999	0,4999	0,4999	0,4999	0,4999	0,4999	0,4999
3,9	0,5000	0,5000	0,5000	0,5000	0,5000	0,5000	0,5000	0,5000	0,5000	0,5000

Standardnormalverteilung – zweiseitige, symmetrische Flächenanteile

Es gilt:

$$F_N^{**}(z) = F_N(z) - F_N(-z)$$
$$= 2F_N(z) - 1$$
$$= 2F_N^*(z)$$
$$-\infty < z < +\infty$$

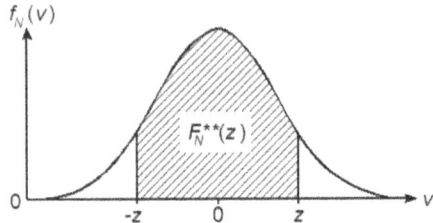

$F_N^*(z)$ siehe Standardnormalverteilung, einseitige Flächenanteile

z	0,00	0,01	0,02	0,03	0,04	0,05	0,06	0,07	0,08	0,09
0,0	0,0000	0,0080	0,0160	0,0239	0,0319	0,0399	0,0478	0,0558	0,0638	0,0717
0,1	0,0797	0,0876	0,0955	0,1034	0,1113	0,1192	0,1271	0,1350	0,1428	0,1507
0,2	0,1585	0,1663	0,1741	0,1819	0,1897	0,1974	0,2051	0,2128	0,2205	0,2282
0,3	0,2358	0,2434	0,2510	0,2586	0,2661	0,2737	0,2812	0,2886	0,2961	0,3035
0,4	0,3108	0,3182	0,3255	0,3328	0,3401	0,3473	0,3545	0,3616	0,3688	0,3759
0,5	0,3829	0,3899	0,3969	0,4039	0,4108	0,4177	0,4245	0,4313	0,4381	0,4448
0,6	0,4515	0,4581	0,4647	0,4713	0,4778	0,4843	0,4907	0,4971	0,5035	0,5098
0,7	0,5161	0,5223	0,5285	0,5346	0,5407	0,5467	0,5527	0,5587	0,5646	0,5705
0,8	0,5763	0,5821	0,5878	0,5935	0,5991	0,6047	0,6102	0,6157	0,6211	0,6265
0,9	0,6319	0,6372	0,6424	0,6476	0,6528	0,6579	0,6629	0,6680	0,6729	0,6778
1,0	0,6827	0,6875	0,6923	0,6970	0,7017	0,7063	0,7109	0,7154	0,7199	0,7243
1,1	0,7287	0,7330	0,7373	0,7415	0,7457	0,7499	0,7540	0,7580	0,7620	0,7660
1,2	0,7699	0,7737	0,7775	0,7813	0,7850	0,7887	0,7923	0,7959	0,7995	0,8029
1,3	0,8064	0,8098	0,8132	0,8165	0,8198	0,8230	0,8262	0,8293	0,8324	0,8355
1,4	0,8385	0,8415	0,8444	0,8473	0,8501	0,8529	0,8557	0,8584	0,8611	0,8638
1,5	0,8664	0,8690	0,8715	0,8740	0,8764	0,8789	0,8812	0,8836	0,8859	0,8882
1,6	0,8904	0,8926	0,8948	0,8969	0,8990	0,9011	0,9031	0,9051	0,9070	0,9090
1,7	0,9109	0,9127	0,9146	0,9164	0,9181	0,9199	0,9216	0,9233	0,9249	0,9265
1,8	0,9281	0,9297	0,9312	0,9328	0,9342	0,9357	0,9371	0,9385	0,9399	0,9412
1,9	0,9426	0,9439	0,9451	0,9464	0,9476	0,9488	0,9500	0,9512	0,9523	0,9534
2,0	0,9545	0,9556	0,9566	0,9576	0,9586	0,9596	0,9606	0,9615	0,9625	0,9634
2,1	0,9643	0,9651	0,9660	0,9668	0,9676	0,9684	0,9692	0,9700	0,9707	0,9715
2,2	0,9722	0,9729	0,9736	0,9743	0,9749	0,9756	0,9762	0,9768	0,9774	0,9780
2,3	0,9786	0,9791	0,9797	0,9802	0,9807	0,9812	0,9817	0,9822	0,9827	0,9832
2,4	0,9836	0,9840	0,9845	0,9849	0,9853	0,9857	0,9861	0,9865	0,9869	0,9872
2,5	0,9876	0,9879	0,9883	0,9886	0,9889	0,9892	0,9895	0,9898	0,9901	0,9904
2,6	0,9907	0,9909	0,9912	0,9915	0,9917	0,9920	0,9922	0,9924	0,9926	0,9929
2,7	0,9931	0,9933	0,9935	0,9937	0,9939	0,9940	0,9942	0,9944	0,9946	0,9947
2,8	0,9949	0,9950	0,9952	0,9953	0,9955	0,9956	0,9958	0,9959	0,9960	0,9961
2,9	0,9963	0,9964	0,9965	0,9966	0,9967	0,9968	0,9969	0,9970	0,9971	0,9972

A Statistische Tabellen

Standardnormalverteilung – zweiseitige, symmetrische Flächenanteile

z	0,00	0,01	0,02	0,03	0,04	0,05	0,06	0,07	0,08	0,09
3,0	0,9973	0,9974	0,9975	0,9976	0,9976	0,9977	0,9978	0,9979	0,9979	0,9980
3,1	0,9981	0,9981	0,9982	0,9983	0,9983	0,9984	0,9984	0,9985	0,9985	0,9986
3,2	0,9986	0,9987	0,9987	0,9988	0,9988	0,9988	0,9989	0,9989	0,9990	0,9990
3,3	0,9990	0,9991	0,9991	0,9991	0,9992	0,9992	0,9992	0,9992	0,9993	0,9993
3,4	0,9993	0,9994	0,9994	0,9994	0,9994	0,9994	0,9995	0,9995	0,9995	0,9995
3,5	0,9995	0,9996	0,9996	0,9996	0,9996	0,9996	0,9996	0,9996	0,9997	0,9997
3,6	0,9997	0,9997	0,9997	0,9997	0,9997	0,9997	0,9997	0,9998	0,9998	0,9998
3,7	0,9998	0,9998	0,9998	0,9998	0,9998	0,9998	0,9998	0,9998	0,9998	0,9998
3,8	0,9999	0,9999	0,9999	0,9999	0,9999	0,9999	0,9999	0,9999	0,9999	0,9999
3,9	0,9999	0,9999	0,9999	0,9999	0,9999	0,9999	0,9999	0,9999	0,9999	0,9999

Chi-Quadrat-Verteilung – Verteilungsfunktion

Abgebildet sind die χ^2-Werte für die gegebenen Parameter v und $(1-\alpha)$ der Verteilungsfunktion.

Für χ^2 gilt:

$$W(0 < X^2 \leq \chi^2) = F_{CH}\left(\frac{\chi^2}{v}\right)$$

$$= 1 - \alpha$$

mit X^2 = Zufallsvariable

v	\multicolumn{9}{c}{$1-\alpha$}
	0,001	0,005	0,010	0,025	0,050	0,100	0,250	0,400	0,500
1	0,000	0,000	0,000	0,001	0,004	0,016	0,102	0,275	0,455
2	0,002	0,010	0,020	0,051	0,103	0,211	0,575	1,022	1,386
3	0,024	0,072	0,115	0,216	0,352	0,584	1,213	1,869	2,366
4	0,091	0,207	0,297	0,484	0,711	1,064	1,923	2,753	3,357
5	0,210	0,412	0,554	0,831	1,145	1,610	2,675	3,655	4,351
6	0,381	0,676	0,872	1,237	1,635	2,204	3,455	4,570	5,348
7	0,598	0,989	1,239	1,690	2,167	2,833	4,255	5,493	6,346
8	0,857	1,344	1,646	2,180	2,733	3,490	5,071	6,423	7,344
9	1,152	1,735	2,088	2,700	3,325	4,168	5,899	7,357	8,343
10	1,479	2,156	2,558	3,247	3,940	4,865	6,737	8,295	9,342
11	1,834	2,603	3,053	3,816	4,575	5,578	7,584	9,237	10,341
12	2,214	3,074	3,571	4,404	5,226	6,304	8,438	10,182	11,340
13	2,617	3,565	4,107	5,009	5,892	7,042	9,299	11,129	12,340
14	3,041	4,075	4,660	5,629	6,571	7,790	10,165	12,078	13,339
15	3,483	4,601	5,229	6,262	7,261	8,547	11,037	13,030	14,339
16	3,942	5,142	5,812	6,908	7,962	9,312	11,912	13,983	15,338
17	4,416	5,697	6,408	7,564	8,672	10,085	12,792	14,937	16,338
18	4,905	6,265	7,015	8,231	9,390	10,865	13,675	15,893	17,338
19	5,407	6,844	7,633	8,907	10,117	11,651	14,562	16,850	18,338
20	5,921	7,434	8,260	9,591	10,851	12,443	15,452	17,809	19,337
21	6,447	8,034	8,897	10,283	11,591	13,240	16,344	18,768	20,337
22	6,983	8,643	9,542	10,982	12,338	14,041	17,240	19,729	21,337
23	7,529	9,260	10,196	11,689	13,091	14,848	18,137	20,690	22,337
24	8,085	9,886	10,856	12,401	13,848	15,659	19,037	21,652	23,337
25	8,649	10,520	11,524	13,120	14,611	16,473	19,939	22,616	24,337

A Statistische Tabellen

Chi-Quadrat-Verteilung – Verteilungsfunktion

v	\multicolumn{9}{c	}{$1 - \alpha$}
	0,001	0,005	0,010	0,025	0,050	0,100	0,250	0,400	0,500
30	11,588	13,787	14,953	16,791	18,493	20,599	24,478	27,442	29,336
35	14,688	17,192	18,509	20,569	22,465	24,797	29,054	32,282	34,336
40	17,916	20,707	22,164	24,433	26,509	29,051	33,660	37,134	39,335
45	21,251	24,311	25,901	28,366	30,612	33,350	38,291	41,995	44,335
50	24,674	27,991	29,707	32,357	34,764	37,689	42,942	46,864	49,335
60	31,738	35,534	37,485	40,482	43,188	46,459	52,294	56,620	59,335
70	39,036	43,275	45,442	48,758	51,739	55,329	61,698	66,396	69,334
80	46,520	51,172	53,540	57,153	60,391	64,278	71,145	76,188	79,334
90	54,155	59,196	61,754	65,647	69,126	73,291	80,625	85,993	89,334
100	61,918	67,328	70,065	74,222	77,929	82,358	90,133	95,808	99,334

Chi-Quadrat-Verteilung – Verteilungsfunktion

ν	$1-\alpha$								
	0,600	0,750	0,800	0,850	0,900	0,950	0,975	0,980	0,990
1	0,708	1,323	1,642	2,072	2,706	3,841	5,024	5,412	6,635
2	1,833	2,773	3,219	3,794	4,605	5,991	7,378	7,824	9,210
3	2,946	4,108	4,642	5,317	6,251	7,815	9,348	9,837	11,345
4	4,045	5,385	5,989	6,745	7,779	9,488	11,143	11,668	13,277
5	5,132	6,626	7,289	8,115	9,236	11,070	12,833	13,388	15,086
6	6,211	7,841	8,558	9,446	10,645	12,592	14,449	15,033	16,812
7	7,283	9,037	9,803	10,748	12,017	14,067	16,013	16,622	18,475
8	8,351	10,219	11,030	12,027	13,362	15,507	17,535	18,168	20,090
9	9,414	11,389	12,242	13,288	14,684	16,919	19,023	19,679	21,666
10	10,473	12,549	13,442	14,534	15,987	18,307	20,483	21,161	23,209
11	11,530	13,701	14,631	15,767	17,275	19,675	21,920	22,618	24,725
12	12,584	14,845	15,812	16,989	18,549	21,026	23,337	24,054	26,217
13	13,636	15,984	16,985	18,202	19,812	22,362	24,736	25,472	27,688
14	14,685	17,117	18,151	19,406	21,064	23,685	26,119	26,873	29,141
15	15,733	18,245	19,311	20,603	22,307	24,996	27,488	28,259	30,578
16	16,780	19,369	20,465	21,793	23,542	26,296	28,845	29,633	32,000
17	17,824	20,489	21,615	22,977	24,769	27,587	30,191	30,995	33,409
18	18,868	21,605	22,760	24,155	25,989	28,869	31,526	32,346	34,805
19	19,910	22,718	23,900	25,329	27,204	30,144	32,852	33,687	36,191
20	20,951	23,828	25,038	26,498	28,412	31,410	34,170	35,020	37,566
21	21,991	24,935	26,171	27,662	29,615	32,671	35,479	36,343	38,932
22	23,031	26,039	27,301	28,822	30,813	33,924	36,781	37,659	40,289
23	24,069	27,141	28,429	29,979	32,007	35,172	38,076	38,968	41,638
24	25,106	28,241	29,553	31,132	33,196	36,415	39,364	40,270	42,980
25	26,143	29,339	30,675	32,282	34,382	37,652	40,646	41,566	44,314
30	31,316	34,800	36,250	37,990	40,256	43,773	46,979	47,962	50,892
35	36,475	40,223	41,778	43,640	46,059	49,802	53,203	54,244	57,342
40	41,622	45,616	47,269	49,244	51,805	55,758	59,342	60,436	63,691
45	46,761	50,985	52,729	54,810	57,505	61,656	65,410	66,555	69,957
50	51,892	56,334	58,164	60,346	63,167	67,505	71,420	72,613	76,154
60	62,135	66,981	68,972	71,341	74,397	79,082	83,298	84,580	88,380
70	72,358	77,577	79,715	82,255	85,527	90,530	95,020	96,390	100,430
80	82,566	88,130	90,410	93,110	96,580	101,880	106,630	108,070	112,330
90	92,760	98,650	101,050	103,900	107,570	113,150	118,140	119,650	124,120
100	102,950	109,140	111,670	114,660	118,500	124,340	129,560	131,140	135,810

A Statistische Tabellen

Studentverteilung – zweiseitige, symmetrische Flächenanteile

Abgebildet sind die t-Werte für die gegebenen Parameter v und $(1-\alpha)$ in Form von zweiseitigen, symmetrischen Flächenanteilen.

Für t gilt:

$$W(-t < T \leq t) = 1 - \alpha$$

mit T = Zufallsvariable

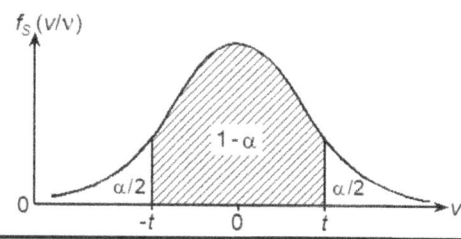

v	$1-\alpha$								
	0,100	0,150	0,200	0,250	0,300	0,350	0,400	0,450	0,500
1	0,158	0,240	0,325	0,414	0,510	0,613	0,727	0,854	1,000
2	0,142	0,215	0,289	0,365	0,445	0,528	0,617	0,713	0,816
3	0,137	0,206	0,277	0,349	0,424	0,502	0,584	0,671	0,765
4	0,134	0,202	0,271	0,341	0,414	0,490	0,569	0,652	0,741
5	0,132	0,199	0,267	0,337	0,408	0,482	0,559	0,641	0,727
6	0,131	0,197	0,265	0,334	0,404	0,477	0,553	0,633	0,718
7	0,130	0,196	0,263	0,331	0,402	0,474	0,549	0,628	0,711
8	0,130	0,195	0,262	0,330	0,399	0,471	0,546	0,624	0,706
9	0,129	0,195	0,261	0,329	0,398	0,469	0,543	0,621	0,703
10	0,129	0,194	0,260	0,328	0,397	0,468	0,542	0,619	0,700
11	0,129	0,194	0,260	0,327	0,396	0,466	0,540	0,617	0,697
12	0,128	0,193	0,259	0,326	0,395	0,465	0,539	0,615	0,695
13	0,128	0,193	0,259	0,325	0,394	0,464	0,538	0,614	0,694
14	0,128	0,193	0,258	0,325	0,393	0,464	0,537	0,613	0,692
15	0,128	0,192	0,258	0,325	0,393	0,463	0,536	0,612	0,691
16	0,128	0,192	0,258	0,324	0,392	0,462	0,535	0,611	0,690
17	0,128	0,192	0,257	0,324	0,392	0,462	0,534	0,610	0,689
18	0,127	0,192	0,257	0,324	0,392	0,461	0,534	0,609	0,688
19	0,127	0,192	0,257	0,323	0,391	0,461	0,533	0,609	0,688
20	0,127	0,192	0,257	0,323	0,391	0,461	0,533	0,608	0,687
21	0,127	0,191	0,257	0,323	0,391	0,460	0,532	0,608	0,686
22	0,127	0,191	0,256	0,323	0,390	0,460	0,532	0,607	0,686
23	0,127	0,191	0,256	0,322	0,390	0,460	0,532	0,607	0,685
24	0,127	0,191	0,256	0,322	0,390	0,460	0,531	0,606	0,685
25	0,127	0,191	0,256	0,322	0,390	0,459	0,531	0,606	0,684

Studentverteilung – zweiseitige, symmetrische Flächenanteile

v	$1-\alpha$								
	0,100	0,150	0,200	0,250	0,300	0,350	0,400	0,450	0,500
26	0,127	0,191	0,256	0,322	0,390	0,459	0,531	0,606	0,684
27	0,127	0,191	0,256	0,322	0,389	0,459	0,531	0,605	0,684
28	0,127	0,191	0,256	0,322	0,389	0,459	0,530	0,605	0,683
29	0,127	0,191	0,256	0,322	0,389	0,459	0,530	0,605	0,683
30	0,127	0,191	0,256	0,322	0,389	0,458	0,530	0,605	0,683
40	0,126	0,190	0,255	0,321	0,388	0,457	0,529	0,603	0,681
50	0,126	0,190	0,255	0,320	0,388	0,457	0,528	0,602	0,679
100	0,126	0,190	0,254	0,320	0,386	0,455	0,526	0,600	0,677
150	0,126	0,189	0,254	0,319	0,386	0,455	0,526	0,599	0,676
∞	0,126	0,189	0,253	0,319	0,385	0,454	0,524	0,598	0,675

A Statistische Tabellen

Studentverteilung – zweiseitige, symmetrische Flächenanteile

ν	\multicolumn{9}{c}{$1-\alpha$}
	0,600	0,700	0,800	0,850	0,900	0,950	0,975	0,990	0,995
1	1,376	1,963	3,078	4,165	6,314	12,706	25,452	63,657	127,321
2	1,061	1,386	1,886	2,282	2,920	4,303	6,205	9,925	14,089
3	0,978	1,250	1,638	1,924	2,353	3,182	4,177	5,841	7,453
4	0,941	1,190	1,533	1,778	2,132	2,776	3,495	4,604	5,598
5	0,920	1,156	1,476	1,699	2,015	2,571	3,163	4,032	4,773
6	0,906	1,134	1,440	1,650	1,943	2,447	2,969	3,707	4,317
7	0,896	1,119	1,415	1,617	1,895	2,365	2,841	3,499	4,029
8	0,889	1,108	1,397	1,592	1,860	2,306	2,752	3,355	3,833
9	0,883	1,100	1,383	1,574	1,833	2,262	2,685	3,250	3,690
10	0,879	1,093	1,372	1,559	1,812	2,228	2,634	3,169	3,581
11	0,876	1,088	1,363	1,548	1,796	2,201	2,593	3,106	3,497
12	0,873	1,083	1,356	1,538	1,782	2,179	2,560	3,055	3,428
13	0,870	1,079	1,350	1,530	1,771	2,160	2,533	3,012	3,372
14	0,868	1,076	1,345	1,523	1,761	2,145	2,510	2,977	3,326
15	0,866	1,074	1,341	1,517	1,753	2,131	2,490	2,947	3,286
16	0,865	1,071	1,337	1,512	1,746	2,120	2,473	2,921	3,252
17	0,863	1,069	1,333	1,508	1,740	2,110	2,458	2,898	3,222
18	0,862	1,067	1,330	1,504	1,734	2,101	2,445	2,878	3,197
19	0,861	1,066	1,328	1,500	1,729	2,093	2,433	2,861	3,174
20	0,860	1,064	1,325	1,497	1,725	2,086	2,423	2,845	3,153
21	0,859	1,063	1,323	1,494	1,721	2,080	2,414	2,831	3,135
22	0,858	1,061	1,321	1,492	1,717	2,074	2,405	2,819	3,119
23	0,858	1,060	1,319	1,489	1,714	2,069	2,398	2,807	3,104
24	0,857	1,059	1,318	1,487	1,711	2,064	2,391	2,797	3,091
25	0,856	1,058	1,316	1,485	1,708	2,060	2,385	2,787	3,078
26	0,856	1,058	1,315	1,483	1,706	2,056	2,379	2,779	3,067
27	0,855	1,057	1,314	1,482	1,703	2,052	2,373	2,771	3,057
28	0,855	1,056	1,313	1,480	1,701	2,048	2,368	2,763	3,047
29	0,854	1,055	1,311	1,479	1,699	2,045	2,364	2,756	3,038
30	0,854	1,055	1,310	1,477	1,697	2,042	2,360	2,750	3,030
40	0,851	1,050	1,303	1,468	1,684	2,021	2,329	2,704	2,971
50	0,849	1,047	1,299	1,462	1,676	2,009	2,311	2,678	2,937
100	0,845	1,042	1,290	1,451	1,660	1,984	2,276	2,626	2,871
150	0,844	1,040	1,287	1,447	1,655	1,976	2,264	2,609	2,849
∞	0,842	1,036	1,282	1,440	1,645	1,960	2,242	2,576	2,808

Studentverteilung – Verteilungsfunktion

Abgebildet sind die t-Werte für die gegebenen Parameter v und $(1-\alpha)$ in Form einer Student-Verteilungsfunktion.

Für t gilt:

$$W(-\infty < T \leq t) = F_S\left(\frac{t}{v}\right) = 1 - \alpha$$

mit $T = $ Zufallsvariable

Es gilt: $F_S\left(\frac{-t}{v}\right) = 1 - F_S\left(\frac{t}{v}\right)$

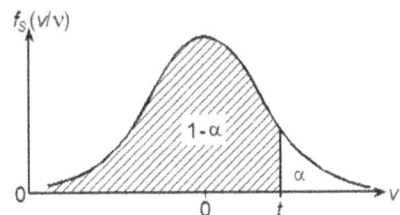

v	\multicolumn{9}{c}{$1-\alpha$}								
	0,600	0,700	0,800	0,900	0,950	0,975	0,990	0,995	0,999
1	0,325	0,727	1,376	3,078	6,314	12,706	31,821	63,657	318,309
2	0,289	0,617	1,061	1,886	2,920	4,303	6,965	9,925	22,327
3	0,277	0,584	0,978	1,638	2,353	3,182	4,541	5,841	10,215
4	0,271	0,569	0,941	1,533	2,132	2,776	3,747	4,604	7,173
5	0,267	0,559	0,920	1,476	2,015	2,571	3,365	4,032	5,893
6	0,265	0,553	0,906	1,440	1,943	2,447	3,143	3,707	5,208
7	0,263	0,549	0,896	1,415	1,895	2,365	2,998	3,499	4,785
8	0,262	0,546	0,889	1,397	1,860	2,306	2,896	3,355	4,501
9	0,261	0,543	0,883	1,383	1,833	2,262	2,821	3,250	4,297
10	0,260	0,542	0,879	1,372	1,812	2,228	2,764	3,169	4,144
11	0,260	0,540	0,876	1,363	1,796	2,201	2,718	3,106	4,025
12	0,259	0,539	0,873	1,356	1,782	2,179	2,681	3,055	3,930
13	0,259	0,538	0,870	1,350	1,771	2,160	2,650	3,012	3,852
14	0,258	0,537	0,868	1,345	1,761	2,145	2,624	2,977	3,787
15	0,258	0,536	0,866	1,341	1,753	2,131	2,602	2,947	3,733
16	0,258	0,535	0,865	1,337	1,746	2,120	2,583	2,921	3,686
17	0,257	0,534	0,863	1,333	1,740	2,110	2,567	2,898	3,646
18	0,257	0,534	0,862	1,330	1,734	2,101	2,552	2,878	3,610
19	0,257	0,533	0,861	1,328	1,729	2,093	2,539	2,861	3,579
20	0,257	0,533	0,860	1,325	1,725	2,086	2,528	2,845	3,552
21	0,257	0,532	0,859	1,323	1,721	2,080	2,518	2,831	3,527
22	0,256	0,532	0,858	1,321	1,717	2,074	2,508	2,819	3,505
23	0,256	0,532	0,858	1,319	1,714	2,069	2,500	2,807	3,485
24	0,256	0,531	0,857	1,318	1,711	2,064	2,492	2,797	3,467
25	0,256	0,531	0,856	1,316	1,708	2,060	2,485	2,787	3,450
30	0,256	0,53	0,854	1,310	1,697	2,042	2,457	2,750	3,385
40	0,255	0,529	0,851	1,303	1,684	2,021	2,423	2,704	3,307
50	0,255	0,528	0,849	1,299	1,676	2,009	2,403	2,678	3,261
100	0,254	0,526	0,845	1,290	1,660	1,984	2,364	2,626	3,174
150	0,254	0,526	0,844	1,287	1,655	1,976	2,351	2,609	3,145
∞	0,253	0,524	0,842	1,282	1,645	1,960	2,326	2,576	3,090

A Statistische Tabellen

F-Verteilung – Verteilungsfunktion mit $\alpha = 0,05$

Abgebildet sind die F_c-Werte für die Parameter v_1 und v_2 in Form einer F-Verteilungsfunktion mit $(1-\alpha) = 0,95$.

Für F_c gilt:

$$W(0 < F \leq F_c) = F\left(\frac{F_c}{v_1; v_2}\right)$$

$$= 1 - \alpha = 0,95$$

mit F = Zufallsvariable

und $F_{\alpha; v_1; v_2} = \dfrac{1}{F_{1-\alpha; v_1; v_2}}$

mit $v_1 = n_1 - 1$
und $v_2 = n_2 - 1$

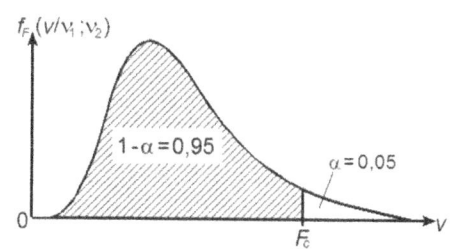

v_2 \ v_1	1	2	3	4	5	6	7	8	9	10	11
1	161,45	199,50	215,71	224,58	230,16	233,99	236,77	238,88	240,54	241,88	242,98
2	18,51	19,00	19,16	19,25	19,30	19,33	19,35	19,37	19,38	19,40	19,40
3	10,13	9,55	9,28	9,12	9,01	8,94	8,89	8,85	8,81	8,79	8,76
4	7,71	6,94	6,59	6,39	6,26	6,16	6,09	6,04	6,00	5,96	5,94
5	6,61	5,79	5,41	5,19	5,05	4,95	4,88	4,82	4,77	4,74	4,70
6	5,99	5,14	4,76	4,53	4,39	4,28	4,21	4,15	4,10	4,06	4,03
7	5,59	4,74	4,35	4,12	3,97	3,87	3,79	3,73	3,68	3,64	3,60
8	5,32	4,46	4,07	3,84	3,69	3,58	3,50	3,44	3,39	3,35	3,31
9	5,12	4,26	3,86	3,63	3,48	3,37	3,29	3,23	3,18	3,14	3,10
10	4,96	4,10	3,71	3,48	3,33	3,22	3,14	3,07	3,02	2,98	2,94
11	4,84	3,98	3,59	3,36	3,20	3,09	3,01	2,95	2,90	2,85	2,82
12	4,75	3,89	3,49	3,26	3,11	3,00	2,91	2,85	2,80	2,75	2,72
13	4,67	3,81	3,41	3,18	3,03	2,92	2,83	2,77	2,71	2,67	2,63
14	4,60	3,74	3,34	3,11	2,96	2,85	2,76	2,70	2,65	2,60	2,57
15	4,54	3,68	3,29	3,06	2,90	2,79	2,71	2,64	2,59	2,54	2,51
16	4,49	3,63	3,24	3,01	2,85	2,74	2,66	2,59	2,54	2,49	2,46
17	4,45	3,59	3,20	2,96	2,81	2,70	2,61	2,55	2,49	2,45	2,41
18	4,41	3,55	3,16	2,93	2,77	2,66	2,58	2,51	2,46	2,41	2,37
19	4,38	3,52	3,13	2,90	2,74	2,63	2,54	2,48	2,42	2,38	2,34
20	4,35	3,49	3,10	2,87	2,71	2,60	2,51	2,45	2,39	2,35	2,31
21	4,32	3,47	3,07	2,84	2,68	2,57	2,49	2,42	2,37	2,32	2,28
22	4,30	3,44	3,05	2,82	2,66	2,55	2,46	2,40	2,34	2,30	2,26
23	4,28	3,42	3,03	2,80	2,64	2,53	2,44	2,37	2,32	2,27	2,24
24	4,26	3,40	3,01	2,78	2,62	2,51	2,42	2,36	2,30	2,25	2,22
25	4,24	3,39	2,99	2,76	2,60	2,49	2,40	2,34	2,28	2,24	2,20

F-Verteilung – Verteilungsfunktion mit $\alpha = 0{,}05$

v_2	v_1										
	1	2	3	4	5	6	7	8	9	10	11
26	4,23	3,37	2,98	2,74	2,59	2,47	2,39	2,32	2,27	2,22	2,18
27	4,21	3,35	2,96	2,73	2,57	2,46	2,37	2,31	2,25	2,20	2,17
28	4,20	3,34	2,95	2,71	2,56	2,45	2,36	2,29	2,24	2,19	2,15
29	4,18	3,33	2,93	2,70	2,55	2,43	2,35	2,28	2,22	2,18	2,14
30	4,17	3,32	2,92	2,69	2,53	2,42	2,33	2,27	2,21	2,16	2,13
40	4,08	3,23	2,84	2,61	2,45	2,34	2,25	2,18	2,12	2,08	2,04
50	4,03	3,18	2,79	2,56	2,40	2,29	2,20	2,13	2,07	2,03	1,99
60	4,00	3,15	2,76	2,53	2,37	2,25	2,17	2,10	2,04	1,99	1,95
70	3,98	3,13	2,74	2,50	2,35	2,23	2,14	2,07	2,02	1,97	1,93
80	3,96	3,11	2,72	2,49	2,33	2,21	2,13	2,06	2,00	1,95	1,91
90	3,95	3,10	2,71	2,47	2,32	2,20	2,11	2,04	1,99	1,94	1,90
100	3,94	3,09	2,70	2,46	2,31	2,19	2,10	2,03	1,97	1,93	1,89
150	3,90	3,06	2,66	2,43	2,27	2,16	2,07	2,00	1,94	1,89	1,85
200	3,89	3,04	2,65	2,42	2,26	2,14	2,06	1,98	1,93	1,88	1,84
∞	3,84	3,00	2,60	2,37	2,21	2,10	2,01	1,94	1,88	1,83	1,79

A Statistische Tabellen

F-Verteilung – Verteilungsfunktion mit $\alpha = 0{,}05$

v_2	v_1									
	12	13	14	15	20	30	40	50	100	200	∞
1	243,91	244,69	245,36	245,95	248,01	250,10	251,14	251,77	253,04	253,68	254,31
2	19,41	19,42	19,42	19,43	19,45	19,46	19,47	19,48	19,49	19,49	19,50
3	8,74	8,73	8,71	8,70	8,66	8,62	8,59	8,58	8,55	8,54	8,53
4	5,91	5,89	5,87	5,86	5,80	5,75	5,72	5,70	5,66	5,65	5,63
5	4,68	4,66	4,64	4,62	4,56	4,50	4,46	4,44	4,41	4,39	4,37
6	4,00	3,98	3,96	3,94	3,87	3,81	3,77	3,75	3,71	3,69	3,67
7	3,57	3,55	3,53	3,51	3,44	3,38	3,34	3,32	3,27	3,25	3,23
8	3,28	3,26	3,24	3,22	3,15	3,08	3,04	3,02	2,97	2,95	2,93
9	3,07	3,05	3,03	3,01	2,94	2,86	2,83	2,80	2,76	2,73	2,71
10	2,91	2,89	2,86	2,85	2,77	2,70	2,66	2,64	2,59	2,56	2,54
11	2,79	2,76	2,74	2,72	2,65	2,57	2,53	2,51	2,46	2,43	2,40
12	2,69	2,66	2,64	2,62	2,54	2,47	2,43	2,40	2,35	2,32	2,30
13	2,60	2,58	2,55	2,53	2,46	2,38	2,34	2,31	2,26	2,23	2,21
14	2,53	2,51	2,48	2,46	2,39	2,31	2,27	2,24	2,19	2,16	2,13
15	2,48	2,45	2,42	2,40	2,33	2,25	2,20	2,18	2,12	2,10	2,07
16	2,42	2,40	2,37	2,35	2,28	2,19	2,15	2,12	2,07	2,04	2,01
17	2,38	2,35	2,33	2,31	2,23	2,15	2,10	2,08	2,02	1,99	1,96
18	2,34	2,31	2,29	2,27	2,19	2,11	2,06	2,04	1,98	1,95	1,92
19	2,31	2,28	2,26	2,23	2,16	2,07	2,03	2,00	1,94	1,91	1,88
20	2,28	2,25	2,22	2,20	2,12	2,04	1,99	1,97	1,91	1,88	1,84
21	2,25	2,22	2,20	2,18	2,10	2,01	1,96	1,94	1,88	1,84	1,81
22	2,23	2,20	2,17	2,15	2,07	1,98	1,94	1,91	1,85	1,82	1,78
23	2,20	2,18	2,15	2,13	2,05	1,96	1,91	1,88	1,82	1,79	1,76
24	2,18	2,15	2,13	2,11	2,03	1,94	1,89	1,86	1,80	1,77	1,73
25	2,16	2,14	2,11	2,09	2,01	1,92	1,87	1,84	1,78	1,75	1,71
26	2,15	2,12	2,09	2,07	1,99	1,90	1,85	1,82	1,76	1,73	1,69
27	2,13	2,10	2,08	2,06	1,97	1,88	1,84	1,81	1,74	1,71	1,67
28	2,12	2,09	2,06	2,04	1,96	1,87	1,82	1,79	1,73	1,69	1,65
29	2,10	2,08	2,05	2,03	1,94	1,85	1,81	1,77	1,71	1,67	1,64
30	2,09	2,06	2,04	2,01	1,93	1,84	1,79	1,76	1,70	1,66	1,62
40	2,00	1,97	1,95	1,92	1,84	1,74	1,69	1,66	1,59	1,55	1,51
50	1,95	1,92	1,89	1,87	1,78	1,69	1,63	1,60	1,52	1,48	1,44
60	1,92	1,89	1,86	1,84	1,75	1,65	1,59	1,56	1,48	1,44	1,39
70	1,89	1,86	1,84	1,81	1,72	1,62	1,57	1,53	1,45	1,40	1,35
80	1,88	1,84	1,82	1,79	1,70	1,60	1,54	1,51	1,43	1,38	1,32
90	1,86	1,83	1,80	1,78	1,69	1,59	1,53	1,49	1,41	1,36	1,30
100	1,85	1,82	1,79	1,77	1,68	1,57	1,52	1,48	1,39	1,34	1,28
150	1,82	1,79	1,76	1,73	1,64	1,54	1,48	1,44	1,34	1,29	1,22
200	1,80	1,77	1,74	1,72	1,62	1,52	1,46	1,41	1,32	1,26	1,19
∞	1,75	1,72	1,69	1,67	1,57	1,46	1,39	1,35	1,24	1,17	1,01

F-Verteilung – Verteilungsfunktion mit $\alpha = 0,01$

Abgebildet sind die F_c-Werte für die Parameter v_1 und v_2 in Form einer F-Verteilungsfunktion mit $(1-\alpha) = 0,99$.

Für F_c gilt:

$$W(0 < F \leq F_c) = F\left(\frac{F_c}{v_1;\,v_2}\right)$$

$$= 1 - \alpha = 0,99$$

mit F = Zufallsvariable

und $F_{\alpha;\,v_1;\,v_2} = \dfrac{1}{F_{1-\alpha;\,v_1;\,v_2}}$

mit $v_1 = n_1 - 1$
und $v_2 = n_2 - 1$

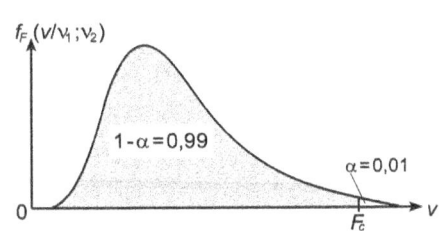

v_2	v_1										
	1	2	3	4	5	6	7	8	9	10	11
1	4052	4999	5403	5625	5764	5859	5928	5981	6022	6056	6083
2	98,50	99,00	99,17	99,25	99,30	99,33	99,36	99,37	99,39	99,40	99,41
3	34,12	30,82	29,46	28,71	28,24	27,91	27,67	27,49	27,35	27,23	27,13
4	21,20	18,00	16,69	15,98	15,52	15,21	14,98	14,80	14,66	14,55	14,45
5	16,26	13,27	12,06	11,39	10,97	10,67	10,46	10,29	10,16	10,05	9,96
6	13,75	10,92	9,78	9,15	8,75	8,47	8,26	8,10	7,98	7,87	7,79
7	12,25	9,55	8,45	7,85	7,46	7,19	6,99	6,84	6,72	6,62	6,54
8	11,26	8,65	7,59	7,01	6,63	6,37	6,18	6,03	5,91	5,81	5,73
9	10,56	8,02	6,99	6,42	6,06	5,80	5,61	5,47	5,35	5,26	5,18
10	10,04	7,56	6,55	5,99	5,64	5,39	5,20	5,06	4,94	4,85	4,77
11	9,65	7,21	6,22	5,67	5,32	5,07	4,89	4,74	4,63	4,54	4,46
12	9,33	6,93	5,95	5,41	5,06	4,82	4,64	4,50	4,39	4,30	4,22
13	9,07	6,70	5,74	5,21	4,86	4,62	4,44	4,30	4,19	4,10	4,02
14	8,86	6,51	5,56	5,04	4,69	4,46	4,28	4,14	4,03	3,94	3,86
15	8,68	6,36	5,42	4,89	4,56	4,32	4,14	4,00	3,89	3,80	3,73
16	8,53	6,23	5,29	4,77	4,44	4,20	4,03	3,89	3,78	3,69	3,62
17	8,40	6,11	5,18	4,67	4,34	4,10	3,93	3,79	3,68	3,59	3,52
18	8,29	6,01	5,09	4,58	4,25	4,01	3,84	3,71	3,60	3,51	3,43
19	8,18	5,93	5,01	4,50	4,17	3,94	3,77	3,63	3,52	3,43	3,36
20	8,10	5,85	4,94	4,43	4,10	3,87	3,70	3,56	3,46	3,37	3,29
21	8,02	5,78	4,87	4,37	4,04	3,81	3,64	3,51	3,40	3,31	3,24
22	7,95	5,72	4,82	4,31	3,99	3,76	3,59	3,45	3,35	3,26	3,18
23	7,88	5,66	4,76	4,26	3,94	3,71	3,54	3,41	3,30	3,21	3,14
24	7,82	5,61	4,72	4,22	3,90	3,67	3,50	3,36	3,26	3,17	3,09
25	7,77	5,57	4,68	4,18	3,85	3,63	3,46	3,32	3,22	3,13	3,06

A Statistische Tabellen

F-Verteilung – Verteilungsfunktion mit $\alpha = 0{,}01$

v_2	\multicolumn{11}{c}{v_1}										
	1	2	3	4	5	6	7	8	9	10	11
26	7,72	5,53	4,64	4,14	3,82	3,59	3,42	3,29	3,18	3,09	3,02
27	7,68	5,49	4,60	4,11	3,78	3,56	3,39	3,26	3,15	3,06	2,99
28	7,64	5,45	4,57	4,07	3,75	3,53	3,36	3,23	3,12	3,03	2,96
29	7,60	5,42	4,54	4,04	3,73	3,50	3,33	3,20	3,09	3,00	2,93
30	7,56	5,39	4,51	4,02	3,70	3,47	3,30	3,17	3,07	2,98	2,91
40	7,31	5,18	4,31	3,83	3,51	3,29	3,12	2,99	2,89	2,80	2,73
50	7,17	5,06	4,20	3,72	3,41	3,19	3,02	2,89	2,78	2,70	2,63
60	7,08	4,98	4,13	3,65	3,34	3,12	2,95	2,82	2,72	2,63	2,56
70	7,01	4,92	4,07	3,60	3,29	3,07	2,91	2,78	2,67	2,59	2,51
80	6,96	4,88	4,04	3,56	3,26	3,04	2,87	2,74	2,64	2,55	2,48
90	6,93	4,85	4,01	3,53	3,23	3,01	2,84	2,72	2,61	2,52	2,45
100	6,90	4,82	3,98	3,51	3,21	2,99	2,82	2,69	2,59	2,50	2,43
150	6,81	4,75	3,91	3,45	3,14	2,92	2,76	2,63	2,53	2,44	2,37
200	6,76	4,71	3,88	3,41	3,11	2,89	2,73	2,60	2,50	2,41	2,34
∞	6,64	4,61	3,78	3,32	3,02	2,80	2,64	2,51	2,41	2,32	2,25

F-Verteilung – Verteilungsfunktion mit $\alpha = 0{,}01$

v_2	v_1									
	12	13	14	15	20	30	40	50	100	200	∞
1	6106	6126	6143	6157	6209	6261	6287	6303	6334	6350	6366
2	99,42	99,42	99,43	99,43	99,45	99,47	99,47	99,48	99,49	99,49	99,50
3	27,05	26,98	26,92	26,87	26,69	26,50	26,41	26,35	26,24	26,18	26,13
4	14,37	14,31	14,25	14,20	14,02	13,84	13,75	13,69	13,58	13,52	13,46
5	9,89	9,82	9,77	9,72	9,55	9,38	9,29	9,24	9,13	9,08	9,02
6	7,72	7,66	7,60	7,56	7,40	7,23	7,14	7,09	6,99	6,93	6,88
7	6,47	6,41	6,36	6,31	6,16	5,99	5,91	5,86	5,75	5,70	5,65
8	5,67	5,61	5,56	5,52	5,36	5,20	5,12	5,07	4,96	4,91	4,86
9	5,11	5,05	5,01	4,96	4,81	4,65	4,57	4,52	4,41	4,36	4,31
10	4,71	4,65	4,60	4,56	4,41	4,25	4,17	4,12	4,01	3,96	3,91
11	4,40	4,34	4,29	4,25	4,10	3,94	3,86	3,81	3,71	3,66	3,60
12	4,16	4,10	4,05	4,01	3,86	3,70	3,62	3,57	3,47	3,41	3,36
13	3,96	3,91	3,86	3,82	3,66	3,51	3,43	3,38	3,27	3,22	3,17
14	3,80	3,75	3,70	3,66	3,51	3,35	3,27	3,22	3,11	3,06	3,00
15	3,67	3,61	3,56	3,52	3,37	3,21	3,13	3,08	2,98	2,92	2,87
16	3,55	3,50	3,45	3,41	3,26	3,10	3,02	2,97	2,86	2,81	2,75
17	3,46	3,40	3,35	3,31	3,16	3,00	2,92	2,87	2,76	2,71	2,65
18	3,37	3,32	3,27	3,23	3,08	2,92	2,84	2,78	2,68	2,62	2,57
19	3,30	3,24	3,19	3,15	3,00	2,84	2,76	2,71	2,60	2,55	2,49
20	3,23	3,18	3,13	3,09	2,94	2,78	2,69	2,64	2,54	2,48	2,42
21	3,17	3,12	3,07	3,03	2,88	2,72	2,64	2,58	2,48	2,42	2,36
22	3,12	3,07	3,02	2,98	2,83	2,67	2,58	2,53	2,42	2,36	2,31
23	3,07	3,02	2,97	2,93	2,78	2,62	2,54	2,48	2,37	2,32	2,26
24	3,03	2,98	2,93	2,89	2,74	2,58	2,49	2,44	2,33	2,27	2,21
25	2,99	2,94	2,89	2,85	2,70	2,54	2,45	2,40	2,29	2,23	2,17
26	2,96	2,90	2,86	2,81	2,66	2,50	2,42	2,36	2,25	2,19	2,13
27	2,93	2,87	2,82	2,78	2,63	2,47	2,38	2,33	2,22	2,16	2,10
28	2,90	2,84	2,79	2,75	2,60	2,44	2,35	2,30	2,19	2,13	2,06
29	2,87	2,81	2,77	2,73	2,57	2,41	2,33	2,27	2,16	2,10	2,03
30	2,84	2,79	2,74	2,70	2,55	2,39	2,30	2,25	2,13	2,07	2,01
40	2,66	2,61	2,56	2,52	2,37	2,20	2,11	2,06	1,94	1,87	1,80
50	2,56	2,51	2,46	2,42	2,27	2,10	2,01	1,95	1,82	1,76	1,68
60	2,50	2,44	2,39	2,35	2,20	2,03	1,94	1,88	1,75	1,68	1,60
70	2,45	2,40	2,35	2,31	2,15	1,98	1,89	1,83	1,70	1,62	1,54
80	2,42	2,36	2,31	2,27	2,12	1,94	1,85	1,79	1,65	1,58	1,49
90	2,39	2,33	2,29	2,24	2,09	1,92	1,82	1,76	1,62	1,55	1,46
100	2,37	2,31	2,27	2,22	2,07	1,89	1,80	1,74	1,60	1,52	1,43
150	2,31	2,25	2,20	2,16	2,00	1,83	1,73	1,66	1,52	1,43	1,33
200	2,27	2,22	2,17	2,13	1,97	1,79	1,69	1,63	1,48	1,39	1,28
∞	2,18	2,13	2,08	2,04	1,88	1,70	1,59	1,52	1,36	1,25	1,01

Anhang B
Literaturverzeichnis

Arnold, V.I. (2001): Gewöhnliche Differentialgleichungen, 2. Auflage, Berlin, Heidelberg & New York.

Asser, G. (1988): Grundbegriffe der Mathematik – Mengen, Abbildungen, natürliche Zahlen, 5. Auflage, Leipzig.

Bamberg, G. & Baur, F. (2007): Statistik, München & Wien.

Banerjee, K.S. (1977): On the Factorial Approach Providing the True Cost of Living Index, Göttingen.

Bär, G. (2001): Geometrie, 2. Auflage, Stuttgart, Leipzig & Wiesbaden.

Bartsch, H.-J. (2004): Taschenbuch mathematischer Formeln, 20. Auflage, München & Wien.

Beyer, W.H. (1976): Handbook of Tables for Probability and Statistics, Cleveland (Ohio).

Biermann, B. (2002): Die Mathematik von Zinsinstrumenten, München.

Biess, G. (1979): Graphentheorie, Frankfurt am Main.

Bleymüller, J. & Gehlert, G. (2011): Statistische Formeln, Tabellen und Statistik-Software, 12. Auflage, München.

Bleymüller, J. (2012): Statistik für Wirtschaftswissenschaftler, 16. Auflage, München.

Bohley, P. (1998): Formeln, Rechenregeln, EDV und Tabellen zur Statistik, 6. Auflage, München & Wien.

Bomsdorf, E.; Gröhn, E.; Mosler, K. & Schmid, F. (2006): Definitionen, Formeln und Tabellen zur Statistik, 5. Auflage, Köln.

Bosch, K. (1998): Statistik-Taschenbuch, München & Wien.

Bosch, K. (2007): Finanzmathematik, München & Wien.

B Literaturverzeichnis

Brehmer, S. & Haar, H. (1972): Differentialformen und Vektoranalysis, Berlin.

Bröcker, T. (1992): Analysis III., 1. Auflage, Zürich.

Bronstein, I.N.; Semendjajew, K.A.; Musiol, G. & Mühlig, H. (2005): Taschenbuch der Mathematik, 6. Auflage, Frankfurt am Main.

Bröse, K. & Schmetzke, R. (1985): Tabellen- und Formelsammlung zur Finanz- und Lebensversicherungsmathematik, Karlsruhe.

Bücker, R. (2002): Mathematik für Wirtschaftswissenschaftler, 6. Auflage, München.

Bücker, R. (2003): Statistik für Wirtschaftswissenschaftler, 5. Auflage, München.

Castillo, E.; Gutièrrez, J.M. & Hadi, A.S. (1997): Expert Systems and Probabilistic Network Models, New York.

Clement, R. & Peren, F.W. (2017): Peren-Clement-Index: Bewertung von Direktinvestitionen durch eine simultane Erfassung von Makroebene und Unternehmensebene, Wiesbaden.

Clement, R. & Peren, F.W. (2019): Peren-Clement Index – PCI 2.0: Evaluation of Foreign Direct Investments through Simultaneous Assessment at the Macro and Corporate Levels, Passau.

Collatz, L. (1966): Numerical Treatment of Differential Equations, Berlin, Heidelberg & New York.

Courant, R. (1972): Vorlesungen über Differential- und Integralrechnung, Bd. 1 & 2, 4. Auflage, Berlin, Heidelberg & New York.

Cox, D.R. & Wermuth, N. (1995): Multivariate Dependencies, London.

Drabek, P. & Kufner, A. (1996): Integralgleichungen, Stuttgart & Leipzig.

Eichholz, W. & Vilkner, E. (2013): Taschenbuch für Wirtschaftsmathematik, 6. Auflage, München.

Engeln-Müllges, G. & Reutter, F. (1987): Formelsammlung zur Numerischen Mathematik mit C-Programmen, Mannheim, Wien & Zürich.

Fetzer, A. & Fränkel, H. (1995): Mathematik Lehrbuch für Fachhochschulen, Bd. 1 & 2, Berlin, Heidelberg & New York.

Fischer, W. & Lieb, I. (2003): Funktionentheorie, 8. Auflage, Wiesbaden.

Fisz, M. (1988): Wahrscheinlichkeitsrechnung und mathematische Statistik, Berlin.

Görke, L. (1974): Mengen – Relationen – Funktionen, Frankfurt am Main.

Gottwald, S. (1995): Mehrwertige Logik – Eine Einführung in Theorie und Anwendung, München.

Grundmann, W. & Luderer, B. (2003): Formelsammlung – Finanzmathematik, Versicherungsmathematik, Wertpapieranalyse, 2. Auflage, Stuttgart, Leipzig & Wiesbaden.

Grundmann, W. & Luderer, B. (2009): Finanz- und Versicherungsmathematik, 3. Auflage, Stuttgart, Leipzig & Wiesbaden.

Hartung, J.; Elpelt, B. & Klösener, K.-H. (2005): Statistik – Lehr- und Handbuch der angewandten Statistik, 14. Auflage, München & Wien.

Hippmann, H.-D. (1995): Formelsammlung Statistik, Statistische Grundbegriffe, Formeln, Schaubilder und Tabellen, Stuttgart.

Joos, G. & Richter, E.W. (1994): Höhere Mathematik für den Praktiker, Frankfurt am Main.

Klingbeil, E. (1988): Variationsrechnung, Mannheim, Wien & Zürich.

Klingenberg, W. (1992): Lineare Algebra und Geometrie, Berlin, Heidelberg & New York.

Knopp, K. (1996): Theorie und Anwendung der unendlichen Reihen, 6. Auflage, Berlin, Heidelberg & New York.

Koller, S. (2012): Neue graphische Tafeln zur Beurteilung statistischer Zahlen, Nachdruck der 4. Auflage von 1969, Darmstadt.

Kosmol, P. (1992): Methoden zur numerischen Behandlung nichtlinearer Gleichungen und Optimierungsaufgaben, Leipzig.

Lippe, P. von der (2001): Chain Indices, A Study in Price Index Theory, Stuttgart.

Lippe, P. von der (2007): Index Theory and Price Statistics, Frankfurt am Main.

Luderer, B.; Nollau, V. & Vetters, K. (2005): Mathematische Formeln für Wirtschaftswissenschaftler, 5. Auflage, Stuttgart & Leipzig.

Pakusch, C.; Peren, F.W. & Shakoor, M.A. (2016): The PCI – A Global Risk Index for the Simultaneous Assessment of Macro and Company Individual Investment Risks. In: Journal of Business Strategies, 33(2), S. 154-173.

Pakusch, C.; Peren, F.W. & Shakoor, M.A. (2018): Peren-Clement-Index – eine exemplarische Fallstudie. In: Gadatsch, A. et al. (Hrsg.): Nachhaltiges Wirtschaften im digitalen Zeitalter: Innovation – Steuerung – Compliance, Wiesbaden, S. 105-117.

Papoulis, A. (1962): The Fourier Integral and its Applications, McGraw-Hill.

Pearl, J. (1992): Probabilistic Reasoning in Intelligent Systems, 2. Auflage, San Mateo.

Peren, F.W. (1986): Einkommen, Konsum und Ersparnis der privaten Haushalte in der Bundesrepublik Deutschland seit 1970: Analyse unter Verwendung makroökonomischer Konsumfunktionen, Frankfurt am Main.

Peren, F.W. (2021a): Formelsammlung Wirtschaftsstatistik, 4. Auflage, Berlin & Heidelberg.

Peren, F.W. (2021b): Math for Business and Economics. Compendium of Essential Formulas, Berlin & Heidelberg.

Peren, F.W. (2021c): Statistics for Business and Economics. Compendium of Essential Formulas, Berlin & Heidelberg.

Peren, F.W. (2022): Formelsammlung Wirtschaftsmathematik, 4. Auflage, Berlin & Heidelberg.

Rinne, H. (1982): Statistische Formelsammlung, Frankfurt am Main.

Rinne, H. (2003): Taschenbuch der Statistik für Wirtschafts- und Sozialwissenschaften, 3. Auflage, Frankfurt am Main.

Sauerbier, T. & Voß, W. (2006): Kleine Formelsammlung Statistik, 3. Auflage, Leipzig.

Scheid, H. & Frommer, A. (2006): Zahlentheorie, 4. Auflage, Mannheim, Wien & Zürich.

Schneider, W.; Kornrumpf, J. & Mohr, W. (1995): Statistische Methodenlehre – Definitions- und Formelsammlung zur deskriptiven und induktiven Statistik mit Erläuterungen, Wien & München.

B Literaturverzeichnis

Schütte, K. (1966): Index mathematischer Tafelwerke und Tabellen, München.

Schwarze, J. (2005): Grundlagen der Statistik – Band 1 und 2 – Neue Wirtschaftsbriefe, 10. Auflage, Herne & Berlin.

Schwetlick, H. & Kretschmar, H. (1991): Numerische Verfahren für Naturwissenschaftler und Ingenieure, Leipzig.

Sieber, H. (1995): Mathematische Begriffe und Formeln, Stuttgart.

Spirtes, P.; Glymour, C. & Scheines, R. (1993): Causation, Prediction and Search – Lecture Notes in Statistics 81, New York.

Stiefel, E. & Fässler, A. (1992): Gruppentheoretische Methoden und ihre Anwendungen, Basel.

Toda, M. (1989): Nonlinear Waves and Solitons, Tokyo & Dordrecht.

Vianelli, S. (1959): Prontuari per Calcoli Statistici, Bologna.

Vogel, F. (2005): Beschreibende und schließende Statistik – Formeln, Definitionen, Erläuterungen, Stichwörter und Tabellen, München & Wien.

Voß, W. (2003): Taschenbuch der Statistik, 2. Auflage, Leipzig.

Wechler, W. (1992): Universal Algebra for Computer Scientists, Berlin, Heidelberg & New York.

Wobst, R. (1997): Methoden, Risiken und Nutzen der Datenverschlüsselung, Boston.

Wolfram, S. (1999): Mathematica, 4. Auflage, Cambridge.

Yosida, K. (2008): Functional Analysis, Nachdruck der 6. Auflage von 1980, Berlin, Heidelberg & New York.

Stichwortverzeichnis

A

Additionssatz 80, 222
Arithmetisches Mittel 6
Axiome der Wahrscheinlich-
keitsrechnung 218

B

Bedingte
Wahrscheinlichkeit 82, 224
Bestimmung des notwendigen
Stichprobenumfangs 144
    bei einer Schätzung des
    Anteilswertes θ 146
    bei einer Schätzung des
    arithmetischen Mittels μ 144
Binomialverteilung 95, 246, 258

C

Chi-Quadrat-Anpassungstest
    180
    für eine diskrete Verteilung
    der Grundgesamtheit ... 180
    für eine stetige Verteilung
    der Grundgesamtheit ... 188
Chi-Quadrat-Homogenitäts-
test 204
Chi-Quadrat-Tests 180
Chi-Quadrat-Unabhängigkeits-
test 195
Chi-Quadrat-Verteilung
    .... 111, 310

D

Deskriptive Statistik 3

E

Einstichprobentest 149
    für das arithmetische Mittel
    bei bekannter Varianz der
    Grundgesamtheit 149
    für das arithmetische Mittel
    bei unbekannter Varianz der
    Grundgesamtheit 152
    für den Anteilswert 155
    für die Varianz 158
Elementarereignis 77, 215
Empirische Verteilungen 3
Ereignis 77, 215
Ereignisraum 77, 215
Erwartungswert 93, 241
    von diskreten
    Zufallsvariablen 93, 241
    von stetigen
    Zufallsvariablen 94, 241

F

F-Verteilung 122, 317, 320

G

Geometrisches Mittel 10

H

Harmonisches Mittel 12
Hypergeometrische
Verteilung 99, 270, 277
Häufigkeiten 3
    absolute 3
    relative 3

I

Indexzahlen 25
Induktive Statistik 77

K

Konfidenzintervalle 127
  für das arithmetische
  Mittel μ 127
  für den Anteilswert in der
  Grundgesamtheit θ 133
  für die Differenz der
  Anteilswerte von zwei
  Grundgesamtheiten
  θ_1 und θ_2 141
  für die Differenz der
  Mittelwerte von zwei
  Grundgesamtheiten
  μ_1 und μ_2 136
  für die Regressionsko-
  effizienten bei einer
  einfachen linearen
  Regressionsfunktion 55
  für die Regressionsko-
  effizienten bei einer linearen
  multiplen Regressions-
  funktion 64
  für die Regressionsko-
  effizienten bei einer linearen
  Zweifachregressions-
  funktion 69
  für die Varianz der
  Grundgesamtheit σ^2 131
Kontingenztabelle 196
Korrelationsanalyse 50
Kovarianzmatrix 65

L

Lineare Einfachregression .. 51
Lineare Mehrfachregression 62
Lineare Zweifachregression 66
Linearer Einfachkorrelations-
koeffizient 50
Linearer multipler
Korrelationskoeffizient 64
Lineares einfaches
Bestimmtheitsmaß 50
Lineares multiples
Bestimmtheitsmaß 64
Lineares partielles
Bestimmtheitsmaß 63

M

Median 8
Mengenindex 27
  nach Fisher 30, 36
  nach Laspeyres 27, 33
  nach Lowe 32
  nach Paasche 29, 35
  nach Stuvel 31
  Umsatzindex / Wertindex
  als Indexprodukt 29
Messzahl 23
Methode der kleinsten
Quadrate 52, 63
Mittelwerte 6
Modus 9
Multiplikationssatz 81, 221, 226

N

Normalverteilung 106

P

Parameter für Wahrscheinlich-
keitsverteilungen 93
Paramtertests 148
Pearson'scher
Korrelationskoeffizient 50
Peren-Clement-Index (PCI) 38

Stichwortverzeichnis

Poisson-Verteilung 103, 284, 287
Preisindex 27
  nach Fisher 29, 36
  nach Laspeyres 27, 33
  nach Lowe 32
  nach Marshall und Edgeworth 36
  nach Paasche 28, 34
  nach Stuvel 30
  nach Walsh 37

R

Rechenregeln für Wahrscheinlichkeiten 79
Regressionskoeffizient 52, 63, 66
Regressionsanalyse 51
Regressionsfunktion 52, 63, 66

S

Satz der komplementären Ereignisse 220
Satz der totalen Wahrscheinlichkeit 85
Sheppard'sche Korrektur 17
Spannweite 20
Standardabweichung 12
  bei Einzelwerten 12
  bei Häufigkeitsverteilungen 13
Standardnormalverteilung 290
  einseitige Flächenanteile 306
  Verteilungsfunktion 298
  Wahrscheinlichkeitsdichte 290
  zweiseitige, symmetrische Flächenanteile 308
Statistische Schätzverfahren 127

Statistische Testverfahren 148
Statistische Zeichen und Symbole 1
Stochastische Unabhängigkeit 84, 225
Streuungsmaße 12
Studentverteilung 116, 313
  Verteilungsfunktion 316
  zweiseitige, symmetrische Flächenanteile ... 313
Summenhäufigkeiten 4
Summenhäufigkeitsfunktion .. 5
  bei klassifizierten Daten ... 5
  bei nicht-klassifizierten Daten 5
Sätze der Wahrscheinlichkeitsrechnung 81, 220

T

t-Tests
  für die Regressionskoeffizienten bei einer einfachen linearen Regressionsfunktion 57
  für die Regressionskoeffizienten bei einer linearen multiplen Regressionsfunktion 66
  für die Regressionskoeffizienten bei einer linearen Zweifachregressionsfunktion 71
Theorem der totalen Wahrscheinlichkeit 85, 227
Theorem von Bayes 87, 229
Theoretische Verteilungen .. 95
  diskrete Verteilungen 95
  stetige Verteilungen 106

U

Umsatzindex 26, 29

V

Varianz 93, 241
  bei Einzelwerten 12
  bei Häufigkeits-
  verteilungen 13
  von diskreten
  Zufallsvariablen 93, 242
  von stetigen
  Zufallsvariablen 94, 242
Variationskoeffizient 19
Verhältniszahlen 22
  Beziehungszahlen 23
  Entsprechungszahlen 23
  Gliederungszahlen 22
  Verursachungszahlen 23
Verteilungsfunktion diskreter
Zufallsvariablen 89, 90, 234
Verteilungsfunktion stetiger
Zufallsvariablen 91, 92, 239
Verteilungstests 180

W

Wahrscheinlichkeits-
begriff 77, 216
Wahrscheinlichkeits-
dichte stetiger Zufalls-
variablen 91, 92, 236
Wahrscheinlichkeits-
funktion diskreter
Zufallsvariablen 88, 232
Wahrscheinlichkeits-
rechnung 77, 215
Wahrscheinlichkeits-
verteilungen 88
Wahrscheinlichkeitsbegriff
  klassischer 216
  nach Kolmogorov 78
  nach Laplace 77
  nach von Mises 78
  statistischer 217
  subjektiver 218
Wertindex 26, 29

Y

Yates-Korrektur 211

Z

zentraler Grenzwertsatz ... 177
Zufallsexperiment 77, 215
Zufallsvariable 88, 232
  diskrete 88
  stetige 88
Zweistichprobentest 161
  für den Quotienten zweier
  Varianzen 176
  für die Differenz zweier
  Anteilswerte 172
  für die Differenz zweier
  arithmetischer Mittel bei
  bekannten Varianzen der
  Grundgesamtheiten 161
  für die Differenz zweier
  arithmetischer Mittel bei
  unbekannten Varianzen der
  Grundgesamtheiten unter
  der Annahme, dass deren
  Varianzen gleich sind ... 168
  für die Differenz zweier
  arithmetischer Mittel bei
  unbekannten Varianzen der
  Grundgesamtheiten unter
  der Annahme, dass deren
  Varianzen ungleich sind 164

The manufacturer's authorised representative in the EU is Springer Nature Customer Service Centre GmbH, Europaplatz 3, 69115 Heidelberg, Germany. If you have any concerns regarding our products, please contact ProductSafety@springernature.com

Printed and bound by CPI Group (UK) Ltd, Croydon, CR0 4YY

25/03/2026

02078191-0003